U0367927

教育部高等学校电子信息类专业教学指导委员会规划教材

高等学校电子信息类专业系列教材·新形态教材

Digital Circuits and Logic Design, Second Edition

数字电路与逻辑设计

（第2版）

张俊涛　编著

Zhang Juntao

清华大学出版社

北京

内 容 简 介

本书分为三篇,共12章。第一篇为数字电路基础,分为2章,主要讲述数字电路的基本概念、数制与编码以及数字系统分析与设计的工具——逻辑代数。第二篇讲述数字系统设计中常用的集成电路,分为7章,以原理为主线,以器件为目标,讲述基本门电路、组合逻辑电路、时序逻辑电路、存储器、脉冲电路和A/D、D/A转换器,并通过章内的思考与练习、章末典型的设计项目使读者及时地掌握知识点并加以应用。第三篇介绍数字设计新技术,分为3章,主要介绍EDA技术的概念、Verilog HDL硬件描述语言以及常用数字器件的描述和有限状态机的设计方法,并配合设计项目,使读者能够快速地熟悉数字系统设计新技术。

本书可作为电子信息类、计算机类等专业本科教材或教学参考书,也可以作为数字电路自学或电子技术课程设计的参考书。

图书在版编目(CIP)数据

数字电路与逻辑设计/张俊涛编著. —2版. —北京:清华大学出版社,2020.8(2021.4重印)
高等学校电子信息类专业系列教材·新形态教材
ISBN 978-7-302-55290-1

Ⅰ. ①数… Ⅱ. ①张… Ⅲ. ①数字电路-逻辑设计-高等学校-教材 Ⅳ. ①TN79

中国版本图书馆 CIP 数据核字(2020)第 056225 号

责任编辑:盛东亮
封面设计:李召霞
责任校对:李建庄
责任印制:杨 艳

出版发行:清华大学出版社
   网 址:http://www.tup.com.cn,http://www.wqbook.com
   地 址:北京清华大学学研大厦 A 座   邮 编:100084
   社 总 机:010-62770175   邮 购:010-83470235
   投稿与读者服务:010-62776969,c-service@tup.tsinghua.edu.cn
   质量反馈:010-62772015,zhiliang@tup.tsinghua.edu.cn
   课件下载:http://www.tup.com.cn,010-83470236
印 装 者:大厂回族自治县彩虹印刷有限公司
经 销:全国新华书店
开 本:185mm×260mm 印 张:21.25 字 数:514千字
版 次:2017年9月第1版 2020年9月第2版 印 次:2021年4月第2次印刷
印 数:1501~3500
定 价:69.00元

产品编号:087049-01

高等学校电子信息类专业系列教材

序
FOREWORD

我国电子信息产业销售收入总规模在 2013 年已经突破 12 万亿元,行业收入占工业总体比重已经超过 9%。电子信息产业在工业经济中的支撑作用凸显,更加促进了信息化和工业化的高层次深度融合。随着移动互联网、云计算、物联网、大数据和石墨烯等新兴产业的爆发式增长,电子信息产业的发展呈现了新的特点,电子信息产业的人才培养面临着新的挑战。

(1) 随着控制、通信、人机交互和网络互联等新兴电子信息技术的不断发展,传统工业设备融合了大量最新的电子信息技术,它们一起构成了庞大而复杂的系统,派生出大量新兴的电子信息技术应用需求。这些"系统级"的应用需求,迫切要求具有系统级设计能力的电子信息技术人才。

(2) 电子信息系统设备的功能越来越复杂,系统的集成度越来越高。因此,要求未来的设计者应该具备更扎实的理论基础知识和更宽广的专业视野。未来电子信息系统的设计越来越要求软件和硬件的协同规划、协同设计和协同调试。

(3) 新兴电子信息技术的发展依赖于半导体产业的不断推动,半导体厂商为设计者提供了越来越丰富的生态资源,系统集成厂商的全方位配合又加速了这种生态资源的进一步完善。半导体厂商和系统集成厂商所建立的这种生态系统,为未来的设计者提供了更加便捷却又必须依赖的设计资源。

教育部 2012 年颁布了新版《高等学校本科专业目录》,将电子信息类专业进行了整合,为各高校建立系统化的人才培养体系,培养具有扎实理论基础和宽广专业技能的、兼顾"基础"和"系统"的高层次电子信息人才给出了指引。

传统的电子信息学科专业课程体系呈现"自底向上"的特点,这种课程体系偏重对底层元器件的分析与设计,较少涉及系统级的集成与设计。近年来,国内很多高校对电子信息类专业课程体系进行了大力度的改革,这些改革顺应时代潮流,从系统集成的角度,更加科学合理地构建了课程体系。

为了进一步提高普通高校电子信息类专业教育与教学质量,贯彻落实《国家中长期教育改革和发展规划纲要(2010—2020 年)》和《教育部关于全面提高高等教育质量若干意见》(教高〔2012〕4 号)的精神,教育部高等学校电子信息类专业教学指导委员会开展了"高等学校电子信息类专业课程体系"的立项研究工作,并于 2014 年 5 月启动了《高等学校电子信息类专业系列教材》(教育部高等学校电子信息类专业教学指导委员会规划教材)的建设工作。其目的是为推进高等教育内涵式发展,提高教学水平,满足高等学校对电子信息类专业人才培养、教学改革与课程改革的需要。

本系列教材定位于高等学校电子信息类专业的专业课程,适用于电子信息类的电子信息工程、电子科学与技术、通信工程、微电子科学与工程、光电信息科学与工程、信息工程及其相近专业。经过编审委员会与众多高校多次沟通,初步拟定分批次(2014—2017 年)建设约 100 门课程教材。本系列教材将力求在保证基础的前提下,突出技术的先进性和科学的前沿性,体现创新教学和工程实践教学;将重视系统集成思想在教学中的体现,鼓励推陈出新,采用"自顶向下"的方法编写教材;将注重反映优秀的教学改革成果,推广优秀的教学经验与理念。

为了保证本系列教材的科学性、系统性及编写质量,本系列教材设立顾问委员会及编审委员会。顾问委员会由教指委高级顾问、特约高级顾问和国家级教学名师担任,编审委员会由教育部高等学校电子信息类专业教学指导委员会委员和一线教学名师组成。同时,清华大学出版社为本系列教材配置优秀的编辑团队,力求高水准出版。本系列教材的建设,不仅有众多高校教师参与,也有大量知名的电子信息类企业支持。在此,谨向参与本系列教材策划、组织、编写与出版的广大教师、企业代表及出版人员致以诚挚的感谢,并殷切希望本系列教材在我国高等学校电子信息类专业人才培养与课程体系建设中发挥切实的作用。

吕志伟 教授

前 言
PREFACE

"数字电路与逻辑设计"是电子信息类和计算机类相关专业一门重要的专业基础课程，理论性和实践性都很强。在多年的电子技术教学实践中，编者深切地体会到高等教育必须适应社会的需求，将学以致用作为培养目标，组织教材内容和编写模式，设计项目和习题，使学生能够从系统的角度学习数字电路，进而提高系统设计的能力。

本书编者具有二十多年的电子技术教学经验，主讲 EDA 技术课程十多年，并具有组织和指导大学生电子设计竞赛、EDA/SOPC 电子设计专题、模拟及模数混合应用电路竞赛十多届的丰富经验，为了达到学以致用的培养目标，编者在教材的架构、内容的侧重点、设计项目的构思、思考与练习和习题的精选等方面深入思考、精心安排。为了体现"数字电路与逻辑设计"课程的专业基础性，并兼顾没有时序电路难以有效构成数字系统的应用特点，本书采用理论与实践相结合的编排方式，在讲清数字电路理论的同时，注重器件的原理、功能及应用。为了突出教材的针对性和实用性，多数章节配有用于课堂启发教学的思考与练习，并在章末附有设计项目和习题，由浅入深，举一反三，注重系统观念的培养和应用能力的提高。

全书共三篇。第一篇为数字电路基础，分为 2 章，主要讲述数字电路的基本概念、数制与编码以及数字电路分析与设计的工具——逻辑代数。第二篇讲述数字系统设计中常用的集成电路，分为 7 章，以原理为主线，以器件为目标，并通过章内的思考与练习、章末典型的设计项目以便读者及时地掌握知识点并加以应用。第三篇介绍数字设计新技术，分为 3 章，主要介绍 EDA 技术的概念、Verilog HDL 硬件描述语言以及常用数字器件的描述和有限状态机的设计方法，并配合设计项目，使读者能够快速地熟悉数字系统设计新技术。

本书的编写力求突出 3 个特点：

（1）精简——以应用为导向，注重原理设计，简化器件内部电路分析，突出器件的功能、特性和应用。

（2）完整——在精选内容的同时，注重知识点的完整性。基本门电路、组合逻辑电路、时序逻辑电路、存储器、脉冲电路和 A/D、D/A 转换器在数字系统设计中不可或缺，因此本书均有介绍。

（3）实用——通过章内的思考与练习以及许多典型的设计项目和设计性习题，由浅入深，循序渐进，培养读者系统设计的能力。

本书主要由张俊涛编写，陈晓莉参与编写了部分内容，帮助绘制了书中的插图，并承担了微课视频的录制、剪辑和优化工作。在本书编写过程中，编者参考了国内外许多经典的数字电路教材和著作，在此向相关作者表示深深的谢意。

本书可作为电子信息类、计算机类等专业本科教材或教学参考书，也可以作为数字电路自学和电子技术课程设计的参考书。将本书作为教材时可采用少学时和多学时两种教学模式,少学时可只讲述第一篇和第二篇,因为前两篇已经涵盖了传统数字电子技术的经典内容;多学时可选讲第三篇,以拓展视野,进一步提高数字系统设计的能力。

本书配套提供教学大纲、教学课件和习题解答,仅面向选用本书作为教材的高校教师。书中"＊"标记的习题表示该习题的复杂度超出了基本教学要求,属于提高部分的内容,与"课程设计"和"竞赛"相关。

鉴于编者的水平,书中难免存在疏漏、不妥甚至错误之处,恳请读者提出批评意见和改进建议。

编 者

2020 年 7 月

目 录
CONTENTS

第二篇　数字集成电路

第三篇 数字设计新技术

第一篇
ARTICLE 1

数字电路基础

电子技术飞速发展的几十年间,数字技术的应用改变了世界。人们每天都要获取大量的信息,而这些信息的传输、处理和存储越来越趋势于数字化。

1. 数字产品

在人们的日常生活中,典型的数字产品主要有以下三种。

1)计算机

计算机是数字系统的典型代表,已经广泛应用于人们的日常生活和工作。

自 20 世纪 40 年代第一台数字计算机诞生以来,伴随着半导体工艺技术的提高,计算机的功能越来越强大,其性能也大幅度提高,在数据处理、数字音视频技术和数字通信等领域都得到了广泛的应用。近 30 年来,"数字革命"扩展到人们生活的方方面面。计算机不仅成为人们学习和工作的平台,同时又是文化传播和娱乐的平台,人们可以通过计算机听音乐、看电影、欣赏图片、浏览网页等。

2)数码相机

数码相机的发展和广泛应用主要依赖于数字存储和数字图像处理技术。

40 多年前,大多数照相机用银卤化物胶片记录图像。胶片需要经过曝光、冲洗、显影等过程才能呈现出摄入的图像信息。如今,半导体制造工艺技术的提高使得半导体存储器的容量大幅度提高,而成本大幅度降低,这使得存储器成为图像信息存储的主要载体。数码相机摄入的图像经压缩记录为数字信息存储在 SD 卡、U 盘等半导体存储器中,这种方式便于图像的传输、备份、加工和处理。每幅图像记录为 720p、1080p 或者更大的像素矩阵,其中每个像素又可以用 8 位或更多比特表示红、绿、蓝三基色的强度值。

3)智能手机

智能手机在人们日常生活中扮演着重要的角色,已经成为通信、电子商务的主要工具。

手机从初期以语音通信为主要功能的普通手机发展到现在的集通信、数字音视频、电子商务、卫星定位和导航等多种功能于一体的智能手机,其内部核心电路是以微处理器为核心的数字系统。同时,手机的内置摄像头使得人们可以随时随地地拍照,高分辨率的显示屏可以方便地实现视频播放和图片显示,语音接口可以方便地实现录音和音乐播放,高清地图配合 GPS 可以为人们提供实时导航服务。

除上述典型的数字产品外,数字技术的应用领域十分广泛,包括医学信息处理、仪器仪表、工业控制以及音视频信息处理等领域。

2. 数字技术的优点

数字技术之所以能够广泛应用,主要因为数字电路与模拟电路相比,有许多优点:

1) 抗干扰能力强

数字电路能够在相同的输入条件下精确地产生相同的结果,而模拟电路容易受到温度、电源电压、噪声、辐射和元器件老化等因素的影响,在相同的输入条件下输出结果可能会不同。

2) 数字信号便于传输和处理

数字系统可以很容易地实现对信息的编码,以提高通信效率和可靠性,而且容易实现信息的加密,从而可以有效地保护知识产权。例如,目前许多住宅小区的有线电视网络将信息编码成数字信号进行传输,再通过机顶盒解码出视频与音频信息。除了提供上网和回看等附加功能外,便于收费也是其主要功能之一。

3) 成本低

数字电路可以被集成在单个芯片里,如 CPU、单片机和 FPGA 等,以很低的成本进行量产。如经典的 MCS-51 单片机的售价只有几元;等效门电路达到百万门的 FPGA,可以集成功能强大的微处理器、DSP 和乘法器等,其售价也只有几十元到上百元。

为理解数字电路的工作原理,掌握数字电路的分析与设计方法,需要系统地学习数字电子技术。本篇首先介绍数字电路的相关概念,然后讲解分析与设计数字系统的数学工具——逻辑代数。

第 1 章
CHAPTER 1

绪　　论

1.1　数字信号与数字电路

人类社会通过各种各样的方式传递信息。古人用烽火传递战争预警信息,用击鼓鸣金传送战场上的命令信息。边关的战事信息需要通过快马加鞭的方式接力传递,费时费力,效率低下。

随着电磁波的发现和半导体器件的产生及性能的提高,信息的传递方式也发生了巨大的变化。从起初的电报、电话发展到网络通信、移动通信和卫星通信等,大大地提高了信息传递的效率,丰富了人们的生活,拉近了人与人之间的距离。相应地,人类社会也从农业社会、工业社会步入了信息化社会。

承载信息的载体称为信号(signal),或者说,信号是信息的表现形式。信号一般表现为随时间、空间等因素变化的某种物理量。例如,语音信号随时间变化,气压信号随高度和温度变化,而图像信号随空间变化。在电子信息领域,习惯于将信号理解为随时间变化的一维信号,因此记为 $f(t)$。

根据自变量 t 是否连续取值,将信号分为连续时间信号和离散时间信号。又根据信号的幅值是否连续,将信号分为幅值连续的信号和幅值离散的信号。这样,就可以组合出以下四类信号:

- 第一类信号:时间连续、幅值连续的信号,如图 1-1(a)所示。
- 第二类信号:时间离散、幅值连续的信号,如图 1-1(b)所示。
- 第三类信号:时间连续、幅值离散的信号,如图 1-1(c)所示。
- 第四类信号:时间离散、幅值离散的信号,如图 1-1(d)所示。

将第一类信号——时间连续、幅值连续的信号称为模拟信号(analog signal),将第四类信号——时间离散、幅值离散的信号称为数字信号(digital signal)。第二类和第三类信号则为模拟信号转换为数字信号和将数字信号还原为模拟信号时产生的过渡信号。例如,对模拟信号进行采样产生第二类信号(因此也称为采样信号),再对幅值进行量化后转换为数字信号,如图 1-2 所示。相应地,将数字信号经过 D/A 转换为第三类信号,再经过低通滤波后还原为模拟信号。产生和处理模拟信号的电子电路称为模拟电路,产生和处理数字信号的电子电路称为数字电路。而第二类和第三类信号在模拟电路和数字电路课程中均有涉及。

(a) 第一类信号(模拟信号)

(b) 第二类信号

(c) 第三类信号

(d) 第四类信号(数字信号)

图 1-1　信号的分类

数字系统在信息处理、存储、加密和传输等方面有着独特的优势,但自然界中大多数物理量本质上是模拟量。因此,当需要用数字系统处理模拟信号时,首先需要将模拟信号转换为数字信号,经数字系统处理后,根据需要再还原成模拟信号。例如,音频信号数字化处理流程如图 1-3 所示,前端将模拟音源信号经过调理后转换为数字信号,再经过信源编码、调制记录到存储介质上,或者通过信道编码利用传输介质进行传输,后端则通过光盘传递或网络下载后,经过解调或者信道解码、信源解码后再还原出音源信息。

图 1-2　模拟信号与数字信号的转换

图 1-3　音频信号数字化处理流程

数字电路课程的特点是入门简单,但内容繁多,既包含逻辑分析与设计,又包含电路分析与设计。因此,在设计数字系统时,通常需要在逻辑功能与电路性能之间进行综合考虑。

1.2　数制

1.2
微课视频

数制即记数所采用的体制,具体是指多位数码中每位数码的构成方式,以及从低位到高位的进位规则以及从高位到低位的借位规则。从古至今,人们习惯于使用十进制进行记数,这与人自身的特点有关。而数字电路采用开关电路来实现,而开关通、断只能代表两种数码,自然与二进制数相对应。因此,二进制是数字电路的基础。

本节介绍常用的数制及其转换方法。

1.2.1 十进制

十进制(decimal)由"0、1、2、3、4、5、6、7、8、9"十个数码和小数点符号"."构成,采用多位记数体制进行记数,其进位规则为逢十进一,借位规则为借一当十。处于不同数位的数码具有不同的权值(weight),以小数点为界,十进制记数法依次向左每位的权值分别是 10^0,10^1,10^2,…,向右每位的权值分别 10^{-1},10^{-2},…。例如十进数 555.55 每个数码均为 5,但处于不同位置的 5 代表的价值不同,实际表示的数值大小为

$$5 \times 10^2 + 5 \times 10^1 + 5 \times 10^0 + 5 \times 10^{-1} + 5 \times 10^{-2}$$

一般地,任意一个十进制数都可以展开为以下的位权展开式

$$\sum_{i=-m}^{n-1} d_i \times 10^i$$

其中,d_i 是第 i 位数码,10^i 则为第 i 位的权值,n 和 m 分别表示整数部分和小数部分的位数。

1.2.2 二进制

数字电路是基于开关电路实现的,而开关具有闭合和断开两个稳定状态。用 0 代表其中一个状态,用 1 代表另一个状态,当开关交替闭合断开时,自然形成了 0 和 1 表示的二值序列。多个开关同时工作时则形成了多位 0 和 1 的组合。因此,数字电路自然与二进制数(binary)相对应。

二进制只采用 0 和 1 两个数码,采用多位记数体制进行记数,其进位规则是逢二进一,借位规则是借一当二。

任何一个二进制数可以用其位权展开式表示

$$\sum_{i=-m}^{n-1} b_i \times 2^i$$

其中,b_i 为二进制数码 0 或 1,2^i 则为其相应的权值。例如 $(1011.101)_2$ 表示数的大小为

$$1 \times 2^3 + 0 \times 2^2 + 1 \times 2^1 + 1 \times 2^0 + 1 \times 2^{-1} + 0 \times 2^{-2} + 1 \times 2^{-3}$$

一般地,N 进制数共有 N 个数码,其权位展开式可以表示为

$$\sum_{i=-m}^{n-1} k_i \times N^i$$

其中,k_i 是第 i 位数码的大小;N^i 为第 i 位数码的权值;n 和 m 分别表示整数部分和小数部分的位数。

1.2.3 十六进制

二进制的优点是简单,而且便于运算,缺点是当位数增多时不但书写麻烦而且不容易识别。一方面是书写时需要占用较大的篇幅,另一方面是按位权展开式计算其数值大小很麻

烦。例如,32 位二进制数 1 1111 0001 1110 1010 1010.0111 0110 111 对应的十进数是多少?

为了解决这个问题,人们想到一种方法:将二进制数以小数点为界,向左和向右每 4 位合并为一个十六进制数码(常用),或者向左和向右每 3 位合并为一个八进制数码,以方便表示和识别。

十六进制采用十六个数码“0、1、2、3、4、5、6、7、8、9、A、B、C、D、E、F”,其进位规则是逢十六进一,借位规则是借一当十六。以小数点为界,十六进制整数向左每位的权值依次为 $16^0,16^1,16^2,\cdots$,向右小数部分每位的权值依次为 $16^{-1},16^{-2},\cdots$。例如:

$$(9AB.1C)_{16} = (9 \times 16^2 + 10 \times 16^1 + 11 \times 16^0 + 1 \times 16^{-1} + 12 \times 16^{-2})_{10}$$
$$= (2475.109375)_{10}$$

即十六进制数 9AB.1C 和十进制数 2475.109375 等值。

十六进制数既方便书写又方便识别,是数字系统中常用的数制之一。表 1-1 为不同数制之间关系的对照表。

表 1-1 不同进制的对照表

十 进 制	二 进 制	十六进制	十 进 制	二 进 制	十六进制
0	0000	0	8	1000	8
1	0001	1	9	1001	9
2	0010	2	10	1010	A
3	0011	3	11	1011	B
4	0100	4	12	1100	C
5	0101	5	13	1101	D
6	0110	6	14	1110	E
7	0111	7	15	1111	F

1.2.4　不同进制的转换

日常生活中最普遍使用的是十进制数,而数字系统是由产生和处理二进制数码 0 和 1 的开关电路构建的,所以用数字系统进行数值计算时,就需要将人们熟悉的十进制数转换成二进制数送入数字系统,计算完成后再将二进制数还原成十进制数以方便人们识别。

1. 十进制转换成二进制

十进制数转换为二进制数时,整数部分和小数部分的转换方法不同。将整数部分和小数部分分别转换完成后,再合并为一个数。

十进制整数转换成二进制时采用“除 2 取余”的方法。具体做法是:用 2 去除十进制整数,得到一个商数和一个余数;再用 2 去除新得到的商数,又会得到一个商数和一个余数,反复进行直到商数为 0 时为止,然后把最后得到的余数作为二进制数的最高有效位,把最先得到的余数作为二进制数的最低有效位,依次排列即得到转换结果。

【例 1-1】 将十进制整数 173 化为二进制数。

解:十进制整数的转换采用“除 2 取余,逆序排列”的方法。

$$
\begin{array}{r|l}
2 & 173 \\
\hline
2 & 86 \quad\text{-----}\quad 余数=1=k_0 \\
\hline
2 & 43 \quad\text{-----}\quad 余数=0=k_1 \\
\hline
2 & 21 \quad\text{-----}\quad 余数=1=k_2 \\
\hline
2 & 10 \quad\text{-----}\quad 余数=1=k_3 \\
\hline
2 & 5 \quad\text{-----}\quad 余数=0=k_4 \\
\hline
2 & 2 \quad\text{-----}\quad 余数=1=k_5 \\
\hline
2 & 1 \quad\text{-----}\quad 余数=0=k_6 \\
\hline
& 0 \quad\text{-----}\quad 余数=1=k_7
\end{array}
$$

列排序逆

因此得 $(173)_{10}=(10101101)_2$。

十进制小数转换为二进制时采用"乘 2 取整"的方法。具体做法是：用 2 乘以十进制小数，将得到乘积的整数部分取出；再用 2 乘以余下的小数，再将乘积的整数部分取出，依次反复进行直到乘积的小数部分为 0，或者满足精度要求为止。将得到的整数顺序排列即为转换结果。

【例 1-2】　将十进制小数 0.8125 化为二进制数。

解：十进制小数的转换采用"乘 2 取整，顺序排列"的方法。

$$
\begin{array}{r}
0.8125 \\
\times \quad 2 \\
\hline
1.6250 \quad\text{-----}\quad 整数部分=1=k_{-1} \\
0.6250 \\
\times \quad 2 \\
\hline
1.2500 \quad\text{-----}\quad 整数部分=1=k_{-2} \\
0.2500 \\
\times \quad 2 \\
\hline
0.5000 \quad\text{-----}\quad 整数部分=0=k_{-3} \\
0.5000 \\
\times \quad 2 \\
\hline
1.0000 \quad\text{-----}\quad 整数部分=1=k_{-4}
\end{array}
$$

因此得 $(0.8125)_{10}=(0.1101)_2$，所以 $(173.8125)_{10}=(10101101.1101)_2$。

上述转换方法可以类推到将十进制数转换为十六进制数，即十进制整数部分"除 16 取余"、小数部分采用"乘 16 取整"的方法。

2. 二进制转换成十进制

二进制数转换成十进制数的基本方法是按照其位权展式展开，然后进行十进制加法求和即可得到相对应的十进制数。例如

$$
\begin{aligned}
(1011.101)_2 &= (1\times2^3+0\times2^2+1\times2^1+1\times2^0+1\times2^{-1}+0\times2^{-2}+1\times2^{-3})_{10} \\
&= (11.625)_{10}
\end{aligned}
$$

十六进制数转换成十进制的方法相同。例如

$$
(F5.6E)_{16}=(15\times16^1+5\times16^0+6\times16^{-1}+14\times16^{-2})_{10}=(245.4296875)_{10}
$$

3. 二进制和十六进制的相互转换

二进制数和十六进制数的相互转换比较容易。将二进制数转换为十六进制数时，只需要从小数点开始，向左、向右每 4 位合并为一位十六进制数码对应排列就可以了。相反地，将十六进制数转换为二进制数时，只需要把每位十六进制数码重新展开为 4 位二进制数对应排列即可。例如

$$(1010\ 0110\ 0010.1011\ 1111\ 0011)_2 = (A62.BF3)_{16}$$
$$(7E3.5B4)_{16} = (0111\ 1110\ 0011.0101\ 1011\ 0100)_2$$

综上所述,常用进制之间的转换方法如图 1-4 所示。

图 1-4　常用进制之间的转换

1.3
微课视频

1.3　补码

　　用十进制进行运算时,做加法容易,做减法则比较麻烦。做减法时,首先需要比较两个数的大小,然后用大数减去小数,运算结果取大数的符号。这种思维方法用于数字系统实现时则电路十分复杂。能不能将减法运算转化为加法运算,以方便数字系统实现呢? 下面以手表为例进行分析。

　　假设现在是早上 7 点,手表昨天晚上 11 点停了,这时就需要将手表从 11 点调到 7 点。调表的方法有两种:第一种方法是将表针逆时针回拨 4 格——做减法,即 11-4=7,如图 1-5 所示;第二种方法是将表针顺时针向前拨 8 格——做加法,即 11+8=(12)+7,同样可以达到目的。

　　这个例子说明,对于手表来说,在忽略进位的情况下,做加法和做减法的效果是一样的。也就是说,可以用加法运算来代替减法运算。关键问题是,怎么知道减 4 可以转化为加 8 呢? 答案是 4+8=12,恰好为表盘的模(也称为进制、容量)。也就是说,对于模 12 来说,8 为 4 的补码。

　　这种思维方法可以类推到其他进制。例如,对于模 10 运算,要做 9-4 时可以用 9+6 代替,在忽略进位的情况下,运算结果是一样的,即 6 为 4 的补码。对于模 100 运算,要做 86-45 时可以用 86+55 代替,即 55 是 45 的补码。

　　同样的道理,对于图 1-6 所示的 4 位二进制(模 16)系统,若要做减法运算 1010-0111 (对应十进制 10-7)时,首先应找到 0111 的补码。因为 7+9=16,所以 1010-0111 可以用加法运算 1010+1001(十进制 10+9)代替,即对于模 16 运算,1001 为 0111 的补码。

图 1-5　钟表　　　　　　　图 1-6　4 位二进制系统

一般地,对于 n 位二进制数(模 2^n),如何求数的补码呢?下面先介绍数的表示方法。

在数字系统中,数分为无符号数和有符号数两种。无符号数每位都是"数值位"(magnitude bits),都有固定的权值。前面介绍的数均默认为无符号数。有符号数采用"符号位+数值位"的形式表示,符号位(sign bit)为"0"时表示正数,为"1"时表示负数。数值位表示数值的(绝对值)大小。

有符号数有原码、反码和补码三种表示方法。

对于"符号位+$n-1$ 位数值位"构成的 n 位有符号二进制数,其原码的格式为

$$S, b_{n-2}, \cdots, b_0$$

其中,S 为符号位;$b_{n-2}, \cdots, b_0$ 为 $n-1$ 位二进制数。

原码能够表示数的范围为 $-(2^{n-1}-1) \sim +(2^{n-1}-1)$。对于 8 位有符号二进制数,能够表示数的范围为 $-127 \sim +127$,其中数 0 的表示形式有两种:$0,0000000(+0)$ 和 $1,0000000(-0)$。

反码又称为对 1 的补码(1's complement)。用反码表示有符号数时,符号位保持不变,若将 $n-1$ 位二进制数 $b_{n-2}, \cdots, b_0$ 的数值大小用 N 表示,则反码的数值大小定义为

$$(N)_{反码} = \begin{cases} N & (正数时) \\ (2^n-1)-N & (负数时) \end{cases}$$

例如,原码 $1,0101011(-43)$ 的反码为 $1,1010100(-43)$。

8 位二进制数反码表示数的范围为 $-127 \sim +127$,其中数"0"仍然有两种表示形式:$0,0000000(+0)$ 和 $1,1111111(-0)$。

补码又称为对 2 的补码(2's complement)。用补码表示有符号数时,符号位保持不变,其数值大小定义为

$$(N)_{补码} = \begin{cases} N & (正数时) \\ 2^n-N & (负数时) \end{cases}$$

例如,原码 $1,0101011(-43)$ 的补码为 $1,1010101(-43)$。

8 位二进制数补码表示数的范围为 $-128 \sim +127$,其中数"0"的表示形式只有一种——$0,0000000$,是唯一的。

表 1-2 给出了 8 位二进制数码表示的无符号数以及有符号数的原码、反码和补码数值大小的对照。

表 1-2 8 位二进制无符号数和有符号数三种表示方法对照表

8 位二进制数	无 符 号 数	有 符 号 数		
		原　　码	反　　码	补　　码
0000 0000	0	+0	+0	+0
0000 0001	1	+1	+1	+1
...	...	...	...	...
0111 1101	125	+125	+125	+125
0111 1110	126	+126	+126	+126
0111 1111	127	+127	+127	+127
1000 0000	128	−0	−127	−128
1000 0001	129	−1	−126	−127
1000 0010	130	−2	−125	−126
...	...	...	...	...
1111 1110	254	−126	−1	−2
1111 1111	255	−127	−0	−1

正数的原码、反码和补码形式相同。求负数的补码时,为了避免做减法运算,一般方法是先求出负数的反码,然后在数值位上加 1 即可得到补码,即

$$(N)_{补码} = (N)_{反码} + 1 \quad (负数时)$$

有符号数用补码表示以后,使得加法器既能做加法,也能实现减法,从而大大简化了处理器硬件电路的结构。

【例 1-3】 用二进制补码计算 $13+10$、$13-10$、$-13+10$ 和 $-13-10$。

解: 由于 $13+10=23$,故数值大小需要用 5 位二进制数表示。用补码运算时,需要再加上 1 位符号位,所以需要用 6 位有符号数做补码运算。

```
 +13    0 01101        +13    0 01101
 +10    0 01010        -10    1 10110
 +23    0 10111        + 3  (1)0 00011

 -13    1 10011        -13    1 10011
 +10    0 01010        -10    1 10110
 - 3    1 11101        -23  (1)1 01001
```

在数字系统中,二进制加法是基本运算,应用补码可以将减法转化成加法,而乘法可以用加法实现,除法运算可以用减法实现,因此计算机 CPU 中的累加器既能进行加法运算,也可以实现减法、乘法和除法运算,而指数、三角函数等都可以分解为加、减、乘、除运算的组合,因此累加器可以实现任意的数值运算。

1.4 编码

数码不但可以表示数的大小,还可以用来表示不同的事物。用数码表示不同的事物称为编码(code)。编码的应用特别广泛,例如居民身份证号是国家对每个公民的编码,学号是学校对每位学生的编码。类似地,还有运动员的编码、货品的条形码和车牌号等。另外,编码还可用来表示事物不同的状态,如开关的断开或闭合、灯的亮灭以及事件的真假等。

数字电路中使用二进制数码 0 和 1 对事物进行编码。下面介绍几种常用的编码。

1.4.1 十进制代码

虽然二进制适合于数字系统运算,但人们还是习惯于使用十进制,所以在计算机发展初期,发明了十进制代码,用二进制代码来表示十进制数。

n 位二进制数共有 2^n 个不同的取值,因此在表示十进制代码 0、1、2、3、4、5、6、7、8、9 时,需要用 4 位二进制代码。从理论上讲,十进制代码的编码方案共有 A_{16}^{10} 种。虽然编码方案很多,但绝大部分编码没有特点,有应用价值的十进制代码并不多。表 1-3 为几种常用的十进制代码。

8421 码的特点是用 4 位二进制数的前 10 个来分别代表十进制的 0~9。由于 4 位二进制数从高到低的权值依次为 8、4、2、1,因此这种编码称为 8421 码,或称为 BCD(binary coded decimal)码。每个代码表示的十进制数,恰好等于数码中为 1 数码的权值之和。

将 8421 码的每个码加 3(0011)就得到了余 3 码(excess-3 code)。余 3 码每位没有固定的权值,为无权码。2421 和 5421 码的权值分别为 2、4、2、1 和 5、4、2、1。

表 1-3　常用的十进制代码

数　值	编　码			
	8421 码	余 3 码	2421 码	5421 码
0	0000	0011	0000	0000
1	0001	0100	0001	0001
2	0010	0101	0010	0010
3	0011	0110	0011	0011
4	0100	0111	0100	0100
5	0101	1000	1011	1000
6	0110	1001	1100	1001
7	0111	1010	1101	1010
8	1000	1011	1110	1011
9	1001	1100	1111	1100
权值	8421	无权	2421	5421

1.4.2　循环码

循环码又称为格雷码(Gray code)，其特点是任意两个相邻码之间只有一位不同。对于 4 位循环码，其构成规律为最低位按照 0110 循环变化，次低位按 00111100 循环变化，次高位按 0000111111110000 循环变化，最高位按 00000000111111111111111100000000 循环变化。按上述规律类推可以构成任意位的循环码。表 1-4 为 4 位二进制码与循环码的比较表。

表 1-4　4 位二进制代码与循环码比较表

十 进 制 数	二 进 制 代 码	循 环 码
0	0000	0000
1	0001	0001
2	0010	0011
3	0011	0010
4	0100	0110
5	0101	0111
6	0110	0101
7	0111	0100
8	1000	1100
9	1001	1101
10	1010	1111
11	1011	1110
12	1100	1010
13	1101	1011
14	1110	1001
15	1111	1000

循环码为可靠性编码。在时序电路中，二进制计数器若按循环码进行计数，由于任意两个相邻码之间只有一位不同，所以计数时没有竞争，自然不会产生竞争-冒险。另外，卡诺图

也是利用循环码中两个相邻码只有一位不同的特点表示最小项的相邻关系,以方便逻辑函数化简。

1.4.3 ASCII 码

ASCII 码为美国信息交换标准代码,由 7 位二进制代码($b_7b_6b_5b_4b_3b_2b_1$)组成,分别编码 128 个字母、数字和控制码,如表 1-5 所示。

表 1-5 ASCII 码表

$b_4b_3b_2b_1$	$b_7b_6b_5$							
	000	001	010	011	100	101	110	111
0000	NUL	DLE	SP	0	@	P	`	p
0001	SOH	DC1	!	1	A	Q	a	q
0010	STX	DC2	"	2	B	R	b	r
0011	ETX	DC3	#	3	C	S	c	s
0100	EOT	DC4	$	4	D	T	d	t
0101	ENQ	NAK	%	5	E	U	e	u
0110	ACK	SYN	&.	6	F	V	f	v
0111	BEL	ETB	'	7	G	W	g	w
1000	BS	CAN	(	8	H	X	h	x
1001	HT	EM	)	9	I	Y	i	y
1010	LF	SUB	*	:	J	Z	j	z
1011	VT	ESC	+	;	K	[	k	{
1100	FF	FS	,	<	L	\	l		
1101	CR	GS	—	=	M	]	m	}
1110	SO	RS	.	>	N	^	n	~
1111	SI	US	/	?	O	—	o	DEL

ASCII 码在计算机中用单字节表示。由于字节的取值范围为 0～255,但 ASCII 码并没有定义字节取值为 128～255($1b_7b_6b_5b_4b_3b_2b_1$)时的编码字符,为了能够表示更多字符,许多厂商制定了自己的 ASCII 码扩展规范。这些规范统称为扩展 ASCII 码(Extended ASCII)。

为促进汉字在计算机系统中的应用,我国也用扩展 ASCII 码来编码汉字和图形字符。国家标准总局于 1980 年发布了《信息交换用汉字编码字符集》(GB 2312—1980),共收录了 6763 个汉字(其中一级汉字 3755 个,二级汉字 3008 个)和 682 个图形字符,所收录的汉字覆盖了中国大陆 99.75% 的使用频率,满足了计算机汉字处理的需要。

GB 2312—1980 将字符集分为 94 个区,每区有 94 个位,因此通常将这种编码称为区位码。每个汉字或图形字符的区位码用两个扩展 ASCII 码来表示。第一个字节称为区字节(高位字节),使用扩展 ASCII 码 0xA1-0xF7(区号 01～87 加 0xA0);第二个字节称为位字节(低位字节),使用扩展 ASCII 码 0xA1-0xFE(位号 01～94 加 0xA0)。一级汉字从 16 区起始,汉字区字节的范围是 0xB0-0xF7,位字节的范围是 0xA1-0xFE,占用的码位数为 72×94=6768,其中 5 个空区位码是 D7FA～D7FE。例如,GB 2312—1980 中第一个汉字"啊"的区位码是 1601,内部编码为 0xB0A1。

本章小结

数字信号是指在时间上和幅度上都离散的信号。应用数字信号处理事物之间的逻辑关系或者进行数值运算的电子电路称为数字电路。

数制是记数所采用体制,有二进制、十进制和十六进制等多种方法。数字系统中使用二进制,这与数字电路的实现方法有关。将数值输入数字系统处理时,需要将我们熟悉的十进制转成二进制,数字系统处理完成后,有时还需要将二进制再转换为十进制输出。这些基础性的转换工作现在由计算机自动完成,我们只需要熟悉其方法和思路。

当二进制的数位很多时,书写和识别都很麻烦,通常转换为十六进制表示。

补码广泛应用于数值运算。应用补码,可以将减法运算转化为加法,而乘法可通过累加实现,除法可通过减法实现。所以,应用加法电路就可以实现加、减、乘、除运算。

用代码表示特定的信息称为编码。编码已经应用于我们生活的各个方面,如身份证号、学号和手机号等。十进制代码是用二值代码表示的十进制数,有 8421 码、余 3 码、2421 码和 5421 码等多种编码方式,其中 8421 码最为常用,分别用四位二进制数的前 10 组数值编码十进制数 0~9。

习题

1.1 将下列二进制数转换为十进制数。

(1) $(11001011)_2$ (2) $(101010.101)_2$ (3) $(0.0011)_2$

1.2 将下列十进制数转换为二进制数,要求转换误差小于 2^{-6}。

(1) $(145)_{10}$ (2) $(27.25)_{10}$ (3) $(0.697)_{10}$

1.3 将下列二进制数转换为十六进制数。

(1) $(1101011.011)_2$ (2) $(111001.1101)_2$ (3) $(100001.001)_2$

1.4 将下列十六进制数转换为二进制数和十进制数。

(1) $(26E)_{16}$ (2) $(4FD.C3)_{16}$ (3) $(79B.5A)_{16}$

1.5 将下列十进制数转换为 8421 码和余 3 码。

(1) $(54)_{10}$ (2) $(87.15)_{10}$ (3) $(239.03)_{10}$

1.6 写出下列二进制数的原码、反码和补码。

(1) $(+1101)_2$ (2) $(+001101)_2$ (3) $(-1101)_2$ (4) $(-001101)_2$

1.7 写出下列有符号二进制数的反码和补码。

(1) $(0,11011)_2$ (2) $(0,01010)_2$ (3) $(1,11011)_2$ (4) $(1,01010)_2$

1.8 用 8 位二进制补码表示下列十进制数。

(1) $+15$ (2) $+127$ (3) -11 (4) -121

1.9 用补码计算下列各式。

(1) $25+13$ (2) $25-13$ (3) $-25+13$ (4) $-25-13$

*1.10 我国地方车牌格式为"省的简称+1 位地区字母+5 位车牌编码",如"陕AL1314"。若某省某地区的 5 位车牌编码规定为两位为大写英文字母(字母 I 和 O 容易和数字 1 和 0 混淆,不用)和 3 位数字(0~9)构成,共能编码多少辆车?

## 第 2 章

逻辑代数基础

事物因果之间所遵循的规律称为逻辑(logic)。日出而作,日落而息,是对古人的生活规律与地球运转之间因果关系的描述。

图 2-1 最简单的逻辑关系

对于图 2-1 所示的电路,灯的状态由开关 X 控制。开关 X 闭合则灯亮,断开则灯灭,所以开关的状态是因,灯的亮灭是果,构成了最简单的逻辑关系。

描述逻辑关系的数学称为逻辑代数(logic algebra)。逻辑代数是英国数学家乔治·布尔(George Boolean)于 19 世纪创立的(后经证实是由早布尔 150 年的数学家高斯原创),所以逻辑代数也称为布尔代数(Boolean algebra)。20 世纪初,美国人香农(Claude E. Shannon)在开关电路中找到了逻辑代数的用途,进而逻辑代数很快地成了分析和设计数字系统的理论工具。

2.1
微课视频

2.1 逻辑运算

在逻辑代数中,将事物之间最基本的逻辑关系定义为与、或、非三种,其他逻辑关系则可以看作是基本逻辑关系的组合。

2.1.1 与逻辑

假设决定某一个事件发生的条件共有 $n(n \geqslant 2)$ 个,只有当所有条件都满足时,事件才会发生,这种逻辑关系称为与(AND)逻辑,或称为与运算。

将图 2-1 中的开关 X 扩展为两个开关 A、B 串联,如图 2-2(a)所示。根据电路的知识可知,只有当开关 A 和 B 同时闭合时才能构成回路,灯才会亮。所以,决定灯亮有两个条件:一是开关 A 闭合,二是开关 B 闭合,而且开关的状态与灯的状态之间的因果构成了与逻辑关系。

图 2-2 基本逻辑关系电路示意图

假设用 $A=0$ 表示开关 A 断开,用 $A=1$ 表示开关 A 闭合;用 $B=0$ 表示开关 B 断开,用 $B=1$ 表示开关 B 闭合;用 $Y=0$ 表示灯不亮,用 $Y=1$ 表示灯亮。

在上述约定下,开关 A、B 的状态和灯 Y 亮灭之间的因果关系可以用表 2-1 所示的真值表(truth-table)表示。

从真值表可以看出,与逻辑的运算规律和代数中的乘法运算规律相同。因此,与逻辑也称为逻辑乘法,其运算表达式记为

$$Y=A \cdot B$$

或简写为

$$Y=AB$$

表 2-1 与逻辑真值表

A	B	Y
0	0	0
0	1	0
1	0	0
1	1	1

若将图 2-1 中的开关 X 扩展为三个开关 A、B、C 串联,则构成三变量与逻辑关系 $Y=ABC$。同理,若将图 2-1 中的开关 X 扩展为四个开关 A、B、C、D 串联,则构成四变量与逻辑关系 $Y=ABCD$。依此类推。

在现实生活中,与逻辑关系的例子很多。例如,飞机的机头和两翼下共有三组起落架,只有当三组起落架都正常放下时,飞机才具有安全着陆的基本条件。又如,许多居民小区配有单元门门禁系统,因此居民要自由出入家门,不但要有家门钥匙,而且还需要有门禁卡。

2.1.2 或逻辑

假定决定某一个事件发生的条件共有 $n(n \geqslant 2)$ 个,至少有一个条件满足时,事件就会发生,这种逻辑关系称为或(OR)逻辑,也称为或运算。

将图 2-1 中的开关 X 扩展为两个开关 A、B 并联,如图 2-2(b)所示。根据电路的知识可知,当开关 A 和 B 至少有一个闭合时就可以构成回路,灯就会亮。所以,决定灯亮有两个条件:一是开关 A 闭合,二是开关 B 闭合,而且开关的状态与灯的状态之间的因果构成了或逻辑关系。

表 2-2 或逻辑真值表

A	B	Y
0	0	0
0	1	1
1	0	1
1	1	1

在和"与逻辑"关系同样的约定下,反映开关状态和灯亮灭之间因果关系的真值表如表 2-2 所示。从真值表可以看出,或逻辑的运算规律和代数中加法的运算规律类似,因此或逻辑也称为逻辑加法,其运算表达式记为

$$Y=A+B$$

在或逻辑关系中 $1+1=1$,反映事物的因果关系。$1+1=1$ 说明决定某一个事件共有两个条件,两个条件都满足,结果发生了。这和代数运算不同!在代数运算中 $1+1=2$,反映事物在数量上的关系。

将图 2-1 中的开关 X 扩展为三个开关 A、B、C 并联,则构成三变量或逻辑关系 $Y=A+B+C$。将图 2-1 中的开关 X 扩展为四个开关 A、B、C、D 并联,则构成四变量或逻辑关系 $Y=A+B+C+D$。依此类推。

在现实生活中,或逻辑关系的例子同样很多。例如,当飞机的三组起落架中至少有一组不能正常放下,飞机就不具有安全着陆的基本条件。又如,教室有前、后两个门,至少有一个门开着,学生就能够出入教室。

2.1.3 非逻辑

决定某一事件只有一个条件,当条件满足时事件不发生,当条件不满足时事件则会发生,这种逻辑关系称为非(NOT)逻辑,或称为逻辑反。

将图 2-1 中的开关 X 和灯 Y 由串联关系改为并联,如图 2-2(c)所示,则根据电路的知识可知,当开关 A 闭合时灯短路,因此灯不亮;当开关 A 断开时灯与电源构成了回路,因此灯亮。所以,决定灯亮只有一个条件:开关 A 闭合,并且开关状态与灯亮之间构成了非逻辑关系。

表 2-3 非逻辑真值表

A	Y
0	1
1	0

假设用 $A=0$ 表示开关 A 断开,$A=1$ 表示开关 A 闭合;用 $Y=0$ 表示灯不亮,$Y=1$ 表示灯亮。

在上述约定下,非逻辑关系的真值表如表 2-3 所示,其运算表达式记为

$$Y=A' \quad 或 \quad Y=\overline{A}$$

读为"Y 等于 A 非"或者"Y 等于 A 反"。

非逻辑关系代表一种非此即彼的逻辑关系,如古罗马的角斗士一样,一方的生存是以另一方的死亡为条件的。

图 2-3 是目前国际流行的、分别表示两变量与逻辑、两变量或逻辑和非逻辑关系的传统逻辑符号。

(a) 与   (b) 或   (c) 非

图 2-3 三种基本逻辑符号

2.1.4 两种复合逻辑

将与逻辑、或逻辑分别和非逻辑进行组合可以派生出两种复合逻辑:与非(NAND)和或非(NOR)。

与非逻辑表示先做与运算,再将运算结果取反,其表达式记为

$$Y=(AB)'$$

真值表如表 2-4 所示。

或非逻辑表示先做或运算,再将运算结果取反,其表达式记为

$$Y=(A+B)'$$

真值表如表 2-5 所示。

表 2-4 与非逻辑真值表

A	B	Y
0	0	1
0	1	1
1	0	1
1	1	0

表 2-5 或非逻辑真值表

A	B	Y
0	0	1
0	1	0
1	0	0
1	1	0

两变量与非和或非的逻辑符号分别如图 2-4(a)和图 2-4(b)所示,图中的"∘"表示"非"。

若将与逻辑和或非逻辑进行组合则可派生出与或非逻辑。与或非逻辑有多种形式,如 $Y=(A+BC)'$,$Y=(AB+C)'$ 和 $Y=(AB+CD)'$ 等。由于与或非为组合运算,因此没有定义专门的与或非逻辑符号,$Y=(AB+CD)'$ 按图 2-5 所示方式实现。

图 2-4 复合逻辑运算符号

图 2-5 与或非逻辑

2.1.5 两种特殊逻辑

除了三种基本逻辑和两种复合逻辑外,逻辑代数中还定义了两种特殊的逻辑运算:异或(XOR)和同或(XNOR)。

用两个开关控制一个灯的电路如图 2-6 所示,其中开关 A、B 均为单刀双掷开关。若定义开关接上为 1,接下为 0,灯亮为 1,灯灭为 0,则图 2-6(a)所示电路的真值表如表 2-6 所示。由真值表可以看出,变量 A、B 取值相同时 Y 为 0,不同时 Y 为 1,这种逻辑关系定义为异或逻辑,运算表达式记为 $Y=A \oplus B$,逻辑符号如图 2-7(a)所示。

图 2-6 异或与同或电路示意图

图 2-7 异或与同或逻辑符号

在同样的约定下,图 2-6(b)所示电路的真值表如表 2-7 所示。从真值表可以看出,变量 A、B 取值相同时 Y 为 1,不同时 Y 为 0,这种逻辑关系定义为同或逻辑,运算表达式记为 $Y=A \odot B$,逻辑符号如图 2-7(b)所示。

表 2-6 异或逻辑真值表

A	B	Y
0	0	0
0	1	1
1	0	1
1	1	0

表 2-7 同或逻辑真值表

A	B	Y
0	0	1
0	1	0
1	0	0
1	1	1

从定义可知:同或与异或互为反运算,即

$$A \oplus B = (A \odot B)'$$
$$A \odot B = (A \oplus B)'$$

因此,同或也称为异或非运算。

异或逻辑和同或逻辑同为两变量逻辑函数。在现代家居设计中,有时用里、外两个开关接成异或或同或关系同时控制房间里的灯,这样就可以从房间里或房间外控制房间中灯的亮灭。

综上所述,逻辑代数共定义了七种逻辑运算:三种基本逻辑——与、或、非,两种复合逻辑——与非和或非,以及两种特殊逻辑——异或和同或。

2.2 逻辑代数中的公式

2.2 微课视频

逻辑代数的公式可分为基本公式和常用公式两大类。基本公式反映逻辑代数中存在的基本规律。常用公式是从基本公式推导出来的实用公式。

2.2.1 基本公式

基本公式反映了逻辑常量与常量、常量与变量,以及变量与变量之间的基本规律。下面进行分类说明。

1. 常量与常量的运算关系

$$0+0=0, \quad 0+1=1, \quad 0 \cdot 0=0, \quad 0 \cdot 1=0, \quad 0'=1$$
$$1+0=1, \quad 1+1=1, \quad 1 \cdot 0=0, \quad 1 \cdot 1=1, \quad 1'=0$$

反映了逻辑常量 0 和 1 之间的运算关系。

需要注意的是,逻辑代数中的 0 和 1 表示事物两种相互对立的逻辑状态,没有数值大小的区别。

2. 常量与变量的运算关系

0 律: $\qquad 0+A=A, \quad 0 \cdot A=0$

1 律: $\qquad 1+A=1, \quad 1 \cdot A=A$

0 律反映了逻辑常量 0 和逻辑变量之间的运算关系,1 律反映了逻辑常量 1 和逻辑变量之间的运算关系。

3. 变量与变量的运算关系

1) 重叠律

$$A+A=A, \quad A \cdot A=A$$

反映了逻辑变量与自身之间的运算关系。

需要注意的是,$A \cdot A=A^2$、$A+A=2A$ 是代数运算,不要和逻辑运算混淆了。

2) 互补律

$$A+A'=1, \quad A \cdot A'=0$$

反映了逻辑变量与其反变量之间的运算关系。

3) 交换律

$$A+B=B+A, \quad A \cdot B=B \cdot A$$

和普通代数规律相同。

4) 结合律

$$A+(B+C)=(A+B)+C, \quad A \cdot (B \cdot C)=(A \cdot B) \cdot C$$

和普通代数规律相同。

5) 分配律

$$A(B+C)=AB+AC, \quad A+BC=(A+B)(A+C)$$

其中，$A(B+C)=AB+AC$ 称为乘对加的分配律，与普通代数规律相同；$A+BC=(A+B)(A+C)$ 称为加对乘的分配律，是逻辑代数中特有的。

【例 2-1】 证明分配律公式 $A+BC=(A+B)(A+C)$ 的正确性。

证明：变量 A、B、C 共有 8 种取值组合，列出逻辑式 $A+BC$ 和 $(A+B)(A+C)$ 的真值表，如表 2-8 所示。由于在 ABC 的每一种取值下，逻辑式 $A+BC$ 和 $(A+B)(A+C)$ 的值均相同，因此 $A+BC$ 和 $(A+B)(A+C)$ 相等。

表 2-8 例 2-1 真值表

A	B	C	$A+BC$	$(A+B)(A+C)$
0	0	0	0	0
0	0	1	0	0
0	1	0	0	0
0	1	1	1	1
1	0	0	1	1
1	0	1	1	1
1	1	0	1	1
1	1	1	1	1

说明：当变量数比较多时，将真值表中逻辑变量的取值按二进制的顺序书写是一种良好的习惯。

6）还原律

$$A''=A$$

说明将一个逻辑变量两次取反后还原为逻辑变量本身。

7）德·摩根定理

德·摩根（De Morgan）定理简称为摩根定理，反映了逻辑乘法（与）与逻辑加法（或）的内在联系和转化关系。

两变量德·摩根定理的公式为

$$(AB)'=A'+B', \quad (A+B)'=A'B'$$

【例 2-2】 证明两变量摩根定理。

证明：变量 A、B 共有四种取值组合：00、01、10、11，列出逻辑式 $(AB)'$ 和 $A'+B'$ 的真值表，如表 2-9 所示。

表 2-9 例 2-2 真值表

A	B	$(AB)'$	$A'+B'$
0	0	1	1
0	1	1	1
1	0	1	1
1	1	0	0

由真值表可以看出，在 A、B 的每一种取值下，逻辑式 $(AB)'$ 和 $A'+B'$ 的值均相同，因此 $(AB)'$ 和 $A'+B'$ 相等。同理可证 $(A+B)'$ 和 $A'B'$ 相等。

2.2.2　常用公式

常用公式是从基本公式推导出来的,用于化简逻辑函数的实用公式,主要包括吸收公式、消因子公式、并项公式和消项公式等。

1. 吸收公式

$$A+AB=A$$

证明:$A+AB=A \cdot 1+AB=A(1+B)=A \cdot 1=A$

吸收公式说明两个乘积项相加的时候,如果某一个乘积项中的部分因子恰好是另外一个乘积项,那么该乘积项是多余的,直接被吸收掉了。

在逻辑代数中,乘积项即与项,乘积项的任何部分称为该乘积项的因子。单个变量可以理解为最简单的乘积项。

2. 消因子公式

$$A+A'B=A+B$$

证明:

$$A+A'B=(A+A')(A+B)=A+B$$

消因子公式说明两个乘积项相加的时候,如果某一个乘积项中的部分因子恰好是另外一个乘积项的非,那么该乘积项中的这部分因子是多余的,可以直接消掉。

3. 并项公式

$$AB+AB'=A$$

证明:

$$AB+AB'=A(B+B')=A$$

并项公式说明两个乘积项相加的时候,除了公有因子之外,如果剩余的因子恰好互补,那么两个乘积项可以合并成由公有因子所组成的乘积项。

4. 消项公式

$$AB+A'C+BC=AB+A'C$$

证明:

$$
\begin{aligned}
AB+A'C+BC &= AB+A'C+(A+A')BC \\
&= AB+A'C+ABC+A'BC \\
&= (AB+ABC)+(A'C+A'BC) \\
&= AB+A'C
\end{aligned}
$$

消项公式说明三个乘积项相加的时候,如果两个乘积项中的部分因子恰好互补,剩余的因子都是第三项中的因子,那么第三项是多余的,可以直接消掉。

根据消项公式的证明过程可知,下面的扩展公式也是正确的:

$$AB+A'C+BCDEF\cdots = AB+A'C$$

化简逻辑函数的实用公式还有其他形式,如 $A(AB)'=AB'$、$A'(AB)'=A'$ 等。由于习惯上使用与或式,所以这些公式在此不再赘述。

2.2.3　关于异或逻辑

异或逻辑又称为"模 2 和"运算(实现两个 1 位二进制数加法),在数字系统中有着特殊的应用,如代码转换和奇偶校验等。

为了加深对异或运算的理解,下面介绍一些常用的异或运算公式和定理。

(1) 与常量的关系:$A \oplus 0 = A$,$A \oplus 1 = A'$;

(2) 交换律:$A \oplus B = B \oplus A$;

(3) 结合律:$A \oplus (B \oplus C) = (A \oplus B) \oplus C$;

(4) 分配律:$A(B \oplus C) = (AB) \oplus (AC)$;

(5) 定理:如果 $A \oplus B = C$,那么 $A \oplus C = B$,$B \oplus C = A$。

利用异或逻辑中常量与变量之间的运算关系可以控制数据极性。例如,利用异或门将五位二进制原码 $SD_3D_2D_1D_0$ 转换为反码的原理如图 2-8 所示。当符号位 $S = 0$ 时,$Y_3Y_2Y_1Y_0 = D_3D_2D_1D_0$,当 $S = 1$ 时,$Y_3Y_2Y_1Y_0 = D_3'D_2'D_1'D_0'$。

图 2-8　五位二进制原码
转换为反码

另外,二进制码与格雷码的转换可以通过异或运算实现。设 $B_3B_2B_1B_0$ 表示四位二进码,用 $G_3G_2G_1G_0$ 表示四位格雷码,则二进制码到格雷码的转换公式为

$$G_3 = B_3$$
$$G_2 = B_3 \oplus B_2$$
$$G_1 = B_2 \oplus B_1$$
$$G_0 = B_1 \oplus B_0$$

而格雷码到二进制码的转换公式为

$$B_3 = G_3$$
$$B_2 = G_3 \oplus G_2$$
$$B_1 = G_3 \oplus G_2 \oplus G_1$$
$$B_0 = G_3 \oplus G_2 \oplus G_1 \oplus G_0$$

读者可以根据表 1-4 进行验证。

思考与练习

2-1　能否由 $A + A' = 1$ 推出 $A' = 1 - A$？试说明理由。

2-2　能否从消项公式 $AB + A'C + BC = AB + A'C$ 两边同时减掉 $AB + A'C$ 推出 $BC = 0$？试说明理由。

2.3 三种规则

逻辑代数中有三种基本规则:代入规则、反演规则和对偶规则。它们与基本公式和常用公式一起构成了完整的逻辑代数系统,用于二值逻辑的描述与变换。

2.3
微课视频

2.3.1 代入规则

代入规则是指对于任何一个包含变量 X 的逻辑等式,若将式中所有的 X 用另外一个逻辑式替换,那么等式仍然成立。即已知

$$F(X,B,C,\cdots)=G(X,B,C,\cdots)$$

若将 X 用 $H(A,B,C,D,\cdots)$ 替换,则

$$F(H(A,B,C,D,\cdots),B,C,\cdots)=G(H(A,B,C,D,\cdots),B,C,\cdots)$$

在逻辑代数中,由于变量和逻辑式的取值范围完全相同,所以代入规则对代入逻辑式的形式和复杂程度没有任何限制。

【例 2-3】 证明摩根定理适用于任意变量。

证明:逻辑代数的基本公式中只列出了二变量摩根定理

$$(AB)'=A'+B', \quad (A+B)'=A'B'$$

根据代入规则,将公式 $(AB)'=A'+B'$ 中 B 用 BC 替换,即

$$(ABC)'=A'+(BC)'$$

再应用摩根定理 $(BC)'=B'+C'$,代入整理得

$$(ABC)'=A'+B'+C'$$

同理,对于公式 $(A+B)'=A'B'$,将式中的 B 用 $B+C$ 替换得

$$(A+B+C)'=A'(B+C)'$$

再应用摩根定理 $(B+C)'=B'C'$,代入整理得

$$(A+B+C)'=A'B'C'$$

说明摩根定理适用于三变量。

同理,可证摩根定理适用于任意变量。

2.3.2 反演规则

求逻辑函数反函数的过程称为反演。

对于任意一个逻辑式 Y,若在式中做以下三类变换:

(1) 将式中所有的 · 换成 +,+ 换成 · ;

(2) 将所有的常量 0 换成 1,1 换成 0;

(3) 将原变量换成反变量,反变量换成原变量,即 $A \rightarrow A'$、$A' \rightarrow A$。

变换完成后将得到一个新的逻辑式,这个新逻辑式就是原逻辑式的非,这就是反演规则。反演规则为求一个逻辑函数的反函数提供了一条捷径。

在应用反演规则时,需要注意以下两点:

(1) 注意运算的优先顺序。和普通代数一样,先处理"括号",再处理"乘",最后再处理"加",并且乘积项处理完成后应视为一个整体。

(2) 不属于单个变量上的非号保留不变。例如,逻辑式 $(AB)'$ 上的非号既不单独属于变量 A,也不单独属于变量 B,而是属于 AB 整体,因此变换时应保留不变。

【例 2-4】 求逻辑函数 $Y=(AB+C)D+E$ 的反函数。

解:根据反演规则

$$Y'=((A'+B')C'+D')E'$$

【例 2-5】 求逻辑函数 $Y=((AB)'+C'D)'E+AB'CD'$ 的反函数。

解:根据反演规则

$$Y'=(((A'+B')'(C+D'))'+E')(A'+B+C'+D)$$

2.3.3　对偶规则

在解释对偶规则之前,首先定义对偶式。

对于任意逻辑式 Y,若在式中做以下两类变换:

(1) 将所有的 · 换成＋,＋换成 ·;

(2) 将所有的常量"0"换成 1,1 换成 0。

将得到一个新的逻辑式。这个新逻辑式定义为原来逻辑式的对偶式,记为 Y^D。

对偶规则是指,对于两个逻辑式 Y_1 和 Y_2,若 $Y_1 = Y_2$,则 $Y_1^D = Y_2^D$。

逻辑代数为自对偶的代数系统。例如,对于 0 律:

$$0 + A = A, \quad 0 \cdot A = 0$$

两边同时取对偶:

$$1 \cdot A = A, \quad 1 + A = 1$$

即可得到 1 律。同理,由 1 律取对偶可得到 0 律。

再如,对于乘对加的分配律:

$$A(B + C) = AB + AC$$

两边同时取对偶:

$$A + BC = (A + B)(A + C)$$

即可得到加对乘的分配律。

2.4　逻辑函数的表示方法

2.4
微课视频

对于任意一个逻辑式 Y,当逻辑变量的取值确定以后,运算结果便随之确定,因此运算结果与逻辑变量之间是一种函数关系,称为逻辑函数(logic function)。

在逻辑代数中,逻辑变量习惯于用单个大写英文字母 $A,B,C,\cdots$ 表示,运算结果习惯于用 Y 或 Z 等字母表示,因此逻辑函数一般表示为

$$Y = F(A, B, C, \cdots)$$

其中 F 表示一种函数关系。

逻辑函数有多种表示形式,既可以用真值表和函数表达式表示,也可以用逻辑图、波形图或卡诺图表示。下面结合具体的例子进行说明。

【例 2-6】　三个人为了某一事件进行表决,约定多数人同意则事件通过,否则事件被否决。设计三人表决的逻辑电路。

分析这个逻辑问题,三个人的意见决定事件的结果,因此三个人的意见是因,事件通过与否为果。若用变量 A、B、C 表示三个人的意见,用 Y 表示事件的结果,则该问题的逻辑函数式可记为

$$Y = F(A, B, C)$$

2.4.1　真值表

真值表能够详尽地反映逻辑结果与变量取值之间的关系,是逻辑函数常用的一种表示方法,同时真值表也与逻辑函数的标准形式之间存在对应的关系。

对于三人表决逻辑问题,若约定:

(1) $A=1$ 表示 A 同意,$A=0$ 表示 A 不同意;

(2) $B=1$ 表示 B 同意,$B=0$ 表示 B 不同意;

(3) $C=1$ 表示 C 同意,$C=0$ 表示 C 不同意;

(4) $Y=1$ 表示事件通过,$Y=0$ 表示事件被否决。

则该逻辑问题的真值表如表 2-10 所示。

表 2-10 三人表决问题真值表

A	B	C	Y
0	0	0	0
0	0	1	0
0	1	0	0
0	1	1	1
1	0	0	0
1	0	1	1
1	1	0	1
1	1	1	1

2.4.2 函数表达式

三人表决问题事件通过有以下三种情况:

(1) 当 A、B 同意时,不管 C 是否同意;

(2) 当 A、C 同意时,不管 B 是否同意;

(3) 当 B、C 同意时,不管 A 是否同意。

三种情况满足其中一个即可,由此可推出逻辑函数的表达式为

$$Y = AB + AC + BC$$

2.4.3 逻辑图

将逻辑表达式中的逻辑关系用逻辑符号表示,即可画出表示函数关系的逻辑图。

由于三人表决问题的表达式为 $Y=AB+AC+BC$,因此逻辑图如图 2-9 所示。

波形图将在时序电路中介绍,卡诺图将在本章后面介绍。

图 2-9 三人表决问题逻辑图

2.4.4 表示方法的相互转换

真值表、函数表达式和逻辑图是逻辑函数的不同表示形式,可以进行相互转换。

1. 根据函数表达式画出逻辑图

根据逻辑函数表达式画出其逻辑图相对比较简单,只需要将表达式中的逻辑关系用逻辑符号表示、连接即可画出逻辑图。

【例 2-7】 画出逻辑函数 $Y = A(B+C)+CD$ 的逻辑图。

图 2-10　例 2-7 逻辑图

解： 函数式中 B、C 为或逻辑关系，A 和 $(B+C)$ 为与逻辑关系，C、D 为与逻辑关系，$A(B+C)$ 和 CD 为或逻辑关系，按相应逻辑关系进行连接即可画出如图 2-10 所示的逻辑图。

2. 从逻辑图写出函数表达式

由逻辑图写出逻辑函数表达式时，从输入变量开始，将每个逻辑符号表示的逻辑式写出来，逐级向输出端推，即可得到逻辑函数的表达式。

【例 2-8】 写出图 2-11 所示逻辑图的函数表达式。

图 2-11　例 2-8 逻辑图

解：

$$C_O = (A'B' + A'C_I' + B'C_I')'$$
$$= (A+B)(A+C_I)(B+C_I)$$
$$S = (A'B'C_I' + AB'C_I + A'BC_I + ABC_I)'$$
$$= (A+B+C_I)(A'+B+C_I')(A+B'+C_I')(A'+B'+C_I)$$

3. 从函数表达式列出真值表

将逻辑变量的所有取值组合逐一代入函数表达式计算相应的函数值，即可得到真值表。

【例 2-9】 写出逻辑函数 $Y = AB' + BC' + A'C$ 的真值表。

解： 分别将 $ABC = 000 \sim 111$ 八种取值代入函数表达式即可得表 2-11 所示的真值表。

表 2-11　例 2-9 真值表

A	B	C	Y
0	0	0	0
0	0	1	1
0	1	0	1
0	1	1	1
1	0	0	1
1	0	1	1
1	1	0	1
1	1	1	0

4. 从真值表写出函数表达式

从真值表写出函数表达式是转换的重点。下面从具体示例中抽象出从真值表写逻辑函数表达式的一般方法。

【**例 2-10**】 已知逻辑函数的真值表如表 2-12 所示,写出逻辑函数表达式。

表 2-12 例 2-10 真值表

A	B	C	Y
0	0	0	0
0	0	1	1
0	1	0	1
0	1	1	0
1	0	0	1
1	0	1	0
1	1	0	0
1	1	1	1

解:从真值表可以看出,当 ABC 取 001、010、100 或 111 任意一组时,Y 为 1,其余取值时 Y 均为 0。

乘积项 $A'B'C$ 恰好在 $ABC=001$ 时值为 1,其他取值时值均为 0,因此乘积项 $A'B'C$ 代表了 $ABC=001$ 时 $Y=1$ 的特征。同理,乘积项 $A'BC'$ 在 $ABC=010$ 时值为 1,$AB'C'$ 在 $ABC=100$ 时值为 1,ABC 在 $ABC=111$ 时值为 1。由于 ABC 取 001、010、100 或 111 任意一组时 Y 为 1,因此这些乘积项为或逻辑关系,故逻辑函数表达可记为

$$Y=A'B'C+A'BC'+AB'C'+ABC$$

从上例可以总结出从真值表写出函数表达式的方法,这就是

(1) 找出真值表中所有使 $Y=1$ 的输入变量的取值组合;

(2) 每个取值组合对应一个乘积项,其中取值为 1 的写为原变量,取值为 0 的写为反变量;

(3) 将这些乘积项相加,即可得到 Y 的逻辑函数式。

根据上述方法,由表 2-10 所示真值表可写出三个人表决问题的函数表达式为

$$Y=A'BC+AB'C+ABC'+ABC$$

上式虽然与直接推理得到的函数表达式形式上有差异,但本质是一样的。通过常用公式对上式进行化简得

$$\begin{aligned}Y&=A'BC+AB'C+ABC'+ABC\\&=A'BC+AB'C+ABC'+ABC+ABC+ABC\\&=(A'BC+ABC)+(AB'C+ABC)+(ABC'+ABC)\\&=BC+AC+AB\end{aligned}$$

思考与练习

2-3 根据表 2-1 与逻辑真值表,写出与逻辑函数表达式。

2-4 根据表 2-2 或逻辑真值表,写出或逻辑函数表达式。

2-5 根据表 2-4 与非逻辑真值表,写出与非逻辑函数表达式。

2-6 根据表 2-5 或非逻辑真值表,写出或非逻辑函数表达式。

根据真值表写出函数表达式的一般方法,由表 2-6 异或逻辑的真值表可以直接写出异或逻辑函数表达式。从中得出

$$A \oplus B = A'B + AB'$$

同理,由表 2-7 同或逻辑的真值表写出同或逻辑函数表达式。从中得出

$$A \odot B = A'B' + AB$$

2.5　逻辑函数的标准形式

2.5
微课视频

对于同一逻辑问题,逻辑函数表达式可以有多种不同的形式。例如:

$$Y = A + BC \quad (与或式)$$

由加对乘的分配率可知:$A + BC = (A + B)(A + C)$,所以逻辑函数也可以写成

$$Y = (A + B)(A + C) \quad (或与式)$$

对与或式进行两次取反(逻辑关系不变),整理得

$$Y = (A'(BC)')' \quad (与非 - 与非式)$$

对或与式进行两次取反(逻辑关系不变),整理得

$$Y = ((A + B)' + (A + C)')' \quad (或非 - 或非式)$$

另外,由其反函数变换而来的逻辑函数式还有四种形式:与或非式,与非与式、或与非式和或非或式。因此,同一个逻辑函数共有 8 种不同的表示形式。

根据实现器件的种类不同,有时需要在不同的形式之间进行转换。为方便讨论,首先为逻辑函数定义两种标准形式:最小项表达式和最大项表达式。

2.5.1　最小项表达式

在介绍最小项表达式之前,先定义最小项。

在 n 变量逻辑函数中,每一个变量都参加,并且只能以原变量或者反变量出现一次所组成的与项,称为最小项(mini-term),用 m 表示。由于每个变量都参加,所以最小项取值为 1 的概率是最小的,故得名。

对于两变量逻辑函数 $Y = F(A, B)$,最小项的形式为 $X_1 X_2$,其中 X_1 取 A 或 A',X_2 取 B 或 B',因此共有 4 个最小项:$A'B'$、$A'B$、AB' 和 AB。

对于三变量逻辑函数 $Y = F(A, B, C)$,最小项的形式为 $X_1 X_2 X_3$,其中 X_1 取 A 或 A',X_2 取 B 或 B',X_3 取 C 或 C',因此共有 8 个最小项:$A'B'C'$、$A'B'C$、$A'BC'$、$A'BC$、$AB'C'$、$AB'C$、ABC' 和 ABC。

一般地,n 变量逻辑函数共有 2^n 个最小项。当逻辑函数的变量数越多时,书写和识别最小项越麻烦,因此有必要给最小项进行编号。

最小项编号的方法:在最小项中,原变量记为 1,反变量记为 0,将得到的数码看成二进制数,那么与该二进制数对应的十进制数就是该最小项的编号。例如三变量逻辑函数 $Y = F(A, B, C)$ 的最小项 $AB'C$ 的编号为 5,用 m_5 表示;四变量逻辑函数 $Y = F(A, B, C, D)$ 的最小项 m_{10} 的具体形式为 $AB'CD'$。

最小项具有以下重要性质:

(1) 对于输入变量的任意一组取值组合,必有一个最小项,而且仅有一个最小项的值

为 1。

(2) 同一逻辑函数的所有最小项之和为 1。

(3) 任意两个最小项的乘积为 0。

(4) 只有一个变量不同的两个最小项称为相邻最小项。在逻辑函数式中,两个相邻最小项可以合并成一项,并消去一对因子。例如,三变量逻辑函数 $Y = AB'C + ABC$ 中最小项 $AB'C$ 和 ABC 相邻,所以 Y 可以合并成 AC,将因子 B 和 B' 消掉了。

最小项的性质(4)是用卡诺图化简逻辑函数的理论基础。

全部由最小项相加构成的与或式称为最小项表达式。

从例 2-10 可以看出,由真值表直接写出的函数表达式即为最小项表达式。

2.5.2　最大项表达式

在 n 变量逻辑函数中,每一个变量都参加,并且只能以原变量或者反变量出现一次所组成的或项,称为最大项(max-term),用 M 表示。由于每个变量都参加,所以最大项取值为 1 的概率是最大的,故得名。

对于三变量逻辑函数 $Y = F(A,B,C)$,其最大项的形式为 $X_1 + X_2 + X_3$,其中 X_1 取 A 或 A',X_2 取 B 或 B',X_3 取 C 或 C',故共有 8 个最大项:$A' + B' + C'$、$A' + B' + C$、$A' + B + C'$、$A' + B + C$、$A + B' + C'$、$A + B' + C$、$A + B + C'$ 和 $A + B + C$。

n 变量逻辑函数共有 2^n 个最大项。最大项的编号方法:在最大项中,原变量记为 0,反变量记为 1,将得到的数码看成二进制数,与该二进制数对应的十进制数就是该最大项的编号。例如三变量逻辑函数 $Y = F(A,B,C)$ 的最大项 $A + B' + C'$ 的编号为 2,用 M_2 表示;四变量逻辑函数 $Y = F(A,B,C,D)$ 的最大项 $A + B' + C + D'$ 的编号为 5,用 M_5 表示。

最大项具有以下重要性质:

(1) 对于输入变量的任意一组取值组合,必有一个最大项,而且仅有一个最大项的值为 0。

(2) 同一逻辑函数的所有最大项之积为 0。

(3) 任意两个最大项之和为 1。

(4) 只有一个变量不同的两个最大项称为相邻最大项。在逻辑函数式中,两个相邻最大项之积等于各相同变量之和。例如,$Y = (A + B + C)(A + B' + C) = A + C$。

全部由最大项相乘构成的或与式称为最大项表达式。

由真值表也可以直接写出逻辑函数的最大项表达式。以三人表决逻辑问题进行分析。

先写出三人表决问题反函数的最小项表达式:

$$Y' = A'B'C' + AB'C' + A'BC' + A'B'C$$

两边同时取反得到三人表决问题逻辑函数的与或非式:

$$Y = (A'B'C' + AB'C' + A'BC' + A'B'C)'$$

再利用摩根定理变换得到最大项表达式:

$$Y = (A + B + C)(A' + B + C)(A + B' + C)(A + B + C')$$

将上式与真值表进行对比,可以总结出由真值表写出最大项表达式的一般方法:

(1) 找出真值表中所有使 $Y = 0$ 的输入变量的取值组合。

(2) 每个取值组合对应一个最大项,其中值为 0 的写为原变量,值为 1 的写为反变量。

（3）将这些最大项相乘，即得 Y 的最大项表达式。

2.6 逻辑函数的化简

逻辑函数有多种形式，繁简程度不同，实现的成本不同，电路的可靠性不同。相对来说，函数形式越简单，所需要的元器件数量越少，则实现的成本越低，电路的可靠性越高。因此，有必要对逻辑函数进行化简。

对于常用的与或式，化简的标准有两条：

（1）函数式中包含乘积项的数量最少。

（2）每个乘积项中包含的因子最少。

同时符合上述两个条件的与或式称为最简与或式。

逻辑函数的化简方法有两种：公式法和卡诺图法。

公式法化简就是应用逻辑代数中的基本公式、常用公式以及应用最小项的性质等对逻辑函数进行化简。

【例 2-11】 用公式法化简下列逻辑函数。

$$Y_1 = AB' + ACD + A'B' + A'CD$$
$$Y_2 = AB + ABC' + ABD + AB(C' + D')$$
$$Y_3 = AC + AB' + (B + C)'$$
$$Y_4 = AB + A'C + B'C$$

解：

$$\begin{aligned}
Y_1 &= AB' + ACD + A'B' + A'CD \\
&= (AB' + A'B') + (ACD + A'CD) \\
&= B' + CD
\end{aligned}$$

$$\begin{aligned}
Y_2 &= AB + ABC' + ABD + AB(C' + D') \\
&= AB(1 + C' + D' + (C' + D')) \\
&= AB
\end{aligned}$$

$$\begin{aligned}
Y_3 &= AC + AB' + (B + C)' \\
&= AC + AB' + B'C' \\
&= AC + B'C'
\end{aligned}$$

$$\begin{aligned}
Y_4 &= AB + A'C + B'C \\
&= AB + (A' + B')C \\
&= AB + (AB)'C \\
&= AB + C
\end{aligned}$$

由于 $A = A + A$，有时需要在逻辑函数式中重复写入某一项，以方便与其他项合并获得更简单的化简结果。

【例 2-12】 化简逻辑函数 $Y = A'BC' + A'BC + ABC$。

解： 由于第二项 $A'BC$ 与第一项 $A'BC'$ 和第三项 ABC 都相邻，因此将第二项再重复写一次，一个和第一项合并，一个和第三项合并。

$$Y = A'BC' + A'BC + ABC$$

$$= (A'BC' + A'BC) + (A'BC + ABC)$$
$$= A'B + BC$$

另外,由于 $A + A' = 1$,有时在逻辑函数式中乘以 $(A + A')$,然后拆分进行整理以便获得更加简单的化简结果。

【例 2-13】 化简逻辑函数 $Y = AB' + A'B + BC' + B'C$。

解:表达式中前两项与 C 无关,后两项与 A 无关,故在前两项中找出一项扩充 C,后两项里找出一项扩充 A,然后展开合并化简。

$$Y = AB' + A'B + BC' + B'C$$
$$= AB' + A'B(C + C') + BC' + (A + A')B'C$$
$$= AB' + A'BC + A'BC' + BC' + AB'C + A'B'C$$
$$= (AB' + AB'C) + (A'BC' + BC') + (A'BC + A'B'C)$$
$$= AB' + BC' + A'C$$

用公式法能否化到最简取决于对基本公式和常用公式的熟练程度,灵活应用以达到化到最简的目的。

思考与练习

2-7 对于例 2-13,在第一项中扩充变量 C,在第三项中扩充变量 A,重新进行化简。

2-8 将得出的化简结果与例 2-13 中的结果进行对比。是否相同? 有什么特点?

当逻辑函数比较复杂时,用公式化简并不直观。

【例 2-14】 用公式法化简四变量逻辑函数。

$$Y = A'B'C'D + A'BD' + ACD + AB'$$

解:化简该逻辑函数时,常用的化简公式都无法直接用。因此,只有将逻辑函数展开为最小项表达式,通过寻找相邻最小项合并的方法进行化简。

$$Y = A'B'C'D + A'BD' + ACD + AB'$$
$$= A'B'C'D + A'B(C + C')D' + A(B + B')CD + AB'(C + C')(D + D')$$
$$= A'B'C'D + A'BCD' + A'BC'D' + ABCD + AB'CD + AB'CD'$$
$$\quad + AB'C'D + AB'C'D'$$
$$= m_1 + m_4 + m_6 + m_8 + m_9 + m_{10} + m_{11} + m_{15}$$

由上式可以看出,该逻辑函数共有 8 个最小项,相邻关系并不直观,所以也不方便化简。那么,如何能够直观地表示最小项之间的相邻关系呢? 美国工程师卡诺发明了以图形方式表示最小项之间相邻关系的卡诺图,具有非常直观的优点。

两变量逻辑函数 $Y = F(A, B)$ 共有 4 个最小项,因此画 4 个格子的卡诺图,如图 2-12(a)所示,每个格子代表一个最小项,并将两个逻辑变量分为 A 和 B 两组。

三变量逻辑函数 $Y = F(A, B, C)$ 共有 8 个最小项,因此画 8 个格子的卡诺图,如图 2-12(b)所示,每个格子代表一个最小项,并将三个逻辑变量分为 A 和 BC 两组。

四变量逻辑函数 $Y = F(A, B, C, D)$ 共有 16 个最小项,因此画 16 个格子的卡诺图,如图 2-12(c)所示,每个格子代表一个最小项,并将四个逻辑变量分为 AB 和 CD 两组。

为了使相邻的格子代表的最小项相邻,卡诺图中两组变量需要按循环码取值。单变量循环码的取值依次为 0、1,两变量循环码的取值依次为 00、01、11、10,因此卡诺图每个格子

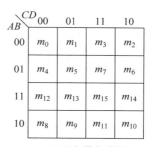

	(a) 二变量卡诺图	(b) 三变量卡诺图	(c) 四变量卡诺图

图 2-12 二~四变量卡诺图

所代表最小项的编号如图 2-12 所示。从图 2-12(b) 三变量卡诺图中可以看出，最小项 m_7 与 m_3、m_5 和 m_6 相邻；从图 2-12(c) 四变量卡诺图中可以看出，最小项 m_{15} 与 m_7、m_{13}、m_{14} 和 m_{11} 相邻。

根据循环码的取值特点，卡诺图中除了相挨着的格子代表的最小项相邻外，两头相对的格子代表的最小项也是相邻的。例如三变量卡诺图中的 m_0 与 m_2 相邻，四变量卡诺图中 m_0 与 m_2 和 m_8 相邻。

由于卡诺图中每个格子代表一个最小项，所以用卡诺图表示逻辑函数时，首先需要将逻辑函数化成最小项表达式。在逻辑函数中存在某个最小项，在卡诺图对应的格子里填1，否则填0，即逻辑函数是由卡诺图中填1的格子表示的最小项相加构成的。

【例 2-15】 用卡诺图表示例 2-14 中的逻辑函数。

解： 由例 2-14 可知

$$Y = m_1 + m_4 + m_6 + m_8 + m_9 + m_{10} + m_{11} + m_{15}$$

画出四变量卡诺图，在1、4、6、8、9、10、11 和 15 号最小项对应的格子中填入1，其余最小项对应位置填入0，即可得到图 2-13 所示的卡诺图。

为清晰起见，卡诺图中的 0 可以不填。

用卡诺图化简逻辑函数的基本原理：两个相邻最小项之和可以合并成一项并消去一对因子。根据这个原理，结合公式法可推出用卡诺图化简逻辑函数的实用方法。

若三变量逻辑函数 $Y_1 = ABC' + ABC = m_6 + m_7$，卡诺图如图 2-14 所示。用公式法化简 $Y_1 = ABC' + ABC = AB$，说明 Y_1 中这两个相邻最小项可合并为一项。在卡诺图中用圆圈将这两个最小项圈起来表示可以合并成一项，变化的变量被消掉了，没有变化的变量为公共因子，值为1的写为原变量，为0的写为反变量，得到的乘积项 (AB) 即为化简结果。

图 2-13 例 2-14 的卡诺图 　　　　　图 2-14 Y_1 的卡诺图

三变量逻辑函数 $Y_2 = m_4 + m_5 + m_6 + m_7$ 的卡诺图如图 2-15(a)所示,将图中的 m_4 和 m_5 合并为 AB',将 m_6 和 m_7 合并为 AB,故 $Y_2 = AB' + AB$。由公式法可知 Y_2 可进一步化简为 A,说明在卡诺图中这 4 个最小项可以直接圈起来直接合并成一项,如图 2-15(c)所示。圈中变化的变量 B、C 被消掉了,只有变量 A 保持不变且值为 1 记为原变量,所以化简结果 $Y_2 = A$。

图 2-15　Y_2 的化简过程

对于图 2-16 所示的三变量逻辑函数 $Y_3 = m_2 + m_3 + m_6 + m_7$,也可以将这 4 个最小项直接圈起来合并成一项,变量 A、C 被消掉了,变量 B 保持不变且值为 1 记为原变量,所以化简结果 $Y_3 = B$。

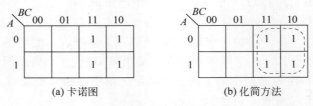

图 2-16　Y_3 的卡诺图及化简

四变量逻辑函数 $Y_4 = m_8 + m_9 + m_{10} + m_{11} + m_{12} + m_{13} + m_{14} + m_{15}$ 的卡诺图如图 2-17 所示,这 8 个最小项同样可以用一个圈圈起来,变量 C、D 和 B 被消掉了,变量 A 为 1 不变,所以化简结果为 $Y_4 = A$。

图 2-17　Y_4 的卡诺图及化简

四变量逻辑函数 $Y_5 = m_0 + m_1 + m_2 + m_3 + m_8 + m_9 + m_{10} + m_{11}$ 的卡诺图如图 2-18 所示,这 8 个最小项也可以用一个圈圈起来合并成一项,化简结果为 $Y_5 = B'$。

需要注意的是,对于四变量逻辑函数 $Y_6 = m_0 + m_2 + m_8 + m_{10}$,卡诺图如图 2-19 所示。图中 4 个最小项也是相邻关系可以合并成一项,得 $Y_6 = B'D'$。

至此,总结出用卡诺图化简逻辑函数的实用方法:在卡诺图中,如果有 2^n(n 为正整数)个最小项相邻并排成一个矩形(长方形或正方形),则它们可以合并成一项,并消去 n 对因子。

图 2-18　Y_5 的卡诺图及化简

图 2-19　Y_6 的卡诺图及化简

用卡诺图化简逻辑函数时,一般需要按以下步骤进行:

(1) 先将逻辑函数式展开为最小项表达式。

(2) 画出表示该逻辑函数的卡诺图。

(3) 观察可以合并的最小项,寻找最简化简方法。原则是圈数越少越好,圈越大越好。因为圈数少,表示化简后的乘积项少;圈越大,消的因子越多。

需要注意的是,卡诺图中的圈应覆盖图中所有的最小项。如果某个最小项与其他最小项都不相邻,也需要用一个圈圈起来表示化简为一项。

思考与练习

2-9　对于三变量逻辑函数 $Y_7 = m_1 + m_2 + m_3 + m_5 + m_6 + m_7$(卡诺图如图 2-20 所示),最简表达式包含几个乘积项?写出最简表达式。

2-10　对于四变量逻辑函数 $Y_8 = m_1 + m_4 + m_5 + m_6 + m_7 + m_9 + m_{12} + m_{13}$(卡诺图如图 2-21 所示),最简表达式包含几个乘积项?写出最简表达式。

CD\AB	00	01	11	10
00			1	
01	1	1	1	
11		1	1	1
10		1		

BC\A	00	01	11	10
0		1	1	1
1		1	1	1

图 2-20　Y_7 的卡诺图

图 2-21　Y_8 的卡诺图

【例 2-16】 用卡诺图化简例 2-15 中的逻辑函数。

解： 逻辑函数 Y 的卡诺图如图 2-13 所示。

逻辑函数的 8 个最小项可用 4 个圈圈完,化简方法如图 2-22 所示,因此化简结果为

$$Y = AB' + B'C'D + A'BD' + ACD$$

图 2-22　例 2-16 化简方法

【例 2-17】 用卡诺图化简例 2-13 的逻辑函数。

解： 首先将逻辑函数化为最小项表达式

$$Y = AB' + A'B + BC' + B'C$$
$$= AB'(C + C') + A'B(C + C') + (A + A')BC'$$
$$\quad + (A + A')B'C$$
$$= AB'C + AB'C' + A'BC + A'BC' + ABC' + A'B'C$$
$$= m_1 + m_2 + m_3 + m_4 + m_5 + m_6$$

画出逻辑函数的卡诺图如图 2-23(a)所示。

按图 2-23(b)的化简法可得其最简与或式

$$Y = AB' + BC' + A'C$$

按图 2-23(c)的化简法可得出另一种最简与或式

$$Y = A'B + B'C + AC'$$

(a) 卡诺图　　　　(b) 化简方法1　　　　(c) 化简方法2

图 2-23　例 2-17 的卡诺图

从例 2-17 的化简过程可以看出,卡诺图化简法具有非常直观的优点,是否已化到最简,清晰明了,而且逻辑函数的最简形式不一定是唯一的。

由于两变量逻辑函数只有 4 个最小项,用公式法化简很方便,所以不需要用卡诺图进行化简。对于五变量逻辑函数共有 32 个最小项,最小项之间相邻关系除了相邻、相对之外,还有相重,用卡诺图法化简也变得复杂,所以卡诺图最适合化简三变量和四变量逻辑函数。

五变量及以上的逻辑函数化简一般采用适合于计算机编程实现的 Q-M 化简法,有兴趣的读者可以参考相关文献。

2.7　无关项及其应用

2.7
微课视频

n 变量逻辑函数共有 2^n 个取值,但对于一些具体的实际问题,有些取值组合并没有实际意义。例如,在图 2-24 所示的水箱中设置了 3 个水位检测元件 A、B、C,当水位高于检测元件时,检测元件给出低电平,当水位低于检测元件时,检测元件给出高电平。根据物理知识可知,检测元件 A、B、C 共有 000、100、110 和 111 四种取值组合,其余 4 种取值 001、010、011、101 没有实际意义,因而不能取。在这种情况下,称变量 A、B、C 为一组具有约束的变量,不

图 2-24　水箱

能取的这 4 种取值所对应的最小项称为该逻辑问题的约束项。

根据最小项的性质可知,在 ABC 正常取值(000、100、110 和 111)的情况下,约束项的值恒为 0,即

$$\begin{cases} A'B'C = 0 \\ A'BC' = 0 \\ A'BC = 0 \\ AB'C = 0 \end{cases}$$

故

$$A'B'C + A'BC' + A'BC + AB'C = 0$$

上式称为该逻辑问题的约束条件(或约束方程)。

由于在正常取值的情况下,约束项的值恒为 0,所以将约束项写入函数表达式或者不写入,对逻辑函数并没有影响。但是,用卡诺图表示逻辑函数时则有差异,写入约束项时在对应的格子中应填 1,不写入时应填 0。也就是说,在卡诺图中约束项对应的格子中填入 1 或者 0 都可以,一般填入×表示既可以取 1 也可以取 0。

有时还会遇到另外一些实际问题,在变量的某些取值下定义函数值为"1"或者为"0"并不影响电路的逻辑功能,那么这些取值所对应的最小项称为该逻辑问题的任意项。

在逻辑代数中,将约束项和任意项统称为无关项(don't care term),用 d 表示。关于无关项在逻辑设计中的作用,通过下面具体的设计示例进行说明。

【例 2-18】 设计 8421 码四舍五入电路,要求电路尽量简单。

设计过程:8421 码是用二进制数码表示的十进制数,共有 0000、0001、…、1000 和 1001 十种取值,分别表示十进制数的 0～9。若将 8421 码的 4 位数分别用逻辑变量 A、B、C、D 表示,四舍五入的结果用 Y 表示,并且规定 $Y=1$ 表示入,$Y=0$ 时表示舍,则该逻辑问题的真值表如表 2-13 所示。

表 2-13 例 2-18 真值表

A	B	C	D	Y
0	0	0	0	0
0	0	0	1	0
0	0	1	0	0
0	0	1	1	0
0	1	0	0	0
0	1	0	1	1
0	1	1	0	1
0	1	1	1	1
1	0	0	0	1
1	0	0	1	1
1	0	1	0	×
1	0	1	1	×
1	1	0	0	×
1	1	0	1	×
1	1	1	0	×
1	1	1	1	×

由于 8421 码不会取 1010、1011、……、1111 六种取值,所以在这六种取值下,规定 Y 为 1 或 0 均可,并不影响电路的功能。因此,这六种取值对应的最小项称为该逻辑问题的任意项。

由真值表画出逻辑函数的卡诺图如图 2-25(a)所示。图中的×表示该最小项既可以看作 1,也可看作 0,所以最简的化简方法如图 2-25(b)所示。

因此,最简的逻辑函数表达式为

$$Y = A + BC + BD$$

按上述逻辑式即可画出实现 8421 码四舍五入功能的逻辑电路,如图 2-26 所示。

(a) 卡诺图 (b) 化简方法

图 2-25 例 2-18 的卡诺图

图 2-26 例 2-18 逻辑图

本章小结

逻辑代数是处理事物因果关系的数学,定义了与、或、非、与非、或非以及异或和同或七种逻辑运算,其中异或逻辑和同或逻辑为两变量逻辑函数。

逻辑代数中的基本公式包括 0 律和 1 律,重叠律、互补律和还原律,交换律、结合律和分配律以及德·摩根定理,其中德·摩根定理反映了逻辑与和逻辑或之间的内在联系和转化关系,应用于逻辑函数形式的变换。

逻辑代数中的常用公式是指由基本公式推导出来的实用公式,包括吸收公式、并项公式、消因子公式和消项公式,主要用于逻辑函数的公式法化简。

逻辑代数有代入、反演和对偶三种基本规则。代入规则能够扩大逻辑等式的应用范围,反演规则用于求解逻辑函数的反函数,而对偶规则是逻辑代数内在特性的表现。

逻辑函数是表示事物逻辑关系的函数,有真值表、函数表达式、逻辑图、卡诺图和波形图五种表示方法,其中真值表、函数表达式和逻辑图是逻辑函数三种的基本表示方法。卡诺图既可以表示函数,还方便化简逻辑函数,在三变量和四变量逻辑函数的化简中广泛应用。

逻辑函数有最小项表达式和最大项表达式两种标准形式。两种标准形式与逻辑函数的真值表存在对应关系,可以从真值表中直接推出。

逻辑函数的化简有公式法、卡诺图法和 Q-M 化简法三种方法。公式法是应用逻辑代数中的基本公式和常用公式化简逻辑函数。卡诺图法具有直观、形象的优点,适合于三变量和四变量逻辑函数的化简。Q-M 法是基于列表的逻辑函数化简方法,具有固定的处理模式,适合于应用计算机进行化简,因而在计算机辅助分析和设计中应用广泛。

无关项是指实际问题中的约束项和任意项,合理使用无关项可以简化逻辑电路设计,能够降低电路成本,提高电路工作的可靠性。

习题

2.1 用真值表证明下列等式。

(1) $A + A'B = A + B$

(2) $AB + A'C + BC = AB + A'C$

(3) $A(B \oplus C) = (AB) \oplus (AC)$

(4) $A' \oplus B = A \oplus B' = (A \oplus B)'$

2.2 用公式化简下列各式。

(1) $AB(A + BC)$

(2) $A'BC(B + C')$

(3) $(AB + A'B' + A'B + AB')'$

(4) $(A + B + C')(A + B + C)$

(5) $AC + A'BC + B'C + ABC'$

(6) $ABD + AB'CD' + AC'DE + AD$

(7) $(A \oplus B)C + ABC + A'B'C$

(8) $A'(C \oplus D) + BC'D + ACD' + AB'C'D$

(9) $(A + A'C)(A + CD + D)$

2.3 对于下列逻辑式,变量 ABC 取哪些值时,Y 的值为 1?

(1) $Y = (A + B)C + AB$

(2) $Y = AB + A'C + B'C$

(3) $Y = (A'B + AB')C$

2.4 求下列逻辑函数的反函数。

(1) $Y = AB + C$

(2) $Y = (A + BC)C'D$

(3) $Y = (A + B')(A' + C)AC + BC$

(4) $Y = AD' + A'C' + B'C'D + C$

2.5 将下列各函数式化简成最小项表达式。

(1) $Y = A'BC + AC + B'C$

(2) $Y = AB'C'D + BCD + A'D$

(3) $Y = (A + B')(A' + C)AC + BC$

2.6 用卡诺图化简下列逻辑函数。

(1) $Y = AC' + A'C + BC' + B'C$

(2) $Y = ABC + ABD + C'D + AB'C + A'CD' + ACD$

(3) $Y = AC + A'BC + B'C + ABC'$

(4) $Y = AB'CD + D(B'C'D) + (A + C)CD' + A'(B' + C)'$

(5) $Y(A, B, C, D) = \sum m(3, 4, 5, 6, 9, 10, 12, 13, 14, 15)$

(6) $Y(A,B,C,D) = \sum m(0,2,5,7,8,10,13,15)$

(7) $Y(A,B,C,D) = \sum m(1,4,6,9,13) + \sum d(0,3,5,7,11,15)$

(8) $Y(A,B,C,D) = \sum m(2,4,6,7,12,15) + \sum d(0,1,3,8,9,11)$

2.7 用与非逻辑实现下列逻辑函数,画出逻辑图。

(1) $Y = AB + BC$

(2) $Y = (B(A+C))'$

(3) $Y = (ABC' + AB'C + A'BC)'$

2.8 用真值表和卡诺图表示逻辑函数 $Y = A'B + B'C + AC'$,并将逻辑函数化为"与非-与非"式。

2.9 分析如图题 2-9 所示逻辑电路,写逻辑函数 Y 的表达式。

图题 2-9

2.10 分析图题 2-10 所示的逻辑电路,写出 Y_1 和 Y_2 的函数表达式,列出真值表。

图题 2-10

2.11 用异或逻辑和与逻辑实现下列逻辑函数。

$$W = A \oplus B \oplus C$$
$$X = A'BC + AB'C$$
$$Y = ABC' + (A' + B')C$$
$$Z = ABC$$

2.12 用与非逻辑实现异或逻辑关系 $Y = A \oplus B$,画出设计图。

2.13 按下列要求实现逻辑关系 $Y(A,B,C,D) = \sum m(1,3,4,7,13,14,15)$,画出设计图。

（1）用与非逻辑实现。

（2）用或非逻辑实现。

（3）用与或非逻辑实现。

2.14　电路如图题 2-14 所示。若规定开关闭合为 1，断开为 0；灯亮为 1，灯灭为 0。列出 Y 与 A、B、C 关系的真值表，并写出函数表达式。

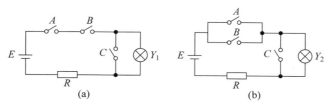

图题　2-14

2.15　旅客列车分为特快、直快和普快三种，车站发车的优先顺序是特快、直快和普快。在同一时间车站只能给出一班列车的发车信号。用与非逻辑设计满足上述要求的逻辑电路，为列车提供发车信号。

2.16　若一组变量中不可能有两个或两个以上同时为 1，则称这组变量相互排斥。在变量 A、B、C、D、E 相互排斥的情况下，证明 $AB'C'D'E'=A$、$A'BC'D'E'=B$、$A'B'CD'E'=C$、$A'B'C'DE'=D$ 和 $A'B'C'D'E=E$ 成立。

数字集成电路

电子器件的发展经历了电子管、半导体分立元件到集成电路的发展历程。

集成电路是将电路中所需的晶体管、电阻或电容等元器件以及连线集成于同一半导体芯片上而制成的电路或系统,分为模拟集成电路、数字集成电路以及模数混合集成电路三大类。

数字集成电路是基于数字逻辑设计的、用于处理数字信号的集成电路。根据集成电路中包含门电路的数量,将数字集成电路分为以下 5 种类型:

(1) 小规模集成(SSI)电路,集成 12 个以下门电路;

(2) 中规模集成(MSI)电路,集成 12~99 个门电路;

(3) 大规模集成(LSI)电路,集成 100~9999 个门电路;

(4) 超大规模集成(VLSI)电路,集成 10 000~99 999 个门电路;

(5) 特大规模集成(ULSI)电路,集成 10 万个以上门电路。

随着半导体工艺技术的提高,集成电路的规模越来越大,简单地以集成门电路或元器件的数量来划分集成电路的规模已经失去意义,但有时还会用到这些概念。

在数字系统设计中,除了数字集成电路外,经常还要用到定时器、A/D 和 D/A 转换器这些模数混合集成电路。这些集成电路和数字集成电路一起是构成数字系统的基石。

巧妇难为无米之炊。掌握数字电路中常用集成电路的设计原理、功能与性能是分析和设计数字系统的基础。

本篇主要讲述基本门电路、常用组合逻辑器件、常用时序逻辑器件、存储器、定时器以及 A/D 和 D/A 转换器的原理、功能及应用。

第3章

CHAPTER 3

门　电　路

实现基本逻辑关系和复合逻辑关系的单元电子线路称为门电路(gates)。门电路是最基本的数字电路,其名称源于它们能够控制数字信息的流动。

逻辑代数中定义了与、或、非、与非、或非、异或和同或共 7 种逻辑运算,相应地,实现上述逻辑关系的门电路分别称为与门、或门、非门、与非门、或非门、异或门和同或门。由于非门的输出与输入状态相反,所以习惯上称为反相器。

在门电路中,用高电平和低电平表示逻辑代数中的 1 和 0。所谓电平,是指相对于电路中特定的参考点(一般为"地"),电路的输入、内部节点以及输出电位的高低。

TTL 门电路的电源电压规定为 5V,定义 2.0～5.0V 为高电平,0～0.8V 为低电平,如图 3-1(a)所示,而 0.8～2.0V 则认为是高电平和低电平之间的不确定状态。CMOS 门电路的电源电压取 5V 时,定义 3.5～5.0V 为高电平,0～1.5V 为低电平,如图 3-1(b)所示,而 1.5～3.5V 则认为是高电平和低电平之间的不确定状态。

用高、低电平表示逻辑代数中的 0 和 1 有正逻辑和负逻辑两种赋值方法,如图 3-2 所示。用高电平表示逻辑 1、低电平表示逻辑 0,称为正逻辑赋值;相反地,用高电平表示逻辑 0、低电平表示逻辑 1,称为负逻辑赋值。两种赋值方法等价,为思维统一起见,本书默认采用正逻辑。

图 3-1　逻辑电平的定义　　　　　　　　图 3-2　正/负逻辑表示法

高、低电平可以通过如图 3-3 所示的开关电路产生。设 $V_{CC}=5V$,对于图 3-3(a)所示的单开关电路,当输入信号控制开关 S 闭合时输出 v_O 为低电平,S 断开时通过上拉电阻使 $v_O=V_{CC}$,输出为高电平。

对于图 3-3(b)所示的互补开关电路,输入信号控制开关 S_1 闭合、S_2 断开时,v_O 输出为高电平;控制开关 S_1 断开、S_2 闭合时,v_O 输出为低电平。

(a) 单开关模型   (b) 互补开关模型

图 3-3   获得高、低电平的开关电路模型

图 3-3 中的开关可以用晶体二极管、三极管或场效应管实现。因为二极管在外加正向电压时导通,外加反向电压时截止,能够表示开关的闭合和断开。工作在饱和区和截止区的三极管同样能够表示开关的闭合和断开。场效应管作为开关的原理与三极管类似。

3.1   分立元件门电路

3.1a
微课视频

3.1b
微课视频

门电路可以基于二极管、三极管或场效应管这些分立元件设计。二极管可以构成与门和或门,而非门则需要基于三极管或场效应管设计。

二极管为非线性元件,常用硅二极管的伏安特性如图 3-4 所示。从伏安特性曲线可以看出,二极管在外加反向电压但还未达到击穿电压时只有非常小的漏电流流过(一般为 pA 级),此漏电流可以忽略不计,认为二极管截止;二极管在外加正向电压并高于阈值电压时导通,有明显的电流流过。对于硅二极管来说,该阈值电压一般在 0.5V 左右。

二极管在近似分析中通常用模型代替,以简化电路分析。图 3-5 是二极管常用的 3 种近似模型,图中的虚线表示二极管实际的伏安特性,实线则表示其模型的伏安特性。

图 3-4   二极管的伏安特性

(a) 理想模型   (b) 恒压降模型   (c) 折线模型

图 3-5   二极管的 3 种近似模型

图 3-5(a)称为理想模型。理想模型将二极管看作理想开关,外加正向电压时导通,并且导通电阻 $r_{ON}=0$;外加反向电压时截止,并且截止电阻 $r_{OFF}=\infty$。

图 3-5(b)称为恒压降模型。恒压降模型认为二极管外加正向电压达到导通电压 V_{ON} 时才能导通,并且导通电阻 $r_{ON}=0$;外加电压小于 V_{ON} 时截止,截止电阻 $r_{OFF}=\infty$。对于硅二极管来说,V_{ON} 一般按 0.7V 进行估算。

图 3-5(c)称为折线模型。在折线模型中二极管导通时仍有一定的导通电阻,即 $r_{ON}\neq 0$,其两端电压 v 随着电流 i 的随大而增大。导通电阻定义为 $r_{ON}=\Delta v/\Delta i$。

由于逻辑电平定义为一段范围,而不是一个确定的数值,因此对于数字电路来说,无论采用哪种模型分析都并不影响电路逻辑关系的正确性。为方便分析,同时考虑尽量接近二极管实际的伏安特性,下面将采用恒压降模型进行分析。

3.1.1　二极管与门

两输入二极管与门电路如图 3-6 所示,图中 A、B 为两个输入变量,Y 为输出变量。

设电源 $V_{CC}=5V$,输入端 A 和 B 的高电平 V_{IH} 为 3V,低电平 V_{IL} 为 0V。两个输入端电平的组合共有 4 种可能性:0V/0V、0V/3V、3V/0V 和 3V/3V。当 A、B 中至少有一个为低电平时,二极管 D_1 和 D_2 至少有一个导通,由于二极管的导通压降约为 0.7V 左右,所以输出电平被限制为 0.7V 左右;当 A、B 同时为高电平时,二极管 D_1 和 D_2 同时导通,输出电平才会升到 3.7V。根据上述分析可以得到表示输出与输入之间电平关系的电平表,如表 3-1 所示。

图 3-6　两输入与门

表 3-1　图 3-6 电路电平表

V_A/V	V_B/V	V_Y/V
0	0	0.7
0	3	0.7
3	0	0.7
3	3	3.7

将表 3-1 所示的电平表按正逻辑赋值,即用高电平表示逻辑 1,用低电平表示逻辑 0,可转化为表 3-2 所示的真值表。从真值表可以看出,该电路在正逻辑下实现了与逻辑关系,故称为二极管与门。

表 3-2　图 3-6 电路真值表

A	B	Y
0	0	0
0	1	0
1	0	0
1	1	1

三变量以上二极管与门按图 3-6 扩展构成。

3.1.2　二极管或门

两输入二极管或门电路如图 3-7 所示,图中 A、B 为两个输入变量,Y 为输出变量。

图 3-7　两输入或门

设电源 $V_{CC}=5V$,输入端的高电平 V_{IH} 和低电平 V_{IL} 分别为 3V 和 0V。当 A、B 中至少有一个为高电平时,二极管 D_1 和 D_2 至少有一个导通,考虑到二极管的导通压降约为 0.7V,所以输出电平约为 2.3V;当 A、B 同时为低电平时,二极管 D_1 和 D_2 才会同时截止,由于电路中没有电流流过,所以输出电平为 0V。根据上述分析得到图 3-7 电路的电平表如表 3-3 所示。

表 3-3　图 3-7 电路电平表

V_A/V	V_B/V	V_Y/V
0	0	0
0	3	2.3
3	0	2.3
3	3	2.3

表 3-4　图 3-7 电路真值表

A	B	Y
0	0	0
0	1	1
1	0	1
1	1	1

将表 3-3 所示的电平表按正逻辑赋值同样,可转化为表 3-4 所示的真值表。由真值表可以看出,该电路在正逻辑下实现了或逻辑关系,故称为二极管或门。

三变量以上二极管或门可按图 3-7 扩展构成。

3.1.3　三极管反相器

三极管通常有三个工作区域:截止区、放大区和饱和区,其输入特性曲线和输出特性曲线如图 3-8 所示。

(a) 输入特性曲线　　(b) 输出特性曲线

图 3-8　三极管的特性曲线

当三极管发射结外加反向电压或外加正向电压但未达到其阈值电压时,三极管工作在截止区,此时即使 $v_{CE} \neq 0$,但 $i_C \equiv 0$,所以 $r_{CE} \to \infty$,抽象为开关断开。当三极管在发射结外加正向电压并能使其工作在饱和区时,发射结和集电结同时处于正偏状态,此时 $r_{CE} \to 0$,抽象为开关闭合。在数字电路中,三极管工作在截止状态或饱和状态,称之为开关状态,而放大区则被看作开关由闭合到断开或者由断开到闭合的过渡状态。

用三极管构成的基本开关电路如图 3-9 所示,基于图 3-3(a) 所示的单开关模型实现。

由于三极管工作在放大区时集电结反偏,工作在饱和区时集电结正偏,因此定义集电结零偏(即 $V_{CB}=0$)为临界饱和状态,为区分放大区和饱和区的分界线。

图 3-9 三极管基本开关电路

若将三极管处于临界饱和状态时的集电极与发射极之间的管压降和基极驱动电流分别用 V_{CES} 和 I_{BS} 表示(S 英文全称为 saturation,饱和),则 $V_{CES} \approx 0.7\text{V}$,$I_{BS}=(V_{CC}-V_{CES})/(\beta \times R_C)$。

三极管基本开关电路的工作原理分析如下:

(1) 当输入 $v_I=0\text{V}$ 时,发射结零偏,三极管截止,这时 $i_C=0$,因此输出电压 $v_O=V_{CC}-R_C \times I_C=V_{CC}$ 为高电平。

(2) 当输入 v_I 为高电平(V_{IH})时,发射结导通,这时实际的基极驱动电流为 $I_B=(V_{IH}-V_{BE})/R_B$。当 $I_B>I_{BS}$ 时,I_C 大于 I_{CS}(不一定成比例关系),导致电阻 R_C 两端的压降增大使 $V_{CE}<0.7\text{V}$,因此使三极管集电结正偏而工作在饱和状态。三极管深度饱和($I_B \gg I_{BS}$)时 V_{CES} 为 0.1~0.2V,所以输出 $v_O=V_{CES}$ 为低电平。

由以上分析可知,三极管基本开关电路只有在参数满足 $I_B>I_{BS}$ 时才能实现非逻辑关系。

图 3-10 三极管反相器

对于三极管基本开关电路来说,当输入低电平达到 TTL 低电平上限 0.8V 时,三极管不能可靠地截止从而影响门电路的性能。为此,三极管反相器采用图 3-10 所示的改进电路,其中 V_{EE} 为负电源,目的是使输入低电平在 0~0.8V 范围内三极管都能够可靠地截止。

对于三极管反相器,当输入电压 $v_I=V_{IL}$ 时,设三极管截止,则三极管的基极电位可表示为

$$V_B=\frac{R_2}{R_1+R_2}V_{IL}+\frac{R_1}{R_1+R_2}V_{EE}$$

若 $V_B<0$,则三极管截止成立,输出 $v_O=V_{CC}$,为高电平。

当输入电压 $v_I=V_{IH}$ 时,设三极管导通。设流过电阻 R_1 的电流 I_1,流过电阻 R_2 的电流为 I_2,这时三极管的实际驱动电流

$$I_B=I_1-I_2=\frac{V_{IH}-V_{BE}}{R_1}-\frac{V_{BE}-V_{EE}}{R_2}$$

若 $I_B>I_{BS}$,则三极管饱和,输出电压 $v_O=V_{CES} \approx 0.1~0.2\text{V}$,输出为低电平。

将二极管与门与三极管反相器级联即可得到与非门,将二极管或门与三极管反相器级

联即可得到或非门。

分析分立元器件门电路有助于理解门电路的设计原理。在设计数字系统时,直接使用集成门电路更为方便。

思考与练习

3-1 若将图 3-6 所示的电路按负逻辑进行赋值,是什么门电路? 同样,若将图 3-7 所示的电路按负逻辑赋值时是什么门电路? 由此能得出什么结论?

3-2 三极管基本开关电路与三极管共射极放大电路有什么本质区别? 分析并进行说明。

3.2 集成门电路

集成门电路根据制造工艺进行划分,可分为 TTL 门电路和 CMOS 门电路两大类型,其中 TTL 门电路基于双极性三极管工艺制造,CMOS 门电路基于 MOS 场效应管工艺制造。

TTL 门电路发展比较早,有 54/74、54S/74S、54AS/74AS、54LS/74LS、54ALS/74ALS 和 74F 多种产品系列,其中 54 系列为军工(M)产品,工作温度范围为 $-55\sim125\,^{\circ}\mathrm{C}$,电源电压范围为 $5\mathrm{V}\pm10\%$;74 系列为民用产品,电源电压范围为 $5\mathrm{V}\pm5\%$,分为工业级(I)和商业级(C)两个子系列。工业级产品温度范围为 $-40\sim85\,^{\circ}\mathrm{C}$,商业级产品温度范围为 $0\sim70\,^{\circ}\mathrm{C}$。

CMOS 门电路有 4000、54/74HC、54/74AHC、54/74HCT、54/74AHCT、54/74LVC 以及 54/74ALVC 等多种系列。早期的 4000 系列门电路的速度远低于同期的 74 系列 TTL 门电路,主要用在对速度要求不高的场合。随着 MOS 制造工艺的改进,其后生产的 HC/AHC、HCT/AHCT 和 LVC/ALVC 等系列门电路的工作速度赶上甚至超过了 TTL 门电路。

目前,CMOS 门电路因其具有工作电源电压范围宽、静态功耗极低、抗干扰能力强、输入阻抗高和成本低等许多优点而得到了广泛的应用,TTL 门电路只有 74、74LS 等个别系列还在使用。表 3-5 是 TTL 门电路和 CMOS 门电路的特性对照表。

表 3-5 门电路特性对照表

特 性	参 数	TTL 门电路	CMOS 门电路
电源电压	V_{CC}/V_{DD}	54 系列:$V_{CC}=5\mathrm{V}\pm10\%$ 74 系列:$V_{CC}=5\mathrm{V}\pm5\%$	4000 系列:$V_{DD}=3\sim18\mathrm{V}$ 74HC 系列:$V_{DD}=2\sim6\mathrm{V}$ 74LVC:$V_{DD}=1.85\sim3.6\mathrm{V}$
输出电平	高电平 V_{OH}	$3.4\sim3.6\mathrm{V}$	$\approx V_{DD}$
	低电平 V_{OL}	$0.1\sim0.2\mathrm{V}$	$\approx 0\mathrm{V}$
抗干扰能力	噪声容限 V_N	小,$0.4\sim0.8\mathrm{V}$	大,1V 以上
带负载能力	扇出系数 N	小,一般在 10 以下	大,至少大于 50
功耗	$P_。$	大,74 系列为 10mW	极小,静态功耗为 0
速度	传输延迟时间 t_{PD}	74 系列:10ns 74LS 系列:9.5ns 74ALS 系列:4ns	4000 系列:$80\sim120$ns 74HC 系列:$8\sim20$ns 74AHC 系列:$5\sim8$ns

3.2.1 CMOS 反相器

CMOS 反相器采用图 3-3(b)所示的互补开关模型设计,内部原理电路如图 3-11 所示,由一个 P 沟道增强型 MOS 管和一个 N 沟道增强型 MOS 管串接构成。P 沟道 MOS 管源极接电源,N 沟道 MOS 管源极接地,两个栅极并联作为输入,两个漏极并联作为输出。

N 沟道增强型 MOS 管和 P 沟道增强型 MOS 管在电特性上互补:N 沟道 MOS 管的开启电压 V_{TN} 为正值,而 P 沟道 MOS 管的开启电压 V_{TP} 为负值;N 沟道 MOS 管的沟道电流 i_D 从漏极流向源极,而 P 沟道 MOS 管的沟道电流 i_D 则从源极流向漏极。

由于 N 沟道增强型 MOS 管和 P 沟道增强型 MOS 管在电特性上恰好为互补关系,因此这种结构的门电路称为 CMOS(C 英文全称为 complementary,互补)门电路。

图 3-11 CMOS 反相器

CMOS 反相器的工作原理比较简单。当输入电压 v_I 为低电平(0V)时,T_P 导通而 T_N 截止,相当于图 3-3(b)中的开关 S_1 闭合而 S_2 断开,输出电压 v_O 为高电平。当输入电压 v_I 为高电平(V_{DD})时,T_P 截止而 T_N 导通,相当于图 3-3(b)中的开关 S_1 断开而 S_2 闭合,输出电压 v_O 为低电平。由于输出电压 v_O 与输入电压 v_I 状态相反,故为反相器,实现非逻辑关系。

在分析和设计数字系统时,不但要清楚门电路的功能,同时还必须熟悉门电路的外特性,包括静态特性和动态特性。静态特性包括电压传输特性和电流传输特性、直流噪声容限,以及输入特性和输出特性。动态特性主要包括传输延迟时间、交流噪声容限以及动态功耗等。

下面对 CMOS 反相器的静态特性和动态特性做进一步分析。

1. 电压传输特性与电流传输特性

电压传输特性用来描述门电路输出电压随输入电压的变化关系,即 $v_O = f(v_I)$。电流传输特性用来描述门电路电源电流随输入电压的变化关系,即 $i_D = f(v_I)$。

CMOS 反相器的电压传输特性和电流传输特性可以通过图 3-12 所示的实验电路测量得到。记录输入电压 v_I 从 0 上升到 V_{DD} 过程中反相器输出电压 v_O 和电源电流 i_D 的数值,即可绘制出图 3-13 所示的电压传输特性和电流传输特性曲线。

(a) 电压传输特性测量电路   (b) 电流传输特性测量电路

图 3-12 CMOS 反相器传输特性测量电路

(a) 电压传输特性曲线　　　　　　　(b) 电流传输特性曲线

图 3-13　CMOS 反相器传输特性曲线

下面从原理上分析反相器的传输特性。当输入电压从 0 上升到 V_{DD} 的过程中,根据两个 MOS 管的开启电压 V_{TP} 和 V_{TN},将输入电压的上升过程划分为 3 段:

(1) 当输入电压 $v_I < V_{TN}$ 时,由于 P 沟道 MOS 管的栅源电压值 $|v_{GSP}| = |v_I - V_{DD}| > |V_{TP}|$、N 沟道 MOS 管的栅源电压 $v_{GSN} = v_I < V_{TN}$,所以 T_P 导通而 T_N 截止,输出 $v_O \approx V_{DD}$ 为高电平,对应于传输特性曲线的 AB 段。

(2) 当输入电压 $V_{TN} < v_I < |V_{DD} - V_{TP}|$ 时,随着输入电压的升高,T_P 从原来的导通状态逐渐趋向于截止,内阻 r_P 越来越大。相应地,T_N 从截止状态逐渐转变为导通,内阻 r_N 越来越小。在这个工作阶段,输出电压 v_O 随着输入电压的升高从高电平下降到低电平,对应于传输性曲线的 BC 段,称为传输特性曲线的转折区。

(3) 当 $v_I > V_{DD} - |V_{TP}|$ 时,由于 $|v_{GSP}| = |v_I - V_{DD}| < |V_{TP}|$、$v_{GSN} = v_I > V_{TN}$,所以 T_P 截止而 T_N 导通,输出 $v_O \approx 0V$ 为低电平,对应于传输性曲线的 CD 段。

将电压传输特性曲线转折区的中点对应的输入电压定义为 CMOS 反相器的阈值电压 (threshold voltage),用 V_{TH} 表示。当 T_P 和 T_N 管的参数对称时,$V_{TH} = 1/2V_{DD}$。在近似分析中,阈值电压表示输入端高、低电平的分界线。当输入电压低于 V_{TH} 时认为输入为低电平从而输出为高电平,当输入电压高于 V_{TH} 时认为输入为高电平从而使输出为低电平。

从电流传输特性曲线可以看出,反相器工作在 AB 段或 CD 段时,T_P 和 T_N 始终有一个处于截止状态。由于 MOS 管截止时内阻极高,因此流过 T_P 和 T_N 管的电流几乎为零。只有当门电路状态转换经过转折区时,才有电流流通产生一定的功耗,如图 3-14 所示。为了限制 CMOS 反相器的动态功耗,希望输入电平跳变时间不能太长,以避免反相器工作在

图 3-14　CMOS 反相器动态功耗

转折区时间长而导致功耗增加。但总体来说,CMOS 门电路与 TTL 门电路相比功耗极小,这是 CMOS 门电路最突出的优点。

由于 CMOS 门电路功耗极低,而且制造工艺比 TTL 电路简单,占用硅片面积小,所以特别适合于制造大规模和超大规模集成电路。

2. 输入特性与输出特性

输入特性用来描述门电路输入电流与输入电压之间的关系,即 $i_1 = f(v_I)$。

CMOS 反相器的输入端为 MOS 管的栅极。由于栅极与源极和漏极绝缘,而且绝缘层极薄,所以 CMOS 器件的输入阻抗很高,很容易受到静电放电(electrostatic discharge)而损坏。当绝缘层两侧聚集大量相向电荷时,就会发生静电放电,虽然电流十分微小,但通常电压可达到几百伏到上千伏,足以将绝缘层击穿。因此在制造 CMOS 集成电路时,输入端都加有保护电路。

74HC 系列门电路的输入端保护电路如图 3-15 所示。在正常应用时,输入电压仅在 $0 \sim V_{DD}$ 之间变化,保护电路不起作用。当输入端受到静电等因素的影响使输入电压瞬时超过 $V_{DD} + 0.7V$ 时,二极管 D_1 导通将输入电压限制在 $V_{DD} + 0.7V$ 左右。若输入电压瞬时低于 $-0.7V$ 时,二极管 D_2 导通将输入电压限制在 $-0.7V$ 左右,从而有效控制门电路输入电压的范围,防止 MOS 管的绝缘层被击穿。综合上述分析,可得 CMOS 反相器的输入特性如图 3-16 所示。

图 3-15 74HC 系列输入端保护电路

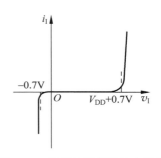

图 3-16 CMOS 反相器输入特性

当输入电压在 $0 \sim V_{DD}$ 之间时,CMOS 反相器的输入电流仅仅取决于输入端保护二极管的漏电流和两个 MOS 管栅极的漏电流。最大漏电流由门电路制造商规定:I_{IH}——输入高电平最大漏电流;I_{IL}——输入低电平最大漏电流。

74HC 系列反相器的 I_{IH} 和 I_{IL} 的最大值仅为 $1\mu A$,几乎不消耗驱动电路的功率。

虽然 CMOS 门电路内部输入端设计有保护电路,但其作用有限,所以在实际使用过程中应注意以下几点:

(1)防止静电击穿。在使用和存放 CMOS 器件时,应注意静电屏蔽;在焊接 CMOS 器件时,焊接工具应良好接地,而且焊接时间不宜过长,温度不能太高;在取用 CMOS 电路时先摸暖气片等金属物将身体上的静电放掉,同时注意不能通电拆卸或拔、插 CMOS 器件。

(2)多余输入端的处理。CMOS 门电路输入端悬空时会导致电路工作不正常。因为输入端悬空时,由于噪声或干扰造成输入端电压会随机波动,输入既不能作为逻辑 1 处理也不能作为逻辑 0 处理。由于输入端无法得到确定的电压,所以输出是无法预测的。因此,对于 CMOS 集成电路来说,不用的输入端应根据逻辑关系接地或者接电源,或者与其他输入端并联使用。

(3) 注意工艺,增强抗干扰能力。对于高速数字系统设计,应避免引线过长,以防止信号之间的串扰和信号传输的延迟。另外,尽量减少电源线和地线的阻抗,以减少电源噪声干扰。需要注意的是,电容负载会降低 CMOS 集成电路的工作速度和增加功耗,所以设计 CMOS 系统时应尽量减少负载的电容性。

输出特性用来描述门电路输出电压与输出电流之间的关系,即 $v_O = f(i_O)$。门电路正常工作时输出为高电平或低电平,因此将输出特性相应地分为高电平输出特性和低电平输出特性进行讨论。

高电平输出特性是指门电路输出高电平时输出电压与输出电流之间的关系,即 $V_{OH} = f(I_{OH})$。用高电平驱动负载时,负载应接在输出与地之间,如图 3-17(a)所示。这种接法的负载称为"拉电流"负载(source current load)。

(a) 高电平输出电路   (b) 等效电路

图 3-17　高电平输出及其等效电路

反相器输出高电平时,T_P 管导通相当于开关闭合,这时电流从电源 V_{DD} 通过 T_P 流经负载到地为负载 R_L 提供功率,等效电路如图 3-17(b)所示。由于 T_P 管不是理想开关,其导通内阻 $r_P \neq 0$,因此随着负载电流的增大输出高电平电压会逐渐降低。降低的速率与电源电压 V_{DD} 有关,V_{DD} 越大 r_P 越小,降低得越慢。在进行门电路分析时,习惯上规定电流流入门电路为正,故反相器的高电平输出特性如图 3-18 所示。

低电平输出特性是指门电路输出低电平时输出电压与输出电流之间的关系,即 $V_{OL} = f(I_{OL})$。用低电平驱动负载时,负载应接在输出与电源之间,如图 3-19(a)所示,其等效电路如图 3-19(b)所示。这种接法的负载称为"灌电流"负载(sink current load)。

图 3-18　高电平输出特性

(a) 低电平输出电路   (b) 等效电路

图 3-19　低电平输出及其等效电路

反相器输出低电平时,T_N 管导通相当于开关闭合,这时电流从电源 V_{DD} 通过负载流经 T_N 管到地为负载 R_L 提供功率。由于 T_N 的导通内阻 $r_N \neq 0$,所以随着负载电流的增大而输出低电平电压会逐渐升高。升高的速率与电源电压 V_{DD} 有关。V_{DD} 越大 r_N 越小,升高得越慢。由于规定电流流入电路为正,故反相器的低电平输出特性如图 3-20 所示。

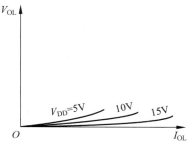

图 3-20 低电平输出特性

门电路的输入输出特性决定了门电路的驱动能力。门电路驱动同类门的个数称为扇出系数(fan-out ratio)。

【例 3-1】 反相器驱动电路如图 3-21 所示。根据反相器的输出特性与输入特性,计算反相器的扇出系数。

解: 图中 G_1 为驱动门,$G_2 \sim G_n$ 为负载门。

74x04 为六反相器器件(x 代表 LS、HC 等不同的系列),外部引脚如图 3-22 所示。CMOS 反相器 74HC04 和 TTL 反相器 74LS04 的数据表如表 3-6 所示。

图 3-21 例 3-1 电路

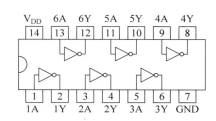

图 3-22 74x04 引脚图

表 3-6 74HC/LS04 数据表

74HC 工作条件:$V_{DD}=4.5\text{V}$,工作温度 $T_A=25℃$。74LS 工作条件:$V_{CC}=5.0\text{V}$,工作温度 $T_A=25℃$							
参数	描 述	74HC04			74LS04			单位
		最小值	典型值	最大值	最小值	典型值	最大值	
V_{DD}/V_{CC}	电源电压	2		6	4.75	5	5.25	V
V_{IH}	输入高电平	3.15			2			V
V_{IL}	输入低电平			1.35			0.8	V
I_{IH}	高电平输入电流		0.1	1.0			40	μA
I_{IL}	低电平输入电流		0.1	1.0			1000	μA
V_{OH}	高电平输出电压	4.4			2.7	3.4		V
V_{OL}	低电平输出电压			0.33		0.25	0.4	V
I_{OH}	高电平输出电流		-4	-25			-0.4	mA
I_{OL}	低电平输出电流		4	25			8	mA
开关特性(V_{DD}、$V_{CC}=5\text{V}$,$T_A=25℃$,$C_L=15\text{pF}$,$t_r=t_f=6\text{ns}$)								
t_{PD}	传输延迟时间		8		3		10	ns

注:表中数据取自于美国 National Semiconductor 公司的数据表。

查阅 TTL 反相器 74LS04 的数据表可知：高电平输出电流的最大值 $I_{OH(max)} = -0.4\text{mA}$，低电平输出电流的最大值 $I_{OL(max)} = 8\text{mA}$，而高电平输入电流的最大值 $I_{IH(max)} = 20\mu\text{A}$，低电平输入电流的最大值 $I_{IL(max)} = -360\mu\text{A}$。因此，74LS04 输出高电平时的扇出系数为

$$N_H = I_{OH(max)}/I_{IH(max)} = 0.4/0.02 = 20$$

输出低电平时的扇出系数为

$$N_L = I_{OL(max)}/I_{IL(max)} = 8/0.36 \approx 22$$

故 74LS04 的扇出系数 $N = (N_H, N_L)_{min} = 20$，即一个 74LS 系列 TTL 反相器能够驱动 20 个同系列反相器。

查阅 CMOS 反相器 74HC04 的数据表可知：高电平输出电流的最大值 $I_{OH(max)} = -25\text{mA}$，低电平输出电流的最大值 $I_{OL(max)} = 25\text{mA}$，而高、低电平输入电流的最大值 $I_{IH(max)}$ 和 $I_{IL(max)}$ 为 $\pm 1\mu\text{A}$。因此，CMOS 反相器输出高电平时的扇出系数为

$$N_H = I_{OH(max)}/I_{IH(max)} = 25000$$

输出低电平时的扇出系数为

$$N_L = I_{OL(max)}/I_{IL(max)} = 25000$$

所以，单从静态输出电平的驱动能力上考虑，CMOS 反相器能够驱动同类门的个数非常多。但是，这种分析没有考虑 CMOS 反相器的动态特性。由于负载门的电容效应，所以驱动的负载越多，驱动门的开关速度越低。因此，CMOS 门电路的扇出系数主要受系统工作速度需求的限制。

3. 直流噪声容限

数字电路在正常工作时，允许在线路上叠加一定的噪声，只要噪声电压不超过一定的限度，就不会影响数字电路正常工作，这个限度就称为噪声容限(noise margin)。

图 3-23 噪声容限定义图

为了能够可靠地区分高、低电平，集成电路制造商在器件应用手册中规定了以下 4 个输入、输出参数：

- $V_{OH(min)}$：输出高电平的最小值。
- $V_{OL(max)}$：输出低电平的最大值。
- $V_{IH(min)}$：输入高电平的最小值。
- $V_{IL(max)}$：输入低电平的最大值。

噪声容限的概念可以通过图 3-23 来说明，其中 G_1 为驱动门，G_2 为负载门。根据以上 4 个参数，可推出高、低电平的噪声容限。

(1) 当反相器 G_1 输出高电平时，高电平的最小值为 $V_{OH(min)}$。但对于 G_2 来说，只要输入高电平不低于 $V_{IH(min)}$ 就可以了，由此可以推出电路的高电平噪声容限

$$V_{NH} = V_{OH(min)} - V_{IH(min)}$$

也就是说，当 G_1 输出高电平时，允许在输出线路上叠加一定的噪声，只要噪声电压不超过 V_{NH}，就不会影响 G_2 正常工作。

(2) 当反相器 G_1 输出低电平时，低电平的最大值为 $V_{OL(max)}$。但对于 G_2 来说，只要输入低电平不高于 $V_{IL(max)}$ 就可以了，由此可以推出电路的低电平噪声容限

$$V_{NL} = V_{IL(max)} - V_{OL(max)}$$

也就是说，当 G_1 输出低电平时，允许在输出线路上叠加一定的噪声，只要噪声电压不超过 V_{NL}，就不会影响 G_2 正常工作。

从表 3-6 的数据表可以查出: 74HC04 的 $V_{OH(min)}=4.4V, V_{OL(max)}=0.33V, V_{IH(min)}=$
$3.15V, V_{IL(max)}=1.35V$。由此可以推出 74HC04 的高电平噪声容限为 1.25V,低电平噪声
容限为 1.02V。相应地,74LS04 的高电平噪声容限为 0.7V,低电平噪声容限为 0.4V,比
74HC04 的噪声容限小。

4. 传输延迟时间

脉冲在数字电路中是指电平的跳变,然后在短时间内返回到原来的状态。从低电平跳
变为高电平定义为正脉冲,从高电平跳变为低电平定义为负脉冲。

门电路在输入脉冲的作用下,输出波形总是滞后于波入波形。传输延迟时间(propagation
delay time)表示门电路输出波形相对于输入波形的平均滞后时间,用 t_{PD} 表示。

门电路输出波形滞后于输入波形的主要原因有两方面因素:一是晶体管在导通和截止
之间转换时,内部载流子的"聚集"和"消散"需要一定的时间;二是门电路在驱动容性负载
时,还伴随着对负载的充电和放电过程,同样会导致输出滞后于输入。

定义 CMOS 反相器传输延迟时间的示意图如图 3-24 所示。将反相器的输入电压从低
电平上升到 $50\%V_{OH}$ 的时刻到输出电压从高电平下降到 $50\%V_{OH}$ 的时刻之差定义为前沿
滞后时间,用 t_{PHL} 表示;将输入电压从高电平下降到 $50\%V_{OH}$ 的时刻到输出电压从低电平
上升到 $50\%V_{OH}$ 的时刻之差定义为后沿滞后时间,用 t_{PLH} 表示。传输延迟时间 t_{PD} 定义
为前沿滞后时间和后沿滞后时间的平均值,即

$$t_{PD}=\frac{t_{PHL}+t_{PLH}}{2}$$

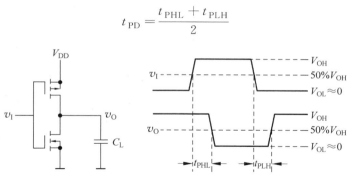

图 3-24 传输延迟时间的定义

传输延迟时间是反映门电路工作速度的参数。t_{PD} 越小,说明门电路的工作速度越快。
74HC 系列 CMOS 门电路的 t_{PD} 在 8~20ns 范围内。

对于例 3-1,查阅 74HC04 数据表可知,CMOS 反相器的前沿延迟时间 t_{PHL} 和后沿延迟
时间 t_{PLH} 均为 9ns,由此可知 74HC04 的传输延迟时间 $t_{PD}=9ns$,即 CMOS 反相器驱动一
个 CMOS 反相器时,驱动门的开关时间为 9ns。当 CMOS 反相器驱动两个反相器时,由于
负载门的输入为并联关系,所以电容效应加倍,因而导致驱动门的开关时间也加倍,即驱动
门的工作速度降低了 50%。所以对于 CMOS 门电路,扇出系数通常是由数字系统对门电
路工作速度的需求决定的。

门电路存在传输延迟时间会导致在对数字电路进行分析时,理论分析和门电路的实际
性能之间存在着差异。例如,对于图 3-25 所示的电路,在忽略门电路传输延迟时间的情况
下,A_1 和 A 波形相同,所以在图中 $A、B$ 所示波形的作用下,输出 Y 始终为高电平。但若考
虑到反相器存在传输延迟时间时,A_1 波形会滞后于 A 的波形 $2t_{PD}$,如图 3-26 所示。这时

在图中 A_1、B 所示波形的作用下,输出 Y 的波形会出现两个不符合逻辑关系的负脉冲,这种现象称为竞争-冒险(race-hazard),可能会导致后续电路产生逻辑错误,应用时应特别注意。

图 3-25　t_{PD} 对逻辑分析的影响

图 3-26　考虑 t_{PD} 时的波形图

对于数字系统来说,其工作速度不但与门电路的传输延迟时间有关,而且与电路板的布局布线所引起的传播延迟时间有关,因此在系统设计时需要同时考虑传输延迟和传播延迟两方面的因素。

3.2.2　其他逻辑门电路

反相器是构成门电路的基础。将 CMOS 反相器的电路结构进行扩展,就可以得到其他逻辑功能的门电路。

将反相器的 P 沟道 MOS 管扩展为两个并联、N 沟道 MOS 管扩展为两个串联就构成了 CMOS 与非门,如图 3-27(a)所示,其开关模型如图 3-27(b)所示。

(a) CMOS与非门　　　　　　　　　　(b) 开关模型

图 3-27　CMOS 与非门及其开关模型

对于图 3-27 所示电路,当 A、B 中至少有一个为低电平时,T_{P1} 和 T_{P2} 至少有一个导通,T_{N1} 和 T_{N2} 至少有一个截止,因此输出 Y 为高电平。只有当 A、B 同时为高电平时,T_{P1} 和 T_{P2} 同时截止,T_{N1} 和 T_{N2} 同时导通,输出 Y 为低电平,故实现了与非逻辑关系 $Y=(AB)'$。

将反相器的 P 沟道 MOS 管扩展为两个串联,将 N 沟道 MOS 管扩展为两个并联,如

图 3-28(a)所示,就构成了 CMOS 或非门,其开关模型如图 3-28(b)所示。

(a) CMOS 或非门   (b) 开关模型

图 3-28 CMOS 或非门及其开关模型

对于图 3-28 所示电路,当 A、B 中至少有一个为高电平时,T_{P1} 和 T_{P2} 至少有一个截止,T_{N1} 和 T_{N2} 至少有一个导通,输出 Y 为低电平。只有当 A、B 同时为低电平时,T_{P1} 和 T_{P2} 同时导通,T_{N1} 和 T_{N2} 同时截止,输出 Y 为高电平,所以图 3-28 实现了或非逻辑关系 $Y=(A+B)'$。

74HC00 是二输入 CMOS 与非门,74HC02 是二输入 CMOS 或非门,其内部结构和引脚排列如图 3-29 所示。

(a) 74HC00   (b) 74HC02

图 3-29 CMOS 与非门和或非门

与或非逻辑关系可由与非门电路扩展而成,如图 3-30 所示。先将 A 和 B 与非、C 和 D 与非,再将 $(AB)'$ 和 $(CD)'$ 与非,最后再取一次非即可得到与或非逻辑关系,即

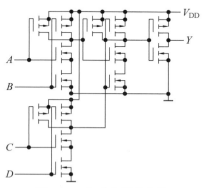

$$Y=((AB)'(CD)')''$$
$$=(AB)'(CD)'$$
$$=(AB+CD)'$$

图 3-30 与或非逻辑电路

【例 3-2】 飞机着陆时,要求机头和两翼下的 3 个起落架均处于"放下"状态。当驾驶员打开"放下起落架"开关后,如果 3 个起落架均已放下则绿色灯亮,表示起落架状态正常;若 3 个起落中任何一个未放下则红灯亮,提示驾驶员起落架有故障。设计监视起落架状态的逻辑电路,能够实现上述功能要求。

设计过程:设机翼下面两个起落架传感器分别用 A、B 表示,机头下面的传感器用 C 表示,绿灯和红灯分别用 Y_G 和 Y_R 表示,并且规定 A、B、C 为 1 表示起落架已经放下,为 0 时

表示未正常放下,绿灯 Y_G 和红灯 Y_R 亮为1,不亮为0。根据功能分析,可推出 Y_G 和 Y_R 的表达式分别为

$$Y_G = ABC$$

$$Y_R = A' + B' + C' = (ABC)'$$

若将 Y_G 设计成低电平驱动,即

$$Y'_G = (ABC)'$$

故逻辑函数 Y'_G 和 Y_R 均可以用与非门实现。

图 3-31　例 3-2 设计图

74HC10 为三输入 CMOS 与非门,最大输出电流 I_{OH} 和 I_{OL} 均为 25mA。若以发光二极管作为指示灯,则输出电流满足 $\phi5$ 发光二极管驱动电流(10mA)要求。由于 Y'_G 输出为低电平有效,所以需要将绿灯设计成灌电流负载形式;Y_R 输出为高电平有效,需要将红灯设计成拉电流负载形式,具体实现电路如图 3-31 所示。

思考与练习

3-3　与非门和或非门能否作为反相器使用? 如果可以,画出接线图。

3-4　在数字系统设计中,门电路多余的输入端应如何处理?

3.2.3　两种特殊门电路

3.2.3 微课视频

一般地,将互补结构的、只能输出高电平和低电平两种状态的门电路称为普通门电路。在数字系统设计中,除了普通门电路外,经常还会用到两种特殊的门电路:OD/OC 门和三态门。

1. OD/OC 门

普通门电路在应用上有一定局限性。一是输出端一般不能相互连接,因为当输出电平不一致时就会短路。例如,对于图 3-32 所示的两个普通反相器输出并联电路,当 v_{O1} 输出高电平时 MOS 管 T_{P1} 导通,v_{O2} 输出低电平时 MOS 管 T_{N2} 导通,这时从电源 V_{DD} 通过 T_{P1} 至 T_{N2} 到地 V_{SS} 存在低电阻通路,电流过大会烧坏器件。

普通门电路的另一个局限性是其输出的高电平受电源电压限制。因为输出高电平的最大值为 V_{DD},所以无法驱动电压高于 V_{DD} 的负载。

为了克服上述局限性,需要对普通门电路进行改造,一种方法是使门电路的输出端开路,这样输出不受电源电压的影响,而且还可以相互连接。

输出端开路的 CMOS 门电路称为 OD(open drain)门。相应地,输出端开路的 TTL 门电路称为 OC(open collector)门。

图 3-33 是 CMOS OD 与非门的电路结构及逻辑符号。当 MOS 管 T_N 导通时输出为低电平,当 T_N 截止时其输出电阻趋向于无穷大,称为高阻状态,用 Z(或 z)表示。

由于 OD 门只能输出低电平和高阻两种状态,所以作为逻辑门使用时,需要通过上拉电阻接到电源上,如图 3-33 所示。这样当 T_N

图 3-32　短路现象

(a) 电路结构   (b) 逻辑符号

图 3-33 CMOS OD 与非门

截止时由外接电源 V_{DD2} 通过上拉电阻 R_L 提供高电平。由于 V_{DD2} 与 V_{DD1} 无关,可以高于 V_{DD1},因而 OD 门能够驱动电压高于 V_{DD1} 的负载。

OD 门的另一个典型应用就是将其输出端直接相连,实现与逻辑关系。这种通过连线而实现与逻辑关系称为线与(wired-AND)。合理应用线与逻辑关系可以简化电路设计。例如,对于图 3-34(a)所示的电路,当 Y_1 和 Y_2 至少有一个为低电平时 Y 为低电平,只有当 Y_1 和 Y_2 同时为高阻时 V_{DD} 通过上拉电阻 R_L 才使 Y 为高电平。因此 $Y = Y_1 \cdot Y_2$,即

$$Y = (AB)'(CD)' = (AB + CD)'$$

从而实现了与或非逻辑关系。线与符号如图 3-34(b)所示。

(a) 线与电路结构   (b) 线与符号

图 3-34 用 OD 门实现线与逻辑

在数字集成电路中,采用 OD/OC 输出结构的器件很多,使用时应注意它们和普通门电路的区别。74HC05 是开路输出的 CMOS 反相器,引脚排列和内部逻辑如图 3-35 所示。

(a) 引脚图   (b) 内部逻辑图

图 3-35 74HC05 器件

2. 三态门

计算机系统中通常有多个设备共享总线。假设用普通门电路作为总线接口电路,如图 3-36 所示。当 1 号设备通过接口电路 G_1 向总线上发送数据时,其他接口电路 $G_2 \sim G_n$ 无论输出高电平还是低电平都不能使总线正常工作:

图 3-36 普通门电路作为总线接口电路

(1) 若 $G_2 \sim G_n$ 输出为低电平,当 G_1 发送数据 1 时则会通过总线短路;

(2) 若 $G_2 \sim G_n$ 输出为高电平,当 G_1 发送数据 0 时同样会通过总线短路。

因此,普通门电路不能作为总线接口电路使用。

作为总线接口的门电路,除了能够输出高电平和低电平外,还应该具有第 3 种输出状态:高阻状态。当门电路输出为高阻状态时,无论总线为高电平还是低电平均不取电流,所以对总线没有影响。

能够输出高电平、低电平和高阻 3 种状态的门电路称为三态门(tri-state gate)。三态门可以通过对普通门电路进行改造获得。图 3-37(a)为 CMOS 三态反相器的内部电路原理示意图,逻辑符号如图 3-37(b)所示。

(a) 电路结构   (b) 逻辑符号

图 3-37 低电平有效的 CMOS 三态反相器

图 3-37(a)所示的三态反相器的工作原理:

(1) 当 EN' 为低电平时,反相器 G_1 输出为高电平而 G_3 输出为低电平,这时与非门 G_4 和或非门 G_5 的输出均为 A,所以 MOS 管 T_P 和 T_N 同时受输入 A 控制,和普通反相器的工作情况一样,所以实现非逻辑关系 $Y = A'$。

(2) 当 EN' 为高电平时,反相器 G_1 输出为低电平而 G_3 输出为高电平。由于 G_1 输出为低电平使与非门 G_4 输出为高电平,所以 T_P 截止,同时由于 G_3 输出为高电平使或非门 G_5 输出为低电平,所以 T_N 截止,因此输出端和电源、地均断开,故 Y 悬空而呈现高阻状态,即 $Y = $ "z"。

图 3-37(a)所示的三态门在 EN' 为低电平时正常工作,故称三态控制端低电平有效。若将图 3-37(a)中的反相器 G_1 去掉,则构成了三态控制端高电平有效的三态反相器,其内部电路原理示意图与逻辑符号如图 3-38 所示。

74HC125/126 为 CMOS 三态驱动器,输出与输入同相内部逻辑和引脚排列如图 3-39 所示。其中 74HC125 三态控制端为低电平有效,74HC126 三态控制端为高电平有效。

(a) 电路结构　　　　　　　　(b) 逻辑称号

图 3-38　高电平有效的 CMOS 三态反相器

(a) 74HC125　　　　　　　　(b) 74HC126

图 3-39　CMOS 三态驱动器

三态门的典型应用之一就是作为总线接口电路,如图 3-40(a)所示,其中 $G_1 \sim G_n$ 均为三态驱动器,控制端 $EN_1 \sim EN_n$ 均为高电平有效。总线接口电路在正常工作时,要求三态控制信号 $EN_1 \sim EN_n$ 是互斥的。例如,当 1 号设备需要向总线发送数据时,使 EN_1 有效、$EN_2 \sim EN_n$ 无效。这时由于 $2 \sim n$ 号设备接口电路的输出为高阻状态,所以对总线上传送的数据没有影响。当 2 号设备需要向总线发送数据时,使 EN_2 有效,其他三态控制端均无效,其他设备同样不会影响总线的工作情况。若有两个或两个以上的三态控制端同时有效,同样会出短路现象。

(a) 作为总线接口电路　　　　　　(b) 实现数据的双向传输

图 3-40　三态门的典型应用

三态门的另一个典型应用是实现数据的双向传输,如图 3-40(b)所示。G_1 和 G_2 是两个三态驱动器,其中 G_1 的三态控制端高电平有效,G_2 的三态控制端低电平有效。当 EN 为高电平时 G_1 工作,将数据 D_O 从设备发送到总线上;当 EN 为低电平时 G_2 工作,从总

线上接收数据 D_I 送入设备中。

74HC240/244 是双四路 CMOS 三态缓冲器,其中 74HC240 为三态反相器(输出与输入反相),而 74HC244 为三态驱动器(输出与输入同相),内部结构和引脚排列如图 3-41 所示。当三态控制端 OE' 为低电平时,74HC240/244 正常工作,否则输出强制为高阻状态。

图 3-41　双四路 CMOS 总线缓冲器

74HC245 是八路双向 CMOS 总线收发器(bus transceiver),内部逻辑如图 3-42 所示。当三态控制端 OE' 为低电平时,74HC245 正常工作,这时若方向控制端 DIR 为低电平,则 B 口为输入,A 口为输出,数据从 B 口传向 A 口;若方向控制端 DIR 为高电平,则 A 口为输入,B 口为输出,数据从 A 口传向 B 口。当三态控制端 OE' 为高电平时,A 口和 B 口均为高阻状态。

图 3-42　74HC245 内部逻辑图

3.2.4　CMOS 传输门

P 沟道增强型 MOS 管和 N 沟道增强型 MOS 管串接可以构成反相器。若将 P 沟道增强型 MOS 管和 N 沟道增强型 MOS 管并联则可以构成另一种非常重要的 CMOS 器件——传输门。

3.2.4
微课视频

CMOS 传输门的电路结构如图 3-43(a)所示,其中 C 和 C' 为控制端,T_1 管的衬底接地,T_2 管的衬底接电源,图 3-43(b)为其图形符号。

(a) 电路结构　　　　　　　　(b) 图形符号

图 3-43　传输门结构及其等效电路

下面对传输门的工作原理进行分析。

(1) 当 C 端接高电平 V_{DD},C' 端接低电平 0V 时。

若输入 v_I 为低电平(0V),则 $V_{GSP}=0$,$V_{GSN}=V_{DD}$,因此 T_P 截止而 T_N 导通,如图 3-44(a)所示。若输入 v_I 为高电平(V_{DD}),则 $V_{GSP}=-V_{DD}$,$V_{GSN}=0$,因此 T_P 导通而 T_N 截止,如图 3-44(b)所示。若输入 v_I 从低电平向高电平逐渐变化,则在 $V_{TN}<v_I<V_{DD}-|V_{TP}|$ 时 T_N 和 T_P 同时导通,其原理分析类似于 CMOS 反相器。所以,当 C 和 C' 均有效时,无论输入 v_I 为低电平、高电平还是连续变化的模拟信号,传输门均处于导通状态,这时 $v_O=v_I$。

(a) 输入为低电平时　　　　　　(b) 输入为高电平

图 3-44　控制端有效时传输门的工作过程

(2) 当 C 端接低电平 0V,C' 端接高电平 V_{CC} 时。

若输入 v_I 为低电平(0V),T_P 管的栅源电压为 0 因此截止,T_N 管因所加的栅源电压极性与开启电压相反同样处于截止状态;若输入 v_I 为高电平(V_{DD}),T_N 管的栅源电压为 0 因此截止,T_P 管因加的栅源电压极性与开启电压相反同样处于截止状态。所以,当 C 和 C' 均无效时,无论输入 v_I 为低电平还是高电平,T_P 和 T_N 均截止,传输门断开,故输出 v_O 为高阻状态。

综上分析,CMOS 传输门可以抽象为一个受控的开关:当控制端均有效时开关闭合,控制端均无效时开关断开。由于 CMOS 传输门内部 MOS 管的衬底独立,没有与源极相连,因此传输门源极与漏极结构对称,既可以将源极作为输入,也可以将漏极作为输入,所以 CMOS 传输门为双向模拟开关,既可以传输数字信号,也可以传输模拟信号。

CMOS 反相器和传输门是构成 CMOS 集成电路的基本单元。图 3-45 是用反相器和传输门构成异或门的原理图。当 A 为低电平时,传输门 TG_1 导通而 TG_2 截止,这时 $Y=B$;当 A 为高电平时,传输门 TG_2 导通而 TG_1 截止,这时 $Y=B'$。因此可以得到表 2-6 所示的异或门真值表。

(a) 实现形式   (b) 逻辑符号

图 3-45   CMOS 异或门

74HC86 是四 CMOS 异或门,内部逻辑和引脚排列如图 3-46 所示。

图 3-46   74HC86

传输门的两个控制端通常用一个信号控制,如图 3-47(a)所示,这时习惯上称其为电子开关,并采用图 3-47(b)所示的图形符号表示。

(a) 电子开关   (b) 图形符号

图 3-47   CMOS 电子开关结构和图形符号

CD4066 是 CMOS 双向模拟开关,内部由 4 个独立的电子开关组成,其引脚排列如图 3-48 所示。当控制端为高电平时开关导通,为低电平时开关截止。

CD4051/52/53 是多路双向模拟开关,其中 CD4051 为 8 路模拟开关,CD4052 为双 4 路模拟开关,CD4053 内部有三个 2 路模拟开关,其内部电路结构和功能表可阅查相关器件资料。

图 3-48 CD4066

思考与练习

3-5 OD/OC 门和普通门电路有什么区别？有什么特殊用途？

3-6 三态门有哪 3 种输出状态？有什么特殊用途？

3-7 OD/OC 门和三态门能否作为普通逻辑门使用？如果可以,说明其连接方法。

3-8 如何用 MOS 反相器和传输门实现同或逻辑关系？画出逻辑图。

3-9 异或门和同或门能否作反相器使用？如果可以,说明其连接方法。

3.3 设计项目

发光二极管和数码管是数字系统中常用的显示器件,用来指示电路的状态或者参数。发光二极管有多种规格,如图 3-49 所示。

图 3-49 发光二极管

数字电路实验中常用的发光二极管有 $\phi3$ 和 $\phi5$ 两种。$\phi3$ 发光二极管的直径为 3mm,正常发光时所需要的驱动电流约 3mA。$\phi5$ 发光二极管的直径为 5mm,正常发光时所需要的驱动电流约为 10mA。

发光二极管既可以接成灌电流负载,用低电平驱动,如图 3-50(a)所示,也可以接成拉电流负载,用高电平驱动,如图 3-50(b)所示。具体根据驱动电路的驱动能力而定。

发光二极管能不能正常发光,不但要考虑驱动电路的输出电平,还要考虑驱动电路的输出电流是否满足发光二极管的电流要求。不同系列的门电路驱动能力不同,应用时需要特别注意。

表 3-7 是常用反相器输出特性数据表。可以看出,早期的 4000 系列 CMOS 反相器 CD4049 输出高电平时只有 1.6mA 拉电流能力,远远不能满足发光二极管驱动电流的要

(a) 灌电流负载，低电平驱动   (b) 拉电流负载，高电平驱动

图 3-50　发光二极管驱动电路

求，输出低电平时允许有 5.0mA 灌电流能力，因此对于 CD4049 CMOS 反相器，图 3-50(a)只能驱动 $\phi 3$ 系列发光二极管，图 3-50(b) 则不满足驱动电流要求。

表 3-7　常用反相器输出特性数据表

器件 参数	TTL($V_{CC}=5V, T=25℃$)		CMOS($V_{DD}=5V, T=25℃$)	
	7404	74LS04	CD4049	74HC04
$V_{OH(min)}$ /V	2.4	2.7	4.6	4.4
$I_{OH(max)}$ /mA	−0.4	−0.4	−1.6(典型值)	−25
$V_{OL(max)}$ /V	0.4	0.4	0.05	0.33
$I_{OL(max)}$ /mA	16	8	5.0(典型值)	25

对于 74HC 系列反相器，其高、低电平的最大输出电流为 ±25mA，因此图 3-50 两种形式的电路均能驱动 $\phi 3$ 和 $\phi 5$ 系列发光二极管，而且需要加适当的限流电阻，以防止电流过大而烧坏发光二极管。以驱动 $\phi 5$ 发光二极管计算，由于发光二极管导通时会产生 $1.5 \sim 2V$ 的压降，若以 $i_D = 10mA$、导通压降为 1.7V 进行计算，限流电阻 R_1 应取

$$R_1 = (V_{DD} - V_D - V_{OL})/I_D \approx (5 - 1.7 - 0)/(10 \times 10^{-3})\Omega = 330\Omega$$

限流电阻 R_2 应取

$$R_2 = (V_{OH} - V_D)/I_D \approx (5 - 1.7)/(10 \times 10^{-3})\Omega = 330\Omega$$

对于 74/74LS 系列 TTL 反相器，由于其高电平输出电流太小而低电平输出电流很大，因此应用图 3-50(a)所示的电路可以驱动 $\phi 3$ 和 $\phi 5$ 系列发光二极管，而 3-50(b) 则不能正常工作。

图 3-51　反相器并联增加驱动能力

由于 TTL 门电路发展比较早，故许多器件设计成低电平有效的形式，用低电平驱动灌电流负载。

需要说明的是，当门电路驱动电流不足时，可以将多个门电路并联以增加驱动能力。图 3-51 中 3 个反相器并联时，其输出电流为单个反相器驱动电流的 3 倍。

本章小结

门电路是构成数字器件的基本单元。掌握门电路的功能与性能，是数字系统设计的基础。

　　门电路可以基于二极管、三极管或者场效应管这些分立器件设计。二极管可以构成与门和或门,三极管和场效应管则可以构成反相器。讲述分立器件门电路在于帮助我们理解门电路的实现方法,在进行数字系统设计时,主要应用集成器件。

　　集成门电路分为 CMOS 门电路和 TTL 门电路两大类。CMOS 门电路基于场效应管工艺制造,有 4000、74HC/AHC、74HCT/AHCT,以及 74LVC/ALVC 等多种系列。目前,CMOS 门电路应用广泛,TTL 门电路逐渐被淘汰。

　　74HC00 为 4 二输入与非门,74HC02 为 4 二输入或非门,74HC04 为六反相器。74HC86 为四异或门。

　　在数字系统设计中,除了普通门电路之外,还需要用到两种特殊的门电路:OD 门和三态门。OD 门具有低电平和高阻两种输出状态,通常用作驱动器,或者应用 OD 门的线与逻辑以简化电路设计。三态门具有高电平、低电平和高阻三种输出状态,用于总线接口,或者实现数据的双向传输。

　　74HC125/126 为三态缓冲器,其中 74HC125 三态控制端低电平有效,而 74HC126 三态控制端高电平有效。74HC240/244 为双 4 路三态缓冲器,其中 74HC240 为反相输出,而 74HC244 为同相输出。74HC245 为 8 路双向总线收发器。

　　CMOS 传输门不但可以传输数字信号,而且还可以传输模拟信号,具有模拟开关特性,通常用于数据和信号通路的切换。CD4066 为 CMOS 四双向模拟开关。

　　CMOS 传输门和 CMOS 反相器是构成 CMOS 集成电路的基石。

习题

　　3.1　分析图题 3-1 所示电路的逻辑关系,写出函数表达式。设电路参数满足三极管饱和导通条件。

图题　3-1

3.2 分析图题 3-2 所示电路中三极管的工作状态,计算输出电压 v_O 的值。设所有三极管均为硅三极管,V_{BE} 按 0.7V 计算。

图题 3-2

3.3 分析图题 3-3 所示 CMOS 电路,写出逻辑函数表达式。

图题 3-3

3.4 分析图题 3-4 所示电路,写出各逻辑函数表达式,并列出当 $ABCD = 1001$ 时各函数的输出值。

3.5 分析图题 3-5 所示电路,分析在 S_1、S_0 四种取值下输出 Y 的值,填入右侧表中。

3.6 对于图 3-50 所示的发光二极管驱动电路。设发光二极管导通发光时导通压降为 2V,需要 8~10mA 驱动电流。反相器输出高电平为 5V,电流为 $400\mu A$,输出低电平为 0.2V,电流为 20mA。说明哪个电路能够正常工作,并计算限流电阻的阻值。

图题 3-4

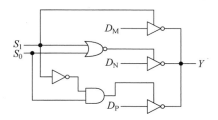

输入		输出
S_1	S_0	Y
0	0	
0	1	
1	0	
1	1	

图题 3-5

*3.7 应用电路如图题 3-7 所示。已知 CMOS 与非门的输出电压 $V_{OH} \approx 4.7V$，$V_{OL} \approx 0.1V$；TTL 与非门的 $V_{IH(min)} = 2.0V$，$V_{IL(max)} = 0.8V$，$I_{IH(max)} = 20\mu A$，$I_{IL(max)} = -0.36mA$。计算接口电路的输出电平 v_O，并说明接口参数选择是否合理。

图题 3-7

## 第 4 章

组合逻辑器件

数字电路若根据逻辑功能的不同特点进行划分,可分为组合逻辑电路和时序逻辑电路两大类。

组合逻辑电路是构成数字系统的基础。本章先介绍组合逻辑电路的基本概念及其分析与设计方法,然后讲解常用组合逻辑器件的设计原理、功能与应用。

4.1
微课视频

4.1 组合逻辑电路概述

如果数字电路任意时刻的输出只取决于当时的输入,与电路的状态无关,那么这种电路称为组合逻辑电路(combinational logic circuit),简称组合电路。由于组合电路与状态无关,所以组合电路不包含任何存储电路,也没有从输出到输入的反馈连接。

从电路形式上看,组合逻辑电路由门电路构成。门电路的输出只与输入有关,所以是最简单的组合电路,只是习惯于将门电路看作是组合电路的基本构成单元。

一般地,组合逻辑电路的结构框图如图 4-1 所示,其中 $a_1,a_2,\cdots,a_n$ 为输入变量,$y_1,y_2,\cdots,y_m$ 为输出。由于组合电路的输出只与输入有关,所以输出只是输入的函数,即

$$\begin{cases} y_1=f_1(a_1,a_2,\cdots,a_n) \\ y_2=f_2(a_1,a_2,\cdots,a_n) \\ \quad\vdots \\ y_m=f_m(a_1,a_2,\cdots,a_n) \end{cases}$$

图 4-1 组合电路的结构框图

若定义 $A=\{a_1,a_2,\cdots,a_n\}$,$Y=\{y_1,y_2,\cdots,y_m\}$,则上式可以简单地表示为

$$Y=F(A)$$

其中 $F=\{f_1,f_2,\cdots,f_m\}$,表示一组函数关系。

既然组合电路的输出是函数,所以逻辑函数的表示方法(真值表、函数表达式、逻辑图和卡诺图)都可以用来描述组合电路的逻辑功能。

4.2
微课视频

4.2 组合电路的分析与设计

逻辑代数是组合逻辑电路分析与设计的基础。本节主要讲述组合电路的设计方法,然后简要介绍分析方法,以便后述章节以设计的思路讲解组合器件的原理和功能。

4.2.1 组合电路设计

所谓组合逻辑电路设计,就是对于给定的实际逻辑问题,画出能够实现功能要求的组合逻辑电路图。

【例 4-1】 设计一个用 3 个开关控制一个灯的逻辑电路,要求改变任何一个开关的状态都能控制灯由亮变灭或者由灭变亮。

设计过程:由于开关控制着灯的亮灭,所以开关的状态是因,灯的亮灭是果。若用 A、B、C 分别表示 3 个开关的状态,Y 表示灯的状态,并且约定:$A=1$ 表示开关 A 闭合,$A=0$ 表示开关 A 断开;$B=1$ 表示开关 B 闭合,$B=0$ 表示开关 B 断开;$C=1$ 表示开关 C 闭合,$C=0$ 表示开关 C 断开;$Y=1$ 表示灯亮,$Y=0$ 表示灯灭。

在上述约定下,设 $ABC=000$ 时 $Y=0$,经推理可得 Y 的真值表如表 4-1 所示。

由真值表画出该逻辑问题的卡诺图,如图 4-2 所示。

表 4-1 例 4-1 真值表

A	B	C	Y
0	0	0	0
0	0	1	1
0	1	0	1
0	1	1	0
1	0	0	1
1	0	1	0
1	1	0	0
1	1	1	1

从卡诺图中可以看出,该逻辑函数中每个最小项均不相邻,没有可以合并的最小项,因此由真值表写出的最小项表达式即为该逻辑函数的最简与或式。

$$Y = A'B'C + A'BC' + AB'C' + ABC$$

实际上,该逻辑函数可以从另一个角度进行化简:

$$Y = A'B'C + A'BC' + AB'C' + ABC$$
$$= (A'B'C + AB'C') + (A'BC' + ABC)$$
$$= B'(A'C + AC') + B(A'C' + AC)$$
$$= B'(A \oplus C) + B(A \odot C)$$
$$= A \oplus B \oplus C$$

故实现该问题的逻辑图如图 4-3 所示。

图 4-2 例 4-1 卡诺图

图 4-3 例 4-1 设计图

思考与练习

4-1 能否设计用两个开关控制一个灯的逻辑电路?写出其逻辑函数表达式。

4-2 能否设计用 4 个开关控制一个灯的逻辑电路?写出其逻辑函数表达式。

4-3 能否设计用 5 个开关控制一个灯的逻辑电路?写出其逻辑函数表达式。

4-4 从上述分析中能够总结出什么规律？这类电路能够应用在什么地方？

【例 4-2】 有一水箱由大小两台水泵 M_L 和 M_S 供水，如图 4-4 所示。水箱中设置了 3 个水位检测元件 C、B、A。水面低于检测元件时，检测元件给出高电平；水面高于检测元件时，检测元件给出低电平。现要求当水位超过 C 点时水泵停止工作，水位低于 C 点而高于 B 点时小水泵单独工作，水位低于 B 点而高于 A 时大水泵单独工作，水位低于 A 点时大、小水泵同时工作。设计一个控制两台水泵的逻辑电路，要求电路尽量简单。

设计过程：水位检测元件 C、B、A 的状态决定大、小水泵 M_L 和 M_S 的工作状态，因此

$$\begin{cases} M_L = F_1(C, B, A) \\ M_S = F_2(C, B, A) \end{cases}$$

若用 $M_L = 1$ 表示大水泵工作，$M_L = 0$ 表示大水泵停止；同理用 $M_S = 1$ 表示小泵工作，$M_L = 0$ 表示小水泵停止，则 M_L 和 M_S 的真值表如表 4-2 所示。

图 4-4 例 4-2 图

表 4-2 例 4-2 真值表

C	B	A	M_L	M_S
0	0	0	0	0
1	0	0	0	1
1	1	0	1	0
1	1	1	1	1
0	0	1	×	×
0	1	0	×	×
0	1	1	×	×
1	0	1	×	×

画出 M_L 和 M_S 的卡诺图，如图 4-5 所示，并进行化简得

$$\begin{cases} M_L = B \\ M_S = A + B'C \end{cases}$$

(a) M_S 卡诺图

(b) M_L 卡诺图

图 4-5 例 4-2 卡诺图

根据上述逻辑函数表达式即可设计出水泵控制电路，逻辑图如图 4-6 所示。

从以上两个设计实例可以总结出组合逻辑电路设计的一般步骤：

图 4-6 例 4-2 设计图

（1）进行逻辑抽象。

组合电路设计问题一般是由文字描述的逻辑问题。分析其因果关系，从中确定输入（因）和输出（果），并且定义每个输入/输出变量取值的具体含义，然后写出能够表示其逻辑功能的真值表。

（2）选定器件的类型，写出逻辑函数表达式。

组合逻辑电路既可以采用门电路设计，也可以采用本节后面将介绍的译码器、数据选择器等中规模集成（MSI）电路设计，或者基于第 7 章中的 ROM 设计。

若采用门电路设计，则需要对逻辑函数进行化简，并根据具体实现器件的类型变换为相应的形式，然后画出逻辑图。

若采用译码器或数据选择器设计，则需要对逻辑函数式进行变换，以便确定译码器输出或数据选择器输入数据与逻辑函数的关系，然后画出逻辑图。

若基于 ROM 设计，则需要确定 ROM 的容量，将真值表写入 ROM 中。

（3）根据化简或变换后的函数式，画出相应的逻辑图。

当逻辑函数式确定以后，根据函数式画出相应的逻辑图，可以附加必要的门电路。

综上所述，组合逻辑电路的设计流程如图 4-7 所示。

图 4-7 组合逻辑电路的设计流程

4.2.2 组合电路分析

所谓组合逻辑电路分析，就是对于给定的组合逻辑电路，确定电路的逻辑功能。一般来说，组合逻辑电路分析按以下步骤进行：

（1）写出逻辑函数表达式。

从给定的组合电路的输入级逐级向后推，推导出其输出逻辑函数的表达式，并进行化简或变换，使表达式简单明了。

（2）写出电路的真值表。

真值表能直观详尽地描述电路输出与输入的关系，便于分析。

（3）分析电路的逻辑功能。

根据真值表，推断电路的逻辑功能。

综上所述，组合逻辑电路的分析过程如图 4-8 所示。

【例 4-3】 分析图 4-9 所示电路的逻辑功能，指出该电路的用途。

分析：根据给定的逻辑图可以推出逻辑函数 Y_2、Y_1 和 Y_0 的表达式。

图 4-8　组合逻辑电路的分析过程

图 4-9　例 4-3 逻辑图

$$\begin{cases} Y_2 = ((DC)'(DBA)')' = DC + DBA \\ Y_1 = ((D'CB)'(DC'B)'(DC'A')')' = D'CB + DC'B + DC'A' \\ Y_0 = ((D'C')'(D'B')')' = D'C' + D'B' \end{cases}$$

从逻辑函数式很难看出其逻辑功能,需要进一步将逻辑式转换为表 4-3 所示的真值表。

表 4-3　例 4-3 真值表

D	C	B	A	Y_2	Y_1	Y_0
0	0	0	0	0	0	1
0	0	0	1	0	0	1
0	0	1	0	0	0	1
0	0	1	1	0	0	1
0	1	0	0	0	0	1
0	1	0	1	0	0	1
0	1	1	0	0	1	0
0	1	1	1	0	1	0
1	0	0	0	0	1	0
1	0	0	1	0	1	0
1	0	1	0	0	1	0
1	0	1	1	1	0	0
1	1	0	0	1	0	0
1	1	0	1	1	0	0
1	1	1	0	1	0	0
1	1	1	1	1	0	0

从真值表可以看出,当输入 $DCBA$ 表示的二进制数在 $0 \sim 5$ 之间时 $Y_0 = 1$,在 $6 \sim 10$ 之间时 $Y_1 = 1$,在 $11 \sim 15$ 之间时 $Y_2 = 1$,所以这个电路具有根据输出状态判断输入数大小范围的功能。

对于同一个逻辑电路,不同的人可能有不同的认识,从而抽象出不同的逻辑功能。一般来说,需要从整体的角度考查其功能,不能只见树木,不见森林。

4.3 常用组合逻辑器件

掌握了组合逻辑电路的分析与设计方法后,本节的主要任务是认识常用的组合逻辑器件,掌握其功能与应用,主要有编码器、译码器、数据选择器、加法器、数据比较器和奇偶校验器等。

4.3.1 编码器

为了区别一系列不同的事物或状态,将其中每一个事物或状态用一组二值代码表示,这就是编码。相应地,能够实现编码功能的电路称为编码器(encoder)。例如,图 4-10 所示的计算机键盘就是将键盘上的字母、数字、符号和控制符编成基于 ASCII 码的键盘码(分为通码和断码两类)。

4.3.1
微课视频

图 4-10 计算机键盘

数字电路常用的编码器为二进制编码器,用于将 2^n 个高/低电平信号编成 n 位二进制码,因此命名为"2^n 线-n 线"编码器。二进制编码器的框图如图 4-11 所示,其中 $I_0 \sim I_{2^n-1}$ 为 2^n 个输入端,$Y_0 \sim Y_{n-1}$ 为 n 位二进制数输出端。

图 4-11 二进制编码器

下面以具体的实例来介绍编码器的设计方法。

【例 4-4】 设某个小医院共有 8 间病房,编号分别为 $0 \sim 7$ 号。在每个病房都安装有一个呼叫按钮,分别用 $I_0 \sim I_7$ 表示。当病房的病人需要服务时,按下按钮发出请求。相应地,在护士值班室里对应有 3 个指示灯,分别用 $Y_2Y_1Y_0$ 表示。当 7 号病房的病人按下按钮时 $Y_2Y_1Y_0 = 111$(指示灯全亮),提醒护士到 7 号病房服务;当 6 号病房的病人按下按钮时 $Y_2Y_1Y_0 = 110$,提醒护士到 6 号病房服务;依次类推。设计能够实现该逻辑功能的组合电路。

分析:对于这个问题,$Y_2Y_1Y_0 = 111$ 表示 7 号病房的病人按下按钮这一事件,$Y_2Y_1Y_0 = 110$ 表示 6 号病房的病人按下按钮这一事件,依次类推,所以是一个 8 线-3 线编码器的设计问题。

设 $I_0 \sim I_7$ 未按时为低电平,按下时跳变为高电平,这种情况称为输入高电平有效(active high),简称为高有效。为了简化电路设计,先假设任何时刻不会有两个及两个以上病房的病人同时按呼叫按钮,即输入信号是相互排斥的,$I_0 \sim I_7$ 不会有两个或两个以上同时为 1。在这种约束下设计出的编码器称为普通编码器,其真值表如表 4-4 所示。

表 4-4 8 线-3 线普通编码器真值表

I_0	I_1	I_2	I_3	I_4	I_5	I_6	I_7	Y_2	Y_1	Y_0
1	0	0	0	0	0	0	0	0	0	0
0	1	0	0	0	0	0	0	0	0	1
0	0	1	0	0	0	0	0	0	1	0
0	0	0	1	0	0	0	0	0	1	1
0	0	0	0	1	0	0	0	1	0	0
0	0	0	0	0	1	0	0	1	0	1
0	0	0	0	0	0	1	0	1	1	0
0	0	0	0	0	0	0	1	1	1	1

由真值表写出相应的函数表达式

$$\begin{cases} Y_2 = I_0'I_1'I_2'I_3'I_4I_5'I_6'I_7' + I_0'I_1'I_2'I_3'I_4'I_5I_6'I_7' + I_0'I_1'I_2'I_3'I_4'I_5'I_6I_7' \\ \qquad + I_0'I_1'I_2'I_3'I_4'I_5'I_6'I_7 \\ Y_1 = I_0'I_1'I_2I_3'I_4'I_5'I_6'I_7' + I_0'I_1'I_2'I_3I_4'I_5'I_6'I_7' + I_0'I_1'I_2'I_3'I_4'I_5'I_6I_7' \\ \qquad + I_0'I_1'I_2'I_3'I_4'I_5'I_6'I_7 \\ Y_0 = I_0'I_1I_2'I_3'I_4'I_5'I_6'I_7' + I_0'I_1'I_2'I_3I_4'I_5'I_6'I_7' + I_0'I_1'I_2'I_3'I_4'I_5I_6'I_7' \\ \qquad + I_0'I_1'I_2'I_3'I_4'I_5'I_6'I_7 \end{cases}$$

在输入变量相互排斥的情况下,逻辑函数可以简化为

$$\begin{cases} Y_2 = I_4 + I_5 + I_6 + I_7 \\ Y_1 = I_2 + I_3 + I_6 + I_7 \\ Y_0 = I_1 + I_3 + I_5 + I_7 \end{cases}$$

故普通编码器的设计电路如图 4-12 所示。

普通编码器是在假设输入信号相互排斥的前提下设计的。若实际情况不满足这个约束条件,则电路会发生错误。例如,当 3 号和 4 号病房的病人同时按下呼叫按钮(即 I_3 和 I_4 同时为 1)时,$Y_2Y_1Y_0 = 111$,而编码 111 的含义是 7 号病

图 4-12 普通编码器设计图

房的病人请求服务,因此护士会到 7 号病房而不是 3 号和 4 号。由于普通编码器在不满足约束的情况下会发生错误,因此需要对普通编码器进行改进,引入优先编码的概念。

所谓优先编码,就是预先给不同的输入规定不同的优先级,当多个输入信号同时有效时,只对当时优先级最高的输入信号进行编码。

对于例 4-4 的逻辑问题,若规定 7 号病房的病人优先级最高,其次是 6 号,依次类推,0 号病房的病人优先级最低。在上述规定下重新设计,可得到表 4-5 所示的优先编码器的真值表。

表 4-5　8 线-3 线优先编码器真值表

I_0	I_1	I_2	I_3	I_4	I_5	I_6	I_7	Y_2	Y_1	Y_0
1	0	0	0	0	0	0	0	0	0	0
$\times$	1	0	0	0	0	0	0	0	0	1
$\times$	$\times$	1	0	0	0	0	0	0	1	0
$\times$	$\times$	$\times$	1	0	0	0	0	0	1	1
$\times$	$\times$	$\times$	$\times$	1	0	0	0	1	0	0
$\times$	$\times$	$\times$	$\times$	$\times$	1	0	0	1	0	1
$\times$	$\times$	$\times$	$\times$	$\times$	$\times$	1	0	1	1	0
$\times$	$\times$	$\times$	$\times$	$\times$	$\times$	$\times$	1	1	1	1

由功能表写出优先编码器的逻辑函数式

$$\begin{cases} Y_2 = I_4 I_5' I_6' I_7' + I_5 I_6' I_7' + I_6 I_7' + I_7 \\ Y_1 = I_2 I_3' I_4' I_5' I_6' I_7' + I_3 I_4' I_5' I_6' I_7' + I_6 I_7' + I_7 \\ Y_0 = I_1 I_2' I_3' I_4' I_5' I_6' I_7' + I_3 I_4' I_5' I_6' I_7' + I_5 I_6' I_7' + I_7 \end{cases}$$

进一步化简为

$$\begin{cases} Y_2 = I_4 + I_5 + I_6 + I_7 \\ Y_1 = I_2 I_4' I_5' + I_3 I_4' I_5' + I_6 + I_7 \\ Y_0 = I_1 I_2' I_4' I_6' + I_3 I_4' I_6' + I_5 I_6' + I_7 \end{cases}$$

按上述逻辑函数表达式即可设计出优先编码器(设计图略)。

优先编码器既解决了输入信号之间竞争的问题,又能作为普通编码器使用,所以实际器件均设计为优先编码器。

74HC148 为 8 线-3 线优先编码器,内部逻辑如图 4-13 所示。与例 4-4 不同的是,74HC148 的输入设计为低电平有效(即未按时 I 为高电平,按下时 I 为低电平),输出端采用二进制反码输出。

为了便于功能扩展,74HC148 还增加 3 个功能端口:一个控制端 S' 和两个附加的输出端 Y_S' 和 Y_{EX}',其功能表如表 4-6 所示。从功能表可以看出,74HC148 只有在 $S'=0$ 时才能正常工作,而在 $S'=1$ 时输出均被锁定为高电平。在 74HC148 正常工作的情况下,$Y_S'=0$ 时表示编码器无编码信号输入,而 $Y_{EX}'=0$ 时表示有编码信号输入。

图 4-13   74HC148 内部逻辑图

表 4-6   74HC148 功能表

S'	输 入								输 出				
	I_0'	I_1'	I_2'	I_3'	I_4'	I_5'	I_6'	I_7'	Y_2'	Y_1'	Y_0'	Y_S'	Y_{EX}'
1	×	×	×	×	×	×	×	×	1	1	1	1	1
0	1	1	1	1	1	1	1	1	1	1	1	0	1
0	×	×	×	×	×	×	×	0	0	0	0	1	0
0	×	×	×	×	×	×	0	1	0	0	1	1	0
0	×	×	×	×	×	0	1	1	0	1	0	1	0
0	×	×	×	×	0	1	1	1	0	1	1	1	0
0	×	×	×	0	1	1	1	1	1	0	0	1	0
0	×	×	0	1	1	1	1	1	1	0	1	1	0
0	×	0	1	1	1	1	1	1	1	1	0	1	0
0	0	1	1	1	1	1	1	1	1	1	1	1	0

74HC147 为 10 线-4 线优先编码器,用于将 10 个高、低电平信号编为 4 位 BCD 码。用 74HC147 设计键盘编码电路如图 4-14 所示,10 个按键分别对应十进制数 0~9,编码器的输出为 8421 反码。其中按键 9 的优先级别最高,当按键 1~9 均未按下时,默认对按键 0(图中未画出)进行编码。

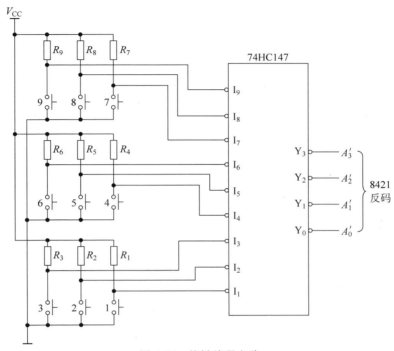

图 4-14 按键编码电路

4.3.2 译码器

译码器的功能与编码器相反,用于将输入的二进制代码重新翻译成高、低电平信号。与二进制编码器相对应,二进制译码器命名为"n 线-2^n 线"译码器,如 2 线-4 线译码器、3 线-8 线译码器等。二进制译码器的框图如图 4-15 所示,其中 $A_0 \sim A_{n-1}$ 为 n 位二进制数输入端,$Y_0 \sim Y_{2^n-1}$ 为 2^n 个输出高、低电平输出端。

设 3 线-8 线译码器输入的 3 位二进制码分别用 A_2、A_1、A_0 表示,输出的高、低电平信号分别用 $Y_0 \sim Y_7$ 表示(如图 4-16 所示),高电平有效,则根据译码器的功能要求即可写出译码器的真值表,如表 4-7 所示。

图 4-15 二进制译码器框图

图 4-16 3 线-8 线译码器

4.3.2
微课视频

表 4-7　3 线-8 线译码器真值表

A_2	A_1	A_0	Y_7	Y_6	Y_5	Y_4	Y_3	Y_2	Y_1	Y_0
0	0	0	0	0	0	0	0	0	0	1
0	0	1	0	0	0	0	0	0	1	0
0	1	0	0	0	0	0	0	1	0	0
0	1	1	0	0	0	0	1	0	0	0
1	0	0	0	0	0	1	0	0	0	0
1	0	1	0	0	1	0	0	0	0	0
1	1	0	0	1	0	0	0	0	0	0
1	1	1	1	0	0	0	0	0	0	0

由真值表写出逻辑函数表达式

$$\begin{cases} Y_0 = A_2' A_1' A_0' \\ Y_1 = A_2' A_1' A_0 \\ Y_2 = A_2' A_1 A_0' \\ Y_3 = A_2' A_1 A_0 \\ Y_4 = A_2 A_1' A_0' \\ Y_5 = A_2 A_1' A_0 \\ Y_6 = A_2 A_1 A_0' \\ Y_7 = A_2 A_1 A_0 \end{cases}$$

按上述逻辑函数式设计即可得到 3 线-8 译码器。

74HC138 为 3 线-8 译码器,内部逻辑如图 4-17 所示,输出 $Y_0' \sim Y_7'$ 为低电平有效。为了便于功能扩展和应用,74HC138 提供了 3 个控制端 S_1、S_2' 和 S_3'。只有在 S_1、S_2' 和 S_3' 均有效的情况下,内部门电路 G_S 的输出 $S = ((S_1)')'(S_2')'(S_3')'$ 为高电平,译码器才能正常工作,否则输出全部被强制为高电平。74HC138 的功能表如表 4-8 所示。

图 4-17　74HC138 内部逻辑图

表 4-8　74HC138 功能表

输　　入						输　　出							
S_1	S_2'	S_3'	A_2	A_1	A_0	Y_0'	Y_1'	Y_2'	Y_3'	Y_4'	Y_5'	Y_6'	Y_7'
0	×	×	×	×	×	1	1	1	1	1	1	1	1
×	1	×	×	×	×	1	1	1	1	1	1	1	1
×	×	1	×	×	×	1	1	1	1	1	1	1	1
1	0	0	0	0	0	0	1	1	1	1	1	1	1
1	0	0	0	0	1	1	0	1	1	1	1	1	1
1	0	0	0	1	0	1	1	0	1	1	1	1	1
1	0	0	0	1	1	1	1	1	0	1	1	1	1
1	0	0	1	0	0	1	1	1	1	0	1	1	1
1	0	0	1	0	1	1	1	1	1	1	0	1	1
1	0	0	1	1	0	1	1	1	1	1	1	0	1
1	0	0	1	1	1	1	1	1	1	1	1	1	0

【例 4-5】　用两片 74HC138 扩展为 4 线-16 线译码器。

分析：设 4 线-16 线译码器用于将 4 位二进制码翻译成 16 个高低电平信号。设输入的二进制数用 $D_3D_2D_1D_0$ 表示，输出的 16 个高低电平信号用 $Z_0' \sim Z_{15}'$ 表示。由于单片 74HC138 只能对 3 位(及以下)二进制数进行译码，要对 4 位二进制数进行译码，其扩展思路：用 4 位二进制数的最高位 D_3 控制译码器的 S_1、S_2' 或 S_3'，当 $D_3=0$ 时让第一片 74HC138 工作，$D_3=1$ 时让第二片 74HC138 工作。再将低三位 $D_2D_1D_0$ 分别接到每一片的 $A_2A_1A_0$ 上，使当前工作片的具体输出再由低三位 $D_2D_1D_0$ 确定，这样组合起来可对 4 位二进制数进行译码，具体扩展电路如图 4-18 所示。

图 4-18　例 4-5 扩展图

思考与练习

4-5　能否用 4 片译码器 74HC138 扩展成 5 线-32 线译码器？画出设计图。

4-6　能否用 5 片译码器 74HC138 扩展成 5 线-32 线译码器？画出设计图。

4-7　以上两种方案哪种方案合理？试说明理由。

若将 3 线-8 线译码器中 $A_2A_1A_0$ 看作是 3 个逻辑变量时，则 74HC138 的 8 个输出分

别对应三变量逻辑函数的 8 个最小项,即

$$\begin{cases} Y'_0 = (A'_2 A'_1 A'_0)' = m'_0 \\ Y'_1 = (A'_2 A'_1 A_0)' = m'_1 \\ Y'_2 = (A'_2 A_1 A'_0)' = m'_2 \\ Y'_3 = (A'_2 A_1 A_0)' = m'_3 \\ Y'_4 = (A_2 A'_1 A'_0)' = m'_4 \\ Y'_5 = (A_2 A'_1 A_0)' = m'_5 \\ Y'_6 = (A_2 A_1 A'_0)' = m'_6 \\ Y'_7 = (A_2 A_1 A_0)' = m'_7 \end{cases}$$

因此用附加的门电路将这些最小项组合起来可设计任意三变量逻辑函数。

【例 4-6】 利用 3 线-8 线译码器 74HC138 设计例 4-2 的水泵控制电路。

设计过程: 根据表 4-2 所示的水泵控制电路的真值表可以写出 M_L 和 M_S 的最小项表达式

$$\begin{cases} M_L = CBA' + CBA = m_6 + m_7 \\ M_S = CB'A' + CBA = m_4 + m_7 \end{cases}$$

由于 74HC138 的输出为低电平有效,所以需要对逻辑函数式进行变换

$$\begin{cases} M_L = (m_6 + m_7)'' = (m'_6 m'_7)' \\ M_S = (m_4 + m_7)'' = (m'_4 m'_7)' \end{cases}$$

因此需要附加与非门实现,具体设计电路如图 4-19 所示。

图 4-19 例 4-6 设计图

一般地,n 位二进制译码器可以设计 n 变量及以下变量的逻辑函数。

除二进制译码器外,还有一类特殊的译码器,称为显示译码器,用于将 BCD 码译成 7 个高、低电平信号,驱动半导体数码管(见图 4-20(a))或液晶字符显示器(见图 4-20(b))显示不同的数字或字符。

半导体数码管由 8 个可发光段 a、b、c、d、e、f、g、DP 构成(见图 4-21(a)),其中 DP 表示小数点(data point),COM 为公共端(common)。发光二极管导通发光时则相应段亮,发光二极管截止时则不亮。不同发光段的组合可显示不同的数字或字符。

根据内部发光二极管连接方式的不同,将数码管分为共阳极(见图 4-21(b))和共阴极(见图 4-21(c))两种类型。应用时,共阳极数码管的 COM 端接电源 V_{DD},要求显示译码器输出低电平有效信号驱动;共阴极数码管的 COM 端接地,要求显示译码器输出高电平有效信号驱动。

(a) 半导体数码管　　　　　　　　(b) 液晶字符显示器

图 4-20　常用显示器件

(a) 引脚图　　　　　(b) 共阳极型　　　　　(c) 共阴极型

图 4-21　半导体数码管

设显示译码器输入的 BCD 码用 $A_3A_2A_1A_0$ 表示,各段的输出分别用 Y_a、Y_b、Y_c、Y_d、Y_e、Y_f 和 Y_g 表示,高电平有效。根据数码管的组成结构以及显示数字的笔画,可列出显示译码器的真值表如表 4-9 所示。根据真值表写出逻辑函数表达式,画出逻辑图即可设计出基本的 BCD 显示译码器。

表 4-9　BCD 显示译码器功能表

A_3	A_2	A_1	A_0	Y_a	Y_b	Y_c	Y_d	Y_e	Y_f	Y_g	显示数字
0	0	0	0	1	1	1	1	1	1	0	0
0	0	0	1	0	1	1	0	0	0	0	1
0	0	1	0	1	1	0	1	1	0	1	2
0	0	1	1	1	1	1	1	0	0	1	3
0	1	0	0	0	1	1	0	0	1	1	4
0	1	0	1	1	0	1	1	0	1	1	5
0	1	1	0	0	0	1	1	1	1	1	6
0	1	1	1	1	1	1	0	0	0	0	7
1	0	0	0	1	1	1	1	1	1	1	8
1	0	0	1	1	1	1	0	0	1	1	9

　　CD4511 是 BCD 显示译码器,输出高电平有效,用于驱动共阴极型数码管。除了具有基本的显示译码功能外,CD4511 还增加了灯测试(lamp test)、灭灯(blanking)和锁存允许(latch enable)3 种附加功能,其功能表如表 4-10 所示。

表 4-10　CD4511 功能表

输　入							输　出							显示数字
LE	BI'	LT'	D	B	C	A	Y_a	Y_b	Y_c	Y_d	Y_e	Y_f	Y_g	
×	×	0	×	×	×	×	1	1	1	1	1	1	1	8
×	0	1	×	×	×	×	0	0	0	0	0	0	0	不显示
0	1	1	0	0	0	0	1	1	1	1	1	1	0	0
0	1	1	0	0	0	1	0	1	1	0	0	0	0	1
0	1	1	0	0	1	0	1	1	0	1	1	0	1	2
0	1	1	0	0	1	1	1	1	1	1	0	0	1	3
0	1	1	0	1	0	0	0	1	1	0	0	1	1	4
0	1	1	0	1	0	1	1	0	1	1	0	1	1	5
0	1	1	0	1	1	0	0	0	1	1	1	1	1	6
0	1	1	0	1	1	1	1	1	1	0	0	0	0	7
0	1	1	1	0	0	0	1	1	1	1	1	1	1	8
0	1	1	1	0	0	1	1	1	1	0	0	1	1	9
0	1	1	1	0	1	0	0	0	0	0	0	0	0	不显示
0	1	1	1	0	1	1	0	0	0	0	0	0	0	不显示
0	1	1	1	1	0	0	0	0	0	0	0	0	0	不显示
0	1	1	1	1	0	1	0	0	0	0	0	0	0	不显示
0	1	1	1	1	1	0	0	0	0	0	0	0	0	不显示
0	1	1	1	1	1	1	0	0	0	0	0	0	0	不显示
1	1	1	×	×	×	×	*							*

注:"*"表示保持上次的输出不变。

　　附加功能的使用方法说明如下:

　　(1) 当 $LT'=0$ 时,CD4511 的输出全部强制为高电平,各段全亮,用于数码管测试或自检;

　　(2) 当 $LT'=1$ 而 $BI'=0$ 时,CD4511 的输出全部强制为低电平,各段全灭;

　　(3) 当 $LT'=1$、$BI'=1$ 且 $LE=0$ 时,CD4511 正常工作,根据输入的 BCD 码显示相应的数字;

　　(4) 当 $LT'=1$、$BI'=1$ 且 $LE=1$ 时,CD4511 处于锁定状态,输出将保持上次的状态不变,与输入 BCD 码无关。

　　CD4511 驱动共阴极型数码管的原理电路如图 4-22 所示。由于 CD4511 驱动电流大,使用时各段均应串接限流电阻,以防止烧坏数码管。限流电阻 R 的大小根据数码管的规格和亮度要求确定。

4.3.3　数据选择器与分配器

　　数据选择器用于从多路输入数据中根据地址码的不同选择其中一路输出的逻辑电路。数据分配器的功能与数据选择器正好相反,把输入数据根据地址码的不同分配到不同单元

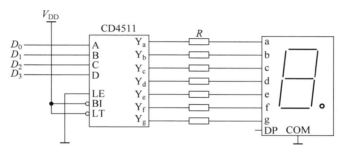

图 4-22 CD4511 驱动数码管

中去。数据选择器和数据分配器的功能示意如图 4-23 所示。

(a) 数据选择器 (b) 数据分配器

图 4-23 数据选择器和数据分配器功能示意图

数据选择器一般是从 2^n 路数据中根据 n 位地址码的不同选择 1 路输出,故命名为"2^n 选 1"数据选择器,如 2 选 1、4 选 1、8 选 1 和 16 选 1 等。

设 2 选 1 数据选择器的两路数据分别用 D_0 和 D_1 表示,一位地址码用 A_0 表示,输出用 Y 表示,则

$$Y = F(D_0, D_1, A_0)$$

根据 2 选 1 功能要求,可列出 2 选 1 数据选择器的真值表,如表 4-11 所示。

画出 2 选 1 数据选择器的卡诺图并化简得 $Y = D_0 A_0' + D_1 A_0$,故实现 2 选 1 数据选择器的逻辑图如图 4-24 所示。

表 4-11 2 选 1 数据选择器真值表

A_0	D_0	D_1	Y
0	0	0	0
0	0	1	0
0	1	0	1
0	1	1	1
1	0	0	0
1	0	1	1
1	1	0	0
1	1	1	1

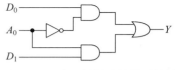

图 4-24 2 选 1 数据选择器逻辑图

类似地,设 4 选 1 数据选择器的 4 路数据分别用 D_0、D_1、D_2 和 D_3 表示,两位地址码分别用 A_1、A_0 表示,输出用 Y 表示,则

$$Y = F(D_0, D_1, D_2, D_3, A_1, A_0)$$

由于 4 选 1 数据选择器的输出 Y 为六变量逻辑函数,输入变量共有 64 种取值组合,若

按传统方法列写真值表既烦琐也不利于逻辑函数的化简,所以习惯于将 4 选 1 数据选择器的真值表列写成表 4-12 所示的简化形式,这样既概念清晰同时又方便写出逻辑函数的表达式。

表 4-12　4 选 1 数据选择器简化真值表

A_1	A_0	Y
0	0	D_0
0	1	D_1
1	0	D_2
1	1	D_3

对于简化的真值表,需要把从真值表写出逻辑函数表式的方法进行扩展。当 $D_0 = 1$ 时,函数表达表中存在最小项 $A_1'A_0'$;当 $D_0 = 0$ 时,函数表达表中不存在 $A_1'A_0'$。因此真值表中第一行对应的函数式用 $D_0(A_1'A_0')$ 表示,其余同理。故 4 选 1 数据选择器的函数式可表示为

$$Y = D_0(A_1'A_0') + D_1(A_1'A_0) + D_2(A_1A_0') + D_3(A_1A_0)$$

按上述逻辑函数式设计即可实现 4 选 1 数据选择器(逻辑图略)。

按同样的方法,8 选 1 数据选择器的真值表可表示为表 4-13 所示的简化形式,其逻辑函数表达式为

$$Y = D_0(A_2'A_1'A_0') + D_1(A_2'A_1'A_0) + D_2(A_2'A_1A_0') + D_3(A_2'A_1A_0)$$
$$+ D_4(A_2A_1'A_0') + D_5(A_2A_1'A_0) + D_6(A_2A_1A_0') + D_7(A_2A_1A_0)$$

表 4-13　8 选 1 数据选择器简化真值表

A_2	A_1	A_0	Y
0	0	0	D_0
0	0	1	D_1
0	1	0	D_2
0	1	1	D_3
1	0	0	D_4
1	0	1	D_5
1	1	0	D_6
1	1	1	D_7

74HC153 是双 4 选 1 数据选择器,内部逻辑如图 4-25 所示。$D_{10}D_{11}D_{12}D_{13}$ 为第一个数据选择器的 4 路输入数据端,Y_1 为输出端,$D_{20}D_{21}D_{22}D_{23}$ 为第二个数据选择器的 4 路输入数据端,Y_2 为输出端。两个数据选择器共用 A_1A_0 两位地址。S_1' 和 S_2' 分别为两个 4 选 1 数据选择器的控制端,低电平有效。当控制端有效时,数据选择器正常工作;控制端无效时,数据选择器输出为 0。

74HC151 是 8 选 1 数据选择器,内部逻辑如图 4-26 所示,其中 S' 为控制端,Y 和 W 为两个互补输出端($W = Y'$)。S' 为低电平时,数据选择器正常工作,根据地址码 $A_2A_1A_0$ 从 $D_0 \sim D_7$ 8 路数据中选择其中一路输出;S' 为高电平时,数据选择器不工作,输出 $Y = 0$,$W = 1$。

图 4-25　74HC153 内部逻辑图

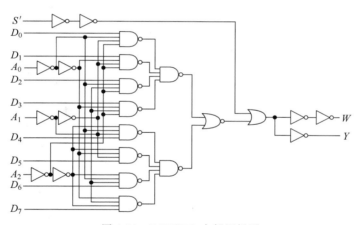

图 4-26　74HC151 内部逻辑图

【例 4-7】　将双 4 选 1 数据选择器 74HC153 扩展为 8 选 1 数据选择器。

分析：从 8 路数据中选择 1 路输出需要有 3 位地址码，分别用 A_2、A_1 和 A_0 表示，而 4 选 1 数据选择器只有两位地址码 A_1 和 A_0。

将两个 4 选 1 数据选择器扩展成一个 8 选 1 数据选择器的思路：用 8 选 1 数据选择器的最高位地址 A_2 控制两个 4 选 1 数据选择器其中一个工作，再用低两位地址 A_1A_0 在片内进行进一步选择。例如，当 $A_2=0$ 时使 $S_1'=0$，控制第一个 4 选 1 数据选择器工作；当 $A_2=1$ 时使 $S_2'=0$，控制第二个 4 选 1 数据选择器工作。由于第一个 4 选 1 数据选择器工作时数据从 Y_1 输出，第二个 4 选 1 数据选择器工作时数据从 Y_2 输出，所以需要用或门将两个 4 选 1 数据选择器的输出相加，使 8 选 1 数据选择器的输出 $Y=Y_1+Y_2$。具体扩展电路如图 4-27 所示。

图 4-27　例 4-7 扩展图

思考与练习

4-8　能否将两片 74HC151 扩展为 16 选 1 的数据选择器？画出设计图。

4-9　能否将两片 74HC153 扩展为 16 选 1 的数据选择器？画出设计图。

若将 8 选 1 数据选择器的地址看作逻辑变量,则其逻辑函数表达式可进一步表示为

$$Y = m_0 D_0 + m_1 D_1 + m_2 D_2 + m_3 D_3 + m_4 D_4 + m_5 D_5 + m_6 D_6 + m_7 D_7$$

其中,$m_0,m_1,\cdots,m_7$ 为三变量逻辑函数的 8 个最小项,故 8 选 1 数据选择器可以实现任意三变量逻辑函数。

图 4-28　例 4-8 设计图

【例 4-8】 用 8 选 1 数据选择实现三人表决电路。

设计过程:三人表决电路的逻辑函数表达式为

$$Y = A'BC + AB'C + ABC' + ABC$$
$$= m_3 + m_5 + m_6 + m_7$$

将上式与 8 选 1 数据选择器的表达式进行对比可得

$$D_3 = D_5 = D_6 = D_7 = 1$$

而

$$D_0 = D_1 = D_2 = D_4 = 0$$

故用 8 选 1 实现三个表决电路的原理如图 4-28 所示。

三变量逻辑函数还可以用 4 选 1 数据选择器实现。将三变量逻辑函数表达式与 4 选 1 数据选择器的函数表达式进行对比可知,实现时将逻辑函数式中两个变量看作地址,另外一个变量看作数据。

【例 4-9】 用双 4 选 1 数据选择器 74HC153 实现例 4-2 的水泵控制电路。

设计过程:水泵控制电路的逻辑函数表达式为

$$\begin{cases} M_L = CBA' + CBA \\ M_S = CB'A' + CBA \end{cases}$$

将表达式中 B、A 看作地址,分别对应于 4 选 1 的 A_1 和 A_0,C 看作数据,整理得

$$\begin{cases} M_\mathrm{L} = CBA' + CBA = C \cdot m_2 + C \cdot m_3 \\ M_\mathrm{S} = CB'A' + CBA = C \cdot m_0 + C \cdot m_3 \end{cases}$$

所以用 74HC153 实现时，取

$$\begin{cases} D_{10} = D_{11} = 0, \quad D_{12} = D_{13} = C \\ D_{20} = C, \quad D_{21} = D_{22} = 0, \quad D_{23} = C \end{cases}$$

故实现电路如图 4-29 所示。

图 4-29　例 4-9 设计图

从实用角度来说，2^n 选 1 的数据选择器可以实现 $n+1$ 变量及以下的逻辑函数，即 4 选 1 数据选择器可以实现三变量及以下的逻辑函数，8 选 1 的数据选择器可以实现四变量及以下的逻辑函数。

译码器和数据选择都可以用来实现逻辑函数。两者不同的是，一个译码器可以同时实现多个逻辑函数，但需要附加门电路。一个数据选择器只能实现一个逻辑函数，用 2^n 选 1 的数据选择器实现 n 变量逻辑函数时不需要附加门电路，所以电路非常简洁。

思考与练习

4-10　能否用 8 选 1 数据选择器实现 4 个开关控制一个灯的逻辑电路？画出设计图。

4-11　能否用 4 选 1 数据选择器实现 4 个开关控制一个灯的逻辑电路？画出设计图。

在数字电路中，带有控制端的译码器本身就是数据分配器。译码器的基本功能是将输入的二进制代码翻译成高、低的电平信号输出，但如果换种用法，就可以实现数据分配。用待分配的数据 D 控制译码器的控制端，根据二进制码的不同即可将数据 D 分配到不同的输出口。

3 线-8 线译码器 74HC138 用作数据分配器时，有两种实现方案。

第一种方案是用数据 D 控制 74HC138 低电平有效的控制端 S_2' 或 S_3'，如图 4-30 所示，则在 $D=0$ 时译码器工作，$D=1$ 时译码器不工作。译码器工作时根据 $A_2 A_1 A_0$ 进行译码，在相应的端口输出低电平，不工作时所有输出端均强制为高电平。

图 4-30　数据分配器（同相输出）

假设 D 为待分配的 8 位二进制序列 10110111，$A_2 A_1 A_0 = 101$。当 D 变化时在 Y_5' 输出的序列恰好为 10110111。若要将 D 分配到其他输出口，只需要将地址码 $A_2 A_1 A_0$ 设置为相应的二进制数即可。由于这种接法输出序列与输入序列完全相同，所以 D 接译码器低电平有效的控制端时,输出与输入"同相"。

第二种方案是用数据 D 控制 74HC138 高电平有效的控制端 S_1,如图 4-31 所示,则在 $D=0$ 时译码器不工作,$D=1$ 时译码器工作。设 $A_2A_1A_0=101$,D 仍为待分配的 8 位二进制序列 10110111。当 D 变化时,在 Y_5' 端输出的序列为 01001000。若要将 D 分配到其他输出口,只需要将地址码 $A_2A_1A_0$ 设置相应的二进制数即可。由于这种接法输出序列与输入序列恰好相反,所以 D 接译码器高电平有效的控制端时,输出与输入"反相"。

图 4-31 数据分配器(反相输出)

4.3.4 加法器

加法器是实现加法运算的逻辑电路。由于数字电路基于二值逻辑,故本节只讨论二进制加法器的设计。

先考虑最简单的情况。设有两个一位二进制数 A 和 B 相加,其加法结果用 S (summary 的首字母)表示,可能产生的进位信号用 CO(carry output 的缩写)表示。由于这种加法器不考虑来自低位的进位信号,因此称为半加器(half adder),其真值表如表 4-14 所示。

表 4-14 半加器真值表

A	B	S	CO
0	0	0	0
0	1	1	0
1	0	1	0
1	1	0	1

由真值表写出半加器的逻辑函数 S 和 CO 的表达式

$$\begin{cases} S = A'B + AB' = A \oplus B \\ CO = AB \end{cases}$$

按上述表达式用一个异或门和一个与门即可实现半加,如图 4-32(a)所示。半加器的图形符号如图 4-32(b)所示。

由于半加器没有考虑来自低位的进位信号,所以无法扩展为多位加法器。两个一位二进制数 A 和 B 相加时,如果同时考虑来自低位的进位信号 CI(carry input 的缩写),即实现 A、B 和 CI 3 个一位数相加,这样的加法器称为全加器(full adder)。根据二进制运算规则,

(a) 逻辑图　　　　　　　(b) 图形符号

图 4-32　半加器

列出全加器的真值表如表 4-15 所示。

表 4-15　全加器真值表

CI	A	B	S	CO
0	0	0	0	0
0	0	1	1	0
0	1	0	1	0
0	1	1	0	1
1	0	0	1	0
1	0	1	0	1
1	1	0	0	1
1	1	1	1	1

由真值表写出 S 和 CO 的函数表达式

$$\begin{cases} S = A'B'C + A'BC' + AB'C' + ABC \\ CO = A'BC + AB'C + ABC' + ABC \end{cases}$$

进一步整理和化简得

$$\begin{cases} S = A \oplus B \oplus C \\ CO = AB + (A + B)CI \end{cases}$$

按上述逻辑函数设计即可实现全加器,如图 4-33(a)所示,全加器的图形符号如图 4-33(b)所示。

(a) 逻辑图　　　　　　　(b) 图形符号

图 4-33　全加器

74LS183 为双全加器器件,内部逻辑按第 2 章例 2-8 所示逻辑图设计。多位数相加时,可用多片 74LS183 按串行进位(ripple carry)方式级联实现。

4 位串行进位加法的原理如图 4-34 所示,其中 $A_3A_2A_1A_0$ 和 $B_3B_2B_1B_0$ 为两个 4 位二进制数,$S_3S_2S_1S_0$ 为加法和,CO 为向更高位的进位信号。

串行进位加法器的进位信号是从低位向高位逐级传递的,因此,高位相加时必须确保来自低位的进位信号有效才能得到正确的加法结果。对于图 4-34 所示的 4 位串行进位加法

图 4-34　串行进位加法器

器,需要经过 4 个全加器的延迟时间。因此,随着加法的位数越多,串行进位加法的速度越慢。为了提高运算速度,就需要减小进位传递所消耗的时间。

超前进位(carry look-ahead)加法器是预先将每级加法所需要的进位信号算出来,然后各位可以同时相加的加法器。

根据一位全加器的进位输出表达式,可推出 4 位超前进位加法器进位信号的递推公式

$$
\begin{cases}
C_1 = A_0 B_0 + (A_0 + B_0)C_0 = A_0 B_0 \\
C_2 = A_1 B_1 + (A_1 + B_1)C_1 = A_1 B_1 + (A_1 + B_1)A_0 B_0 \\
C_3 = A_2 B_2 + (A_2 + B_2)C_2 \\
\quad = A_2 B_2 + (A_2 + B_2)[A_1 B_1 + (A_1 + B_1)A_0 B_0] \\
CO = A_3 B_3 + (A_3 + B_3)C_3 \\
\quad = A_3 B_3 + (A_3 + B_3)\{A_2 B_2 + (A_2 + B_2)[A_1 B_1 + (A_1 + B_1)A_0 B_0]\}
\end{cases}
$$

当 4 位二进制数 $A_3 A_2 A_1 A_0$ 和 $B_3 B_2 B_1 B_0$ 给定时,按上述公式通过组合逻辑电路直接算出各级所需要的进位信号 C_1、C_2、C_3 及 CO,进位信号不需要逐级传递,因此 4 个全加器就可以并行运算,所以加法速度比串行进位方式快。

74HC283 是四位超前进位加法器,内部逻辑如图 4-35 所示。为便于功能扩展,74HC283 还提供了进位输入端 CI,用于连接来自更低位的进位信号。所以,74HC283 实现的加法关系为

$$\{CO, S_3 S_2 S_1 S_0\} = A_3 A_2 A_1 A_0 + B_3 B_2 B_1 B_0 + CI$$

【例 4-10】　用两片 74HC283 扩展成 8 位加法器。

分析:设 A、B 为两个 8 位二进制数,分别用 $A_7 A_6 A_5 A_4 A_3 A_2 A_1 A_0$ 和 $B_7 B_6 B_5 B_4 B_3 B_2 B_1 B_0$ 表示。由于 74HC283 只能实现 4 位二进制数相加,故需要将两个 8 位二进制数 A 和 B 拆分成高 4 位($A_7 A_6 A_5 A_4$、$B_7 B_6 B_5 B_4$)和低 4 位($A_3 A_2 A_1 A_0$、$B_3 B_2 B_1 B_0$)。用一片 74HC283 实现低 4 位相加,另一片实现高 4 位相加,同时将低 4 位的进位输出信号 CO 作为高 4 位的进位输入 CI,如图 4-36 所示。由于低 4 位相加时没有来自更低位的进位信号,所以低位片的 CI 接低电平。

思考与练习

4-12　能否用 3 片 74HC283 扩展为 12 位加法器? 画出设计图。

4-13　能否用 4 片 74HC283 扩展为 16 位加法器? 画出设计图。

4-14　4 位加法器能否作为 3 位加法器使用? 与 3 位二进制数如何连接? 共有多少种方案?

图 4-35　74HC283 逻辑图

图 4-36　例 4-10 扩展图

加法器除了能够实现二进制加法外,还可以实现一些特殊的代码转换。

【例 4-11】 用 74HC283 将 8421 码转换成余 3 码。

设计过程: 由第 1 章表 1-3 可知,8421 码和余 3 码之间的关系为

$$余 3 码 = 8421 + 0011$$

所以可以用加法器实现。

用 $DCBA$ 表示 4 位 8421 码,用 $Y_3Y_2Y_1Y_0$ 表示 4 位余 3 码,则实现 8421 码转换成余 3 码的电路如图 4-37 所示。由于没有来自更低位的进位信号,所以 CI 接低电平。

【例 4-12】 用 74HC283 将余 3 码转换成 8421 码。

设计过程: 余 3 码和 8421 码的关系为

$$8421 码 = 余 3 码 - 0011$$

利用补码,在忽略进位的情况下,减 3 和加上 3 的补码等效,即

$$8421 码 = 余 3 码 + 1101$$

同样用 $DCBA$ 表示 4 位余 3 码,用 $Y_3Y_2Y_1Y_0$ 表示 4 位 8421 码,则实现余 3 码转换成 8421 码的电路如图 4-38 所示。

图 4-37 例 4-11 设计图

图 4-38 例 4-12 设计图

思考与练习

4-15 能否用一片 74HC283 实现 4 位二进制数加/减运算?设 $M=0$ 时实现加法,$M=1$ 时实现减法。画出设计图。

4.3.5 数值比较器

4.3.5
微课视频

数值比较器用于比较二进制数的大小。一位数值比较是多位数值比较的基础,因此先设计一位数值比较器,再类推设计出多位数值比较器。

1. 一位数值比较器

两个二进制数 A、B 的比较结果有 3 种可能性:$A>B$,$A=B$ 或者 $A<B$,分别用 $Y_{(A>B)}$,$Y_{(A=B)}$ 和 $Y_{(A<B)}$ 表示。

当 A、B 为一位二进制数时,其取值只有 00、01、10 和 11 四种可能性,所以一位数值比较器的真值表如表 4-16 所示。

表 4-16 一位数据比较器真值表

A	B	$Y_{(A>B)}$	$Y_{(A=B)}$	$Y_{(A<B)}$
0	0	0	1	0
0	1	0	0	1
1	0	1	0	0
1	1	0	1	0

由真值表写出逻辑函数表达式

$$\begin{cases} Y_{(A>B)} = AB' \\ Y_{(A=B)} = A'B' + AB \\ Y_{(A<B)} = A'B \end{cases}$$

根据上述逻辑函数表达式即可设计出一位数值比较器,如图 4-39 所示。

2. 多位数值比较器

多位二进制数处于不同数位的数码权值不同,并且高位数码的权值高于低位数的权值和,因此在进行比较时,必须按高位到低位的顺序进行比较。只有高位相等时,才需要比较低位。

图 4-39 一位数值比较器

设 A、B 为两个 4 位二进制数,从高到低分别用 $A_3A_2A_1A_0$ 和 $B_3B_2B_1B_0$ 表示。由于 A_3 和 B_3 的权值最高,所以先比较 A_3 和 B_3。当 $A_3>B_3$ 时,即可确认 $A>B$;当 $A_3=B_3$ 时,就需要进一步比较 A_2 和 B_2,若 $A_2>B_2$ 时,也可以确认 $A>B$。依次类推,所以 $A>B$ 共有以下 4 种情况:

(1) $A_3>B_3$ 时;

(2) $A_3=B_3$,$A_2>B_2$ 时;

(3) $A_3=B_3$,$A_2=B_2$,$A_1>B_1$ 时;

(4) $A_3=B_3$,$A_2=B_2$,$A_1=B_1$,$A_0>B_0$ 时。

根据上述分析,参考一位数值比较器的设计结果,即可写出 4 位数值比较器 $Y_{(A>B)}$ 的逻辑表达式

$$Y_{(A>B)} = A_3B_3' + (A_3 \odot B_3)A_2B_2' + (A_3 \odot B_3)(A_2 \odot B_2)A_1B_1'$$
$$+ (A_3 \odot B_3)(A_2 \odot B_2)(A_1 \odot B_1)A_0B_0'$$

同理可推出 $Y_{(A<B)}$ 的逻辑表达式

$$Y_{(A<B)} = A_3'B_3 + (A_3 \odot B_3)A_2'B_2 + (A_3 \odot B_3)(A_2 \odot B_2)A_1'B_1$$
$$+ (A_3 \odot B_3)(A_2 \odot B_2)(A_1 \odot B_1)A_0'B_0$$

只有当 $A_3=B_3$、$A_2=B_2$、$A_1=B_1$ 且 $A_0=B_0$ 时,A 和 B 才相等,故 $Y_{(A=B)}$ 的函数表达式为

$$Y_{(A=B)} = (A_3 \odot B_3)(A_2 \odot B_2)(A_1 \odot B_1)(A_0 \odot B_0)$$

按照上述逻辑函数表达式即可设计出 4 位数据比较器。

74HC85 是 4 位数值比较器,内部逻辑如图 4-40 所示。考虑到功能扩展的需要,74HC85 除两个 4 位二进制数输入端口 $A_3A_2A_1A_0$ 和 $B_3B_2B_1B_0$ 外,又增加了 3 个输入端:$I_{(A>B)}$,$I_{(A=B)}$ 和 $I_{(A<B)}$,分别表示来自更低位的 $A>B$,$A=B$ 和 $A<B$ 的比较结果。

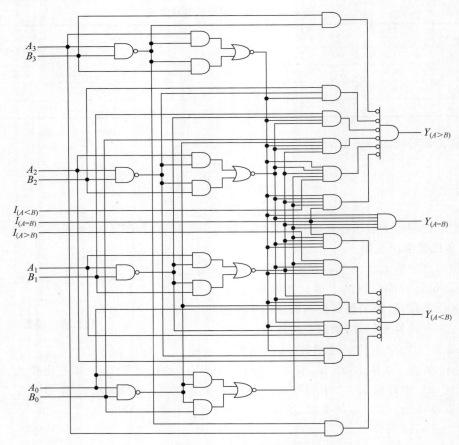

图 4-40　74HC85 内部逻辑图

在考虑来自更低位比较结果 $I_{(A>B)}$，$I_{(A=B)}$ 和 $I_{(A<B)}$ 的情况下，$A>B$ 除上述 4 种情况外又多了一种情况：当 A 和 B 相等并且 $I_{(A>B)}=1$ 时。因此，74HC85 中 $Y_{(A>B)}$ 的逻辑表达式为

$$Y_{(A>B)} = A_3B'_3 + (A_3 \odot B_3)A_2B'_2 + (A_3 \odot B_3)(A_2 \odot B_2)A_1B'_1$$
$$+ (A_3 \odot B_3)(A_2 \odot B_2)(A_1 \odot B_1)A_0B'_0$$
$$+ (A_3 \odot B_3)(A_2 \odot B_2)(A_1 \odot B_1)(A_0 \odot B_0)I_{(A>B)}$$

同理，$A<B$ 也多了一种情况：当 $A=B$ 并且 $I_{(A<B)}=1$ 时，所以 $Y_{(A<B)}$ 的逻辑表达式为

$$Y_{(A<B)} = A'_3B_3 + (A_3 \odot B_3)A'_2B_2 + (A_3 \odot B_3)(A_2 \odot B_2)A'_1B_1$$
$$+ (A_3 \odot B_3)(A_2 \odot B_2)(A_1 \odot B_1)A'_0B_0$$
$$+ (A_3 \odot B_3)(A_2 \odot B_2)(A_1 \odot B_1)(A_0 \odot B_0)I_{(A<B)}$$

只有当 A 和 B 相等并且同时满足 $I_{(A=B)}=1$ 时，A 和 B 才完全相等，故 $Y_{(A=B)}$ 的逻辑表达式为

$$Y_{(A=B)} = (A_3 \odot B_3)(A_2 \odot B_2)(A_1 \odot B_1)(A_0 \odot B_0)I_{(A=B)}$$

74HC85 内部逻辑是按照上述表达式设计的。

【例 4-13】 用两片 74HC85 扩展为一个 8 位数值比较器。

分析：设两个 8 位二进制数分别为 $C(C_7 C_6 C_5 C_4 C_3 C_2 C_1 C_0)$ 和 $D(D_7 D_6 D_5 D_4 D_3 D_2 D_1 D_0)$。

由于 74HC85 只能进行 4 位数值比较，故需要将两个 8 位二进制数拆分成高 4 位 $(C_7 C_6 C_5 C_4 、D_7 D_6 D_5 D_4)$ 和低 4 位 $(C_3 C_2 C_1 C_0 、D_3 D_2 D_1 D_0)$。一片用于高 4 位比较，一片用于低 4 位比较。当高 4 位全都相等时，比较结果取决于低 4 位，因此需要将低位片的输出 $Y_{(A>B)}$、$Y_{(A=B)}$ 和 $Y_{(A<B)}$ 分别连接到高位片的 $I_{(A>B)}$、$I_{(A=B)}$ 和 $I_{(A<B)}$ 上。

由于低位片只进行 4 位数值比较，没有来自更低位的比较结果，对比 4 位比较器的逻辑关系式，应取 $I_{(A>B)}=0$，$I_{(A=B)}=1$ 和 $I_{(A<B)}=0$，所以整体扩展电路如图 4-41 所示。

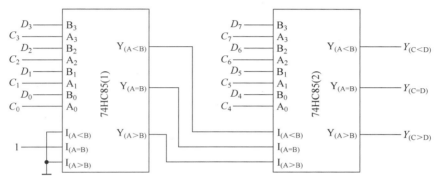

图 4-41 例 4-13 扩展图

思考与练习

4-16 能否用三片 74HC85 扩展成 12 位数值比较器？画出设计图。

4-17 12 位数值比较器能否做 10 位数值比较器使用？共有多少种接法？

在集成数据比较器中，内部逻辑电路也有采用其他逻辑关系设计的。例如，4 位数值比较器 CC14585 中，内部 $Y_{(A>B)}$ 按以下逻辑关系设计：

$$Y_{(A>B)} = (Y_{(A<B)} + Y_{(A=B)} + I_{(A>B)}')'$$

由于内部电路形式不同，CC14585 和 74HC85 的用法也不同，使用时应特别注意。具体用法请参阅 CC14585 器件资料。

4.3.6 奇偶校验器

在数字通信中，信息在传输过程中可能会发生错误。为了检测这种错误，就需要对接收到的信息进行校检。最基本的方法是在发送端根据"n 位数据"产生"1 位校验码"，使发送的"n 位数据+1 位校验码"中 1 的个数为奇/偶数，然后在接收端检查每个接收到的"$n+1$ 位"数据中 1 的个数是否仍是奇/偶数，从而判断信息在传输过程中是否发生了错误。这种方法称为奇偶校验，"$n+1$ 位"数据中 1 的个数为奇数的称为奇校验，为偶数的称为偶校验。相应地，产生奇偶校验码或进行奇偶检测的器件称为奇偶校验器。

3 位偶校验器的真值表如表 4-1 所示，逻辑电路如图 4-3 所示，根据 3 位数据 A、B、C 产生偶校验码 Y。

一般地，n 位奇/偶校验器的逻辑函数表达式分别为

4.3.6
微课视频

$$Y_{\mathrm{ODD}} = (D_{n-1} \oplus D_{n-2} \oplus \cdots \oplus D_1 \oplus D_0)'$$
$$Y_{\mathrm{EVEN}} = D_{n-1} \oplus D_{n-2} \oplus \cdots \oplus D_1 \oplus D_0$$

其中，$D_{n-1}D_{n-2}\cdots D_1 D_0$ 为 n 位数据，Y_{ODD} 和 Y_{EVEN} 分别为奇/偶校验码。

图 4-42　74LS280 引脚图

奇偶校验不仅用于数字通信中的误码检测，也可以用于计算机存储器中存储数据的校验。但奇偶校验只能发现奇数个码出现错误，不能发现偶数个码发生错误。例如，当两位数据同时发生错误时，奇偶校验则识别不了，因此奇偶校验是一种简单的校验方法，而且没有纠错的能力。由于两位同时发生错误的概率很小，所以奇偶校验方法仍被广泛应用。

74LS280 是 9 位奇偶校验发生/校验器，能够根据输入的 9 位数据 $ABCDEFGHI$ 产生一位偶校验码（$\sum$ODD）和奇校验码（$\sum$EVEN），满足一个字节的应用要求，引脚排列如图 4-42 所示，功能表如表 4-17 所示。

表 4-17　74LS280 功能表

9 位输入中 1 的个数	输 出	
	偶 校 验 码	奇 校 验 码
0,2,4,6,8	0	1
1,3,5,7,9	1	0

应用两片 74LS280 实现 8 位数据传输系统校验的原理如图 4-43 所示。在发送端，用一片 74LS280 根据 8 位数据产生偶校验码。在接收端，用一片 74LS280 对接收到的 9 位数据进行偶校验，偶校验码为 0 表示数据传输正确，为 1 表示数据传输过程中发生了错误。

图 4-43　偶校检数据传输系统

4.4
微课视频

4.4 组合电路中的竞争-冒险

组合电路的分析与设计都是以真值表为基础的,但真值表只反映了组合电路输入稳定的情况下,电路的输出与输入之间的关系。那么,在输入信号变化的瞬间,组合电路的输出是否与真值表反映的理想化特性完全一样呢?例如,对于二输入与门,在输入变量 $AB=01$ 和 10 时,其理论输出 $Y=0$。但是,当 AB 从 01 向 10 跳变时,实际电路的输出能否保持低电平不变呢?

下面详细分析组合逻辑电路中的竞争-冒险现象,以及检查和消除方法。首先考查基本门电路的特性,然后再推广到系统。

4.4.1 竞争-冒险的概念

我们把门电路两个输入信号同时向相反的方向进行跳变的现象称为竞争(race)。相应地,由于竞争,在电路的输出端有可能产生不符合逻辑关系的尖峰脉冲(glith)的现象称为竞争-冒险(race-hazard)。

对于与门电路,当 A、B 发生竞争时,例如输入变量 AB 从 01 跳变到 10,如果 A、B 跳变的时刻有时差,或者说虽然数字系统的输入信号同时发生了变化,但因信号传输路径的延迟时间不同,到达与门电路的输入端时两个信号产生了时差,这时可以分为以下两种情况进行分析。

1. A 的跳变超前于 B 时

由于 A 从低电平向高电平跳变,B 从高电平向低电平跳变,因此当 A 的跳变超前于 B 时,则会在 B 跳变前的瞬间使 AB 同时为 1。对于实际电路来说,当 A、B 跳变的时差达到与门电路传输延迟时间数量级时,就会在输出端产生不符合逻辑关系的尖峰脉冲,如图 4-44 所示。这种预期输出为低电平时却产生了正向尖峰脉冲的现象称为 0 型冒险。

图 4-44 与门电路的
0 型冒险

2. A 的跳变滞后于 B 时

当 A 的跳变滞后于 B 时,在 AB 跳变的瞬间两个信号同时为低电平,此时与门电路输出符合逻辑关系。

同样,对于二输入或门电路,在输入变量 $AB=01$ 和 10 时,其稳态输出 $Y=1$。当 AB 从 01 向 10 跳变期间,若 A 的跳变超前于 B,则或门电路输出符合逻辑关系。若 A 的跳变滞后于 B,则在 A 跳变前的瞬间 AB 同时为低电平,当 A、B 跳变的时差达到或门电路传输延迟时间数量级时,同样会在或门电路的输出端产生不符合逻辑关系的尖峰脉冲,如图 4-45 所示。这种预期输出为高电平时却产生了负向尖峰脉冲的现象称为 1 型冒险。

综上分析,与门电路和或门电路都存在竞争-冒险现象。因此,与非门和或非门也同样存在竞争-冒险,只是竞争-冒险所产生的尖峰脉冲跳变方向相反而已。

竞争-冒险的概念可以由单个门电路推广到整个系统。例如,对于图 4-46 所示的 2 线-4 线译码器,当 A、B 竞争时会在输出 Y_3 和 Y_0 端产生竞争-冒险,当 A、B 向同一方向跳变时

会在输出 Y_2 和 Y_1 端产生竞争-冒险。

图 4-45　或门电路的 1 型冒险　　　　　　图 4-46　2 线-4 线译码器

由于竞争-冒险发生在输入变量变化的瞬间,而且产生的尖峰脉冲持续时间很短,包含的能量很小,所以大多数竞争-冒险并不会对电路造成危害。但是,如果门电路的负载是对尖峰脉冲敏感的存储电路时,竞争-冒险现象就有可能使存储电路发生误动作而进入错误的状态,因此设计数字系统时应尽量避免竞争-冒险现象的发生。

4.4.2　竞争-冒险的检查方法

竞争-冒险既然对电路有危害,那么如何检查组合电路是否存在竞争-冒险现象呢?

单变量的竞争-冒险现象比较容易检查。如果在函数表达式同时存在有 A 和 A',那么称 A 为具有竞争能力的变量。对于具有竞争能力的变量,如果将其余变量任意取值时,函数表达式能够转化成 $Y=A'A$(与逻辑)或者 $Y=A'+A$(或逻辑)两者形式之一的,则说明变量 A 不但具有竞争能力,而且存在竞争-冒险。

例如,对于逻辑函数 $Y_1=AB+A'C$,A 是具有竞争能力的变量,在 B 和 C 同时取 1 时,逻辑函数转化为 $Y_1=A'+A$,因此用逻辑函数式 $Y_1=AB+A'C$ 设计出的组合逻辑电路会因为 A 的竞争产生 1 型冒险。而对于逻辑函数 $Y_2=AB+A'C+BC$,虽然 A 为具有竞争能力的变量,但是在 B 和 C 任意取值时,函数表达式都不会转化成 $Y=A'A$ 或者 $Y=A'+A$ 两者形式之一,所以用逻辑函数式 $Y_2=AB+A'C+BC$ 设计出的组合逻辑电路不会产生竞争-冒险,而 Y_1 和 Y_2 实现的逻辑关系相同。

单变量的竞争-冒险也可以通过卡诺图进行检测。对比图 4-47(a)所示的 $Y_1=AB+A'C$ 卡诺图和图 4-47(b)所示的 $Y_2=AB+A'C+BC$ 卡诺图可以发现:两个相邻的最小项 m_3 和 m_7 没有被同一个虚线框圈中的设计方案存在 1 型冒险;相应地,增加一个虚线框将两个相邻的最小项 m_3 和 m_7 圈起来,产生一个额外乘积项 BC 的设计方案不存在竞争-冒险。

上述检查方法虽然简单,但局限性很大,因为对于复杂的数字系统,门电路的输入往往是在两个或两个以上的变量之间发生竞争,这时就很难从函数表达式或卡诺图发现所有的竞争-冒险了。

(a) Y_1卡诺图   (b) Y_2卡诺图

图 4-47   用卡诺图检测竞争-冒险

在现代数字系统设计中,广泛应用计算机仿真的方法来排查竞争-冒险现象。用计算机模拟产生所有可能的输入变量的取值组合,运行仿真软件,分析输出以排查电路潜在的竞争-冒险。

4.4.3　竞争-冒险的消除方法

消除组合逻辑电路的竞争-冒险有以下三类方法。

1. 修改逻辑设计

根据逻辑代数的常用公式可知

$$AB + A'C = AB + A'C + BC$$

因此,在 $Y=AB+A'C$ 的设计电路增加乘积项 BC,如图 4-48 所示,就可以消除由变量 A 所产生的竞争-冒险。

对最简与或式来说,乘积项 BC 是多余的,所以这种方法也称为增加冗余项的方法。

增加冗余项的方法只能消除单变量产生的竞争-冒险,因而适用范围非常有限。例如,对于图 4-48 所示的逻辑电路,当 $C=0$ 时,函数式转化为 $Y=AB$,所以 A 和 B 竞争时,经过与门 G_1 和或门 G_4 到输出同样会产生 0 型冒险。

图 4-48   增加冗余项消除竞争-冒险

2. 引入选通脉冲

由于竞争-冒险现象发生在输入变量变化的瞬间,所以引入选通脉冲 p,如图 4-49 所示,在 AB 变化期间使 $p=0$ 将与门电路封锁,待稳定后使 $p=1$ 与门才能正常输出,从而能够消除竞争-冒险。

图 4-49   引入选通脉冲消除竞争-冒险

引入选通脉冲的方法比较简单,但需要找到一个与输入信号变化严格同步的选通脉冲。随着数字系统工作频率的提高,选通脉冲的起始时刻及脉冲宽度都很难精准把握。

3. 接入滤波电容

由于尖峰脉冲持续的时间很短,包含的能量很小,所以在输出端接入滤波电容以吸收尖峰脉冲的能量,如图 4-49 所示,将尖峰脉冲的幅度削弱至门电路的阈值电压之内,使其不影响数字电路的正常工作。

接入滤波电容的方法的优点是简单可行,但缺点是会拉长正常输出信号的跳变时间,从而降低了数字电路的工作速度,所以只能用在对电路工作速度要求不高的场合。

对于数字系统,消除组合电路竞争-冒险的最好方法是采用不易产生竞争-冒险的同步电路结构。因为在设计良好的同步数字系统中,组合电路的所有输入在特定时刻同时变化,其输出只有达到稳态才会被"看到",因此多数同步电路并不需要做组合电路竞争-冒险的分析了。

思考与练习

4-18 异或门和同或门是否存在竞争-冒险现象?试分析说明。

4-19 组合电路产生竞争-冒险现象的本质原因是什么?试分析说明。

4.5 设计项目

数字电路的基本实验之一就是门电路功能实验,以测试门电路的逻辑功能。能否设计一个数字系统,实现与、或、非、与非、或非、异或和同异门电路的逻辑功能,从而能够完成所有门电路的功能实验呢?

由于译码器可以实现多个逻辑函数,数据选择器可以实现功能选择,因此本设计基于译码器和数据选择器搭建门电路功能实验电路。

设要实现的逻辑函数为

$$
\begin{cases}
Z_1 = AB \\
Z_2 = A + B \\
Z_3 = A' \\
Z_4 = (AB)' \\
Z_5 = (A+B)' \\
Z_6 = (AB+C)' \\
Z_7 = AB' + A'B \\
Z_8 = A'B' + AB
\end{cases}
$$

由于 $Z_1 \sim Z_8$ 最多为三变量逻辑函数,因此选择 3 线-8 线译码器 74HC138 附加必要的门电路实现即可。因 74HC138 的输出为低电平有效,所以需要对上述逻辑函数进行变换

$$\begin{cases} Z_1 = AB(C' + C) = m_6 + m_7 = (m'_6 m'_7)' \\ Z_2 = A + B = Z'_5 \\ Z_3 = A' = m_0 + m_1 + m_2 + m_3 = (m'_0 m'_1 m'_2 m'_3)' \\ Z_4 = (AB)' = Z'_1 \\ Z_5 = (A + B)' = m_0 + m_1 = (m'_0 m'_1)' \\ Z_6 = AB + C = m_1 + m_3 + m_5 + m_6 + m_7 = (m_0 + m_2 + m_4)' = m'_0 m'_2 m'_4 \\ Z_7 = AB' + A'B = m_2 + m_3 + m_4 + m_5 = (m'_2 m'_3 m'_4 m'_5)' \\ Z_8 = A'B' + AB = Z'_7 \end{cases}$$

上述 8 个逻辑函数任何时候只测试其中一个,因此需要选择一个输出。74HC151 为 8 选 1 数据选择器,刚好用来实现功能选择。将逻辑函数 $Z_1 \sim Z_8$ 作为数据选择器的 8 个输入 $D_0 \sim D_7$,然后用地址码 $A_2 \sim A_0$ 来进行选择。当地址码 $A_2 A_1 A_0 = 000$ 选择实现 Z_1 功能,$A_2 A_1 A_0 = 001$ 选择实现 Z_2 功能,如此设定直至 $A_2 A_1 A_0 = 111$ 选择实现 Z_8 功能。总体设计电路如图 4-50 所示。

图 4-50 门电路功能实验电路参考设计图

本章小结

组合逻辑电路的输出只取决于输入,与状态无关。

组合电路分析就是对于给定的组合逻辑电路,确定电路的逻辑功能。组合电路设计就是对于文字性描述的逻辑问题,确定其因果关系,画出能够实现其功能要求的组合逻辑电路图。

组合逻辑器件有编码器、译码器、数据选择器、加法器、数值比较器和奇偶校验器六种类型。

编码器用于将高、低电平信号编为二进制码,常用的有 8～3 线优先编码器 74HC148。

译码器的功能与编码器相反,用于将代码重新翻译为高、低电平信号。译码器有通用二进制译码器和显示译码器两种类型。74HC138 为 3～8 线译码器,用于将 3 位二进制码译为 8 个高、低电平信号。CD4511 为 BCD 显示译码器,用于将 8421 码译为七个高、低电平信号,以驱动数码管显示相应的十进制数。

数据选择器用于从多路数据选择其中一路输出,一般命名为 2^n 选一数据选择器。常用的有双 4 选一数据选择器 74HC153 和 8 选一数据选择器 74HC151。数据分配器的功能与数据选择器相反,根据地址码的不同,将数据分配到不同的单元。带有控制端的译码器本身就是数据分配器。

译码器和数据选择器除了用于译码和数据选择之外,还可以用来实现逻辑函数。n～2^n 线译码器能够实现任意 n 变量(及以下)逻辑函数,而 2^n 选一数据选择器可以实现 $n+1$ 变量(及以下)逻辑函数。一个译码器能够实现多个逻辑函数,而一个数据选择器只能实现一个逻辑函数。

加法器用于实现加法运算,有串行进位和超前进位两种类型。74HC283 是采用超前进位逻辑的集成 4 位加法器,除了能够实现 4 位无符号二进制数加法之外,还能够实现一些特殊的代码转换,如 8421 码和余 3 码的相互转换。

数值比较器用于比较数值的大小。74HC85 是常用的 4 位数值比较器。

奇偶校验器既可以用于数据通信系统中的误码检测,也可以用于计算机系统中存储数据的校验,有奇校验和偶校验两种类型。74LS280 为 9 位奇偶校验产生/校验器,满足单字节的校验要求。

组合逻辑电路的竞争-冒险是指由于多个输入信号达到门电路的时间不同,有可能会在输出端产生不符合逻辑关系的尖峰脉冲的现象。竞争-冒险现象对电路是有危害的,消除竞争-冒险常用的方法有修改逻辑设计、引入选通脉冲和接入滤波电路三种方法。但这些方法在应用上均有一定的局限性。

习题

4.1 设计一个组合逻辑电路,对于输入的 4 位二进制数 $DCBA$,仅当 $4 < DCBA \leqslant 9$ 时,输出 Y 为 1,其余时输出为 0。画出设计图。

4.2 设计一个组合逻辑电路,对于输入的 8421 码 $DCBA$,仅当 $4 < DCBA \leqslant 9$ 时,输出 Y 为 1,其余时输出为 0。画出设计图。

4.3 用门电路设计 4 位校验器,仅当 4 位数据 $ABCD$ 中有奇数个 1 时输出为 1,否则输出为 0。画出设计图,要求电路尽量简单。

4.4 设计一个四输入、四输出的逻辑电路。当控制信号 $X=0$ 时输出与输入相同,当 $X=1$ 时输出与输入相反。画出设计图,要求设计电路尽量简单。

4.5 某电话机房需要对 4 种电话进行编码控制,优先级最高的是火警电话,其次是急救电话,然后是工作电话,最后是生活电话。设计该控制电路,要求电路尽量简单。

4.6　用译码器设计一个监视电路,用两个发光二极管指示3台设备工作情况。当一台设备有故障时黄灯亮;当两台设备同时有故障时红灯亮;当3台设备同时有故障时黄、红两灯都亮。设计该逻辑电路,可以附加必要的门电路。

4.7　设计表题4-7所示的译码器,输入为 $Q_3Q_2Q_1$,输出为 $W_0 \sim W_4$。画出设计图,要求电路尽量简单。

表题 4-7　真值表

输 入			输 出				
Q_3	Q_2	Q_1	W_0	W_1	W_2	W_3	W_4
0	0	0	1	0	0	0	0
0	0	1	0	1	0	0	0
0	1	0	0	0	1	0	0
0	1	1	0	0	0	1	0
1	0	0	0	0	0	0	1

4.8　设计一个译码器,能译出 $ABCD = 0011$、0111、1111 状态的3个信号,其余13个状态均为无效状态。

4.9　图题4-9是用三态门接成的总线电路。设计一个最简单的译码器,要求译码器的输出 Y_1、Y_2、Y_3 依次输出高电平控制三态门将3组数据 D_1、D_2、D_3 反相后送到总线上。

4.10　为了使74HC138译码器的 Y_5 端输出低电平,请标出各输入端和控制端的高低电平。

4.11　由译码器和门电路组成的组合电路如图题4-11所示,写出 Y_1、Y_2 的最简表达式。

图题　4-9

图题　4-11

4.12　用译码器和门电路实现逻辑函数 $Y = A'B'C' + A'BC' + ABC' + ABC$。

4.13　用译码器和门电路实现下面多输出逻辑函数:

(1) $Y_1 = AB$

(2) $Y_2 = ABC + A'B'$

(3) $Y_3 = B + C$

4.14　用译码器和门电路实现下面多输出逻辑函数:

(1) $Y_1 = \sum m(1,2,4,7)$

(2) $Y_2 = \sum m(3,5,6,7)$

4.15 用 5 片译码器 74HC138 扩展为一个 5 线-32 线的译码系统。

4.16 用 4 选 1 数据选择器实现下列逻辑函数:

(1) $Y_1 = F(A,B) = \sum m(0,1,3)$

(2) $Y_2 = F(A,B,C) = \sum m(0,1,5,7)$

(3) $Y_3 = AB + BC$

(4) $Y_4 = ABC + A(B+C)$

4.17 用 8 选 1 数据选择器 74HC151 实现下列逻辑函数:

(1) $Y_1 = F(A,B,C) = \sum m(0,1,4,5,7)$

(2) $Y_2 = F(A,B,C,D) = \sum m(0,3,5,8,13,15)$

4.18 用 8 选 1 数据选择器 74HC151 设计 4 位奇偶校验器。要求当输入的 4 位二进制码中有奇数个 1 时,输出为 1,否则为 0。画出设计图,可以附加必要的门电路。

4.19 设计一个 4 位二进制数加/减运算电路,当控制信号 $M=0$ 时实现加法运算,$M=1$ 时实现减法运算。

4.20 已知 X 为 3 位二进制数 $(x_3 x_2 x_1)$。用一片 74HC283 设计 $Y = 3X + 1$ 的运算电路。画出设计图。

4.21 设计一个 8 位全等比较器。仅当两个 8 位二进制数 C、D 相等时输出 $Y=1$,否则 $Y=0$。

4.22 画出用 3 片 4 位数值比较器 74HC85 组成 10 位数值比较器的设计图。

4.23 分别用下列方法设计全加器:

(1) 用基本逻辑门;

(2) 用半加器和或门;

(3) 用译码器 74HC138,可以附加必要的门电路;

(4) 用双 4 选 1 数据选择器 74HC153,可以附加必要的门电路。

4.24 设计一个火灾报警系统。当烟雾传感器、温度传感器和红外传感器有 2 个或 2 个以上发出火灾探测信号时,系统才发出火灾报警信号。具体要求如下:

(1) 写出真值表;

(2) 用门电路实现,要求电路尽量简单;

(3) 基于 74HC138 译码器实现,可以附加必要的门电路;

(4) 基于 8 选 1 数据选择器 74HC151 实现。

4.25 设计一个用 4 个开关控制一个灯的逻辑电路。当控制开关 S 闭合时,改变 A、B、C 任何一个开关的状态都能控制灯由亮变灭或者由灭变亮;当控制开关 S 断开时,灯始终处于熄灭状态。

(1) 写出真值表;

(2) 用门电路实现,要求电路尽量简单;

(3) 基于 74HC138 译码器实现,可以附加必要的门电路;

(4) 基于 8 选 1 数据选择器 74HC151 实现,可以附加必要的门电路。

## 第 5 章

锁存器与触发器

锁存器和触发器是数字电路中最基本的存储器件,两者共同的特点是能够存储 1 位二值信息。

按照逻辑功能进行划分,锁存器/触发器可分为 SR 锁存器/触发器、D 锁存器/触发器和 JK 触发器。根据动作特点进行划分,锁存器/触发器又可分为门控锁存器、脉冲触发器和边沿触发器 3 种类型。

锁存器是构成触发器的基础,而触发器是构成时序逻辑电路的基础。本章主要讲述锁存器和触发器的电路结构、逻辑功能和动作特点。

5.1 基本锁存器及其描述方法

5.1
微课视频

逻辑代数中变量和函数只有 0 和 1 两种取值,相应地,存储电路应该具有两个稳定的物理状态,一个状态表示 0,另一个状态表示 1。

最基本的存储电路为双稳(bi-stable)电路,如图 5-1(a)所示,由两个非门交叉耦合构成。所谓交互耦合,是指第一个门电路的输出作为第二个门电路的输入(正向连接),第二个门电路的输出又作为第一个门电路的输入(反馈连接)。

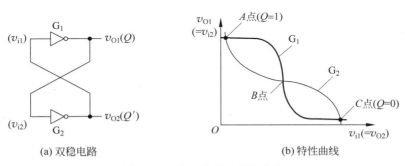

(a) 双稳电路　　　　　　　　　(b) 特性曲线

图 5-1　双稳电路及其特性曲线

双稳电路的特性曲线如图 5-1(b)所示,由图中可以看出,双稳电路有两个稳态点 $A(v_{O1}=1,v_{O2}=0)$ 和 $C(v_{O1}=0,v_{O2}=1)$ 和一个介稳态点 B。对于 CMOS 反相器构成的双稳电路,处于 B 点时 $v_{O1}=v_{O2}\approx(1/2)V_{DD}$。由于非门的输出与输入为反相关系,并且交互耦合为正反馈连接,因此当双稳电路处于 B 点时不能保持,由于内部噪声和外部干扰的影响,必然

会转换到 A 点或 C 点。所以,介稳态点不是稳定的状态。

若将反相器 G_1 的输出 v_{O1} 命名为 Q,则 G_2 的输出 v_{O2} 为 Q',并且定义 $Q=0,Q'=1$ 时表示存储的数据为 0,定义 $Q=1,Q'=0$ 时表示存储的数据为 1。因此,特性曲线中 A 点表示存储的数据为 1,也称为 1 状态;C 点表示存储的数据为 0,也称为 0 状态。

双稳电路的状态由链路构成的瞬间门电路的状态决定,并且能够永久地保持下去。因为没有输入端,所以无法控制双稳电路的状态。

若将双稳电路中的反相器扩展为二输入与非门或者二输入或非门,就可以构成两种基本锁存器(latch),如图 5-2 所示。二输入与非门(或者或非门)的一个输入端用于交叉耦合连接,另一个则作为输入端。通过两个输入信号的共同作用就可以设置或者保持锁存器的状态。

(a) 由与非门交互耦合构成　　　(b) 由或非门交互耦合构成

图 5-2　两种基本 SR 锁存器

为了便于分析与设计,将两个与非门交叉耦合构成的锁存器与输出 Q 相对应的输入端命名为 S'_D,与 Q' 对应的输入端命名为 R'_D,如图 5-2(a)所示,其中非号表示输入端低电平有效。将两个或非门交叉耦合构成的锁存器与输出 Q 相对应的输入端命名为 R_D,与 Q' 对应的输入端命名为 S_D,如图 5-2(b)所示,两个输入端高电平有效。下标 D 表示锁存器的输入信号不受其他信号的控制,是直接(directly)作用的。

为了方便用数学方法来描述锁存器在输入信号作用下状态的变化关系,将输入信号作用前锁存器所处的状态称为现态(current state),用 Q 表示,将输入信号作用后锁存器所处的状态称为次态(next state),用 Q^* 表示。

下面对由与非门构成的锁存器的功能进行分析。

(1) 当 $S'_D=1$、$R'_D=1$ 时,锁存器相当于双稳电路,由反馈回路维持原来的状态不变。

(2) 当 $S'_D=0$、$R'_D=1$ 时,$Q^*=1$,即在输入 $S'_D R'_D=01$ 的作用下,锁存器的次态为 1。

(3) 当 $S'_D=1$、$R'_D=0$ 时,$Q^*=0$,即在输入 $S'_D R'_D=10$ 的作用下,锁存器的次态为 0。

由于 S'_D 有效时将锁存器置 1(set),R'_D 有效时将锁存器置 0(reset),所以称 S'_D 为置 1 输入端,R'_D 为置 0 输入端。相应地,将这种锁存器称为 SR 锁存器(set-reset latch)。

(4) 当 $S'_D=0$、$R'_D=0$ 时,通过分析可知这时 Q^* 和 $Q^{*'}$ 同时为 1。这个状态既不是前面定义的 0 状态也不是定义的 1 状态,而是一种错误的状态。因此,对于由与非门构成的基本 SR 锁存器,在正常应用的情况下,不允许 S'_D 和 R'_D 同时有效。

同理,对由或非门构成的锁存器的功能进行分析。

(1) 当 $S_D=0$、$R_D=0$ 时,锁存器相当于双稳电路,$Q^*=Q$(保持功能)。

(2) 当 $S_D=1$、$R_D=0$ 时,$Q^*=1$,即将锁存器的次态设置为 1(置 1 功能)。

(3) 当 $S_D=0$、$R_D=1$ 时,$Q^*=0$,即将锁存器的次态设置为 0(置 0 功能)。

（4）当 $S_D=1$，$R_D=1$ 时，Q^* 和 $Q^{*\prime}$ 同时为 0，这个状态同样是错误的，所以对于或非门构成的基本 SR 锁存器，在正常应用的情况下，不允许 S_D 和 R_D 同时有效。

两种基本 SR 锁存器的图形符号如图 5-3 所示，图中端口框外的"。"表示该端口为低电平有效。

从两种基本 SR 锁存器的分析过程可以看出，锁存器的次态既和输入信号有关，也和现态有关，所以锁存器的次态是输入信号和现态的逻辑函数，即

(a) 由与非门构成　　(b) 由或非门构成

图 5-3　基本 SR 锁存器图形符号

$$Q^* = F(S_D', R_D', Q) \quad （对于与非门构成的锁存器）$$

或

$$Q^* = F(S_D, R_D, Q) \quad （对于或非门构成的锁存器）$$

既然锁存器的次态是逻辑函数，就可以用逻辑函数的表示方法——真值表（特性表）、函数表达式（特性方程）、卡诺图和波形图表示。又因为锁存器具有 0 和 1 两种状态，输入信号的变化可能会引起状态的变化，所以其功能还可以用状态转换图或激励表表示。

1）特性表

特性表即真值表，是以表格的形式描述存储单元的次态与输入信号和现态之间的关系。基本锁存器的特性表如表 5-1 所示。由于在正常应用的情况下，不允许两个输入信号同时有效，所以同时有效的输入取值组合作为无关项进行处理。

表 5-1　基本 SR 锁存器特性表

(a) 与非门构成的锁存器特性表				(b) 或非门构成的锁存器特性表			
S_D'	R_D'	Q	Q^*	S_D	R_D	Q	Q^*
1	1	0	0	0	0	0	0
1	1	1	1	0	0	1	1
0	1	0	1	1	0	0	1
0	1	1	1	1	0	1	1
1	0	0	0	0	1	0	0
1	0	1	0	0	1	1	0
0	0	0	$\times$	1	1	0	$\times$
0	0	1	$\times$	1	1	1	$\times$

2）特性方程

由特性表画出锁存器的卡诺图，再进行化简即可得到锁存器的函数表达式，习惯称为特性方程。

由与非门构成的锁存器其卡诺图如图 5-4(a)所示，化简可得

$$Q^* = (S_D')' + R_D' \cdot Q = S_D + R_D' \cdot Q$$

其中两个输入信号 S_D' 和 R_D' 应满足 $S_D' + R_D' = 1$ 的约束条件。

同理，由或非门构成的锁存器其卡诺图如图 5-4(b)所示，化简可得

$$Q^* = S_D + R_D' \cdot Q$$

其中两个输入信号 S_D 和 R_D 应满足 $S_D R_D = 0$ 的约束条件。

(a) 表5-1(a)卡诺图   (b) 表5-1(b)卡诺图

图 5-4   基本 SR 锁存器的卡诺图

从上面两个函数式可以看出,虽然由与非门构成的锁存器和由或非门构成的锁存器电路形式不同,但两者具有相同的特性方程,而且约束条件也是等价的。因此,今后不用再区分锁存器具体的电路形式,可以直接根据特性方程进行分析和设计。

3) 状态转换图与激励表

将存储单元两个状态之间的转换关系及其所需要的输入条件用图形的方式表示称为状态转换图(简称为状态图),用表格的形式表示则称为激励表。

锁存器有 0 和 1 两个状态,根据输入信号的不同组合既能设置也可以保持。图 5-5 为基本 SR 锁存器的状态图,表 5-2 为其激励表。

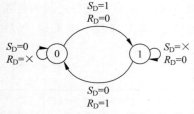

图 5-5   基本 SR 锁存器状态转换图

表 5-2   基本 SR 锁存器激励表

Q	Q^*	S_D	R_D
0	0	0	×
0	1	1	0
1	0	1	1
1	1	×	0

思考与练习

5-1   基本 SR 锁存器有哪几种功能?分别说明其输入条件。

5-2   若应用基本 SR 锁存器时不遵守 $S_D R_D = 0$ 的约束条件,会出现什么问题?

74LS279 是 4SR 锁存器,其内部逻辑及引脚如图 5-6 所示。其中两个锁存器提供了两个置 1 端 S_1' 和 S_2'。由于 S_1' 和 S_2' 同为与非门的输入端,故置 1 信号 $S' = S_1' S_2'$。

利用基本 SR 锁存器的保持功能可以实现开关消抖。基本开关电路如图 5-7(a)所示,开关切换时在触点接触瞬间由于簧片震颤会产生若干个不规则的脉冲。假若这些脉冲作用于时序电路可能会引发逻辑错误。

应用锁存器可以消除多余的脉冲,应用电路如图 5-7(b)所示。工作原理如下:

(1) 当开关由位置 1 切换到 2 时,由于上拉电阻的作用使 $R' = 1$,簧片震颤使 S' 随机变化。当 $S' = 0$ 时将锁存器置 1,当 $S' = 1$ 时锁存器保持,因此状态 Q 能够保持 1 不变。

(2) 当开关由位置 2 切换回 1 时,由于上拉电阻的作用使 $S' = 1$,簧片震颤使 R' 随机变化。当 $R' = 0$ 将锁存器置 0,当 $R' = 1$ 时锁存器保持,因此状态 Q 能够保持 0 不变。

综上分析,应用锁存器能够消除开关触点接触瞬间由于簧片震颤产生的多余脉冲,从而提高开关工作的可靠性。

图 5-6　74LS279

(a) 基本开关电路及输出波形　　　　(b) 锁存器开关消抖电路及输出波形

图 5-7　开关电路及消抖原理

5.2　门控锁存器

5.2
微课视频

　　基本锁存器的输入信号不受其他信号的控制,因此输入信号的任何变化都可能引起锁存器状态的变化。当数字系统中有多个存储单元时,我们希望能够协调这些存储单元的动作,使它们同步工作,就像阅兵一样(见图 5-8),这就需要给存储单元引入控制信号。

图 5-8　阅兵

协调存储单元工作的控制信号称为时钟(clock)或时钟脉冲(clock pulse),用 CLK 或 CP 表示。为讨论方便,将时钟分为低电平、上升沿、高电平和下降沿 4 个阶段,如图 5-9 所示。

引入了时钟的锁存器称为门控锁存器(gated latch)。图 5-10 是门控 SR 锁存器,在基本 SR 锁存器的基础上引入了 G_3 和 G_4 组成的门控电路。由于输入 S 和 R 受时钟 CLK 的控制,不再直接起作用,所以没有下标 D。

图 5-9 时钟脉冲

图 5-10 门控 SR 锁存器

下面对门控 SR 锁存器的工作原理进行分析。

(1) CLK 为低电平时。

由于 $S'_D=(S \cdot CLK)'=1,R'_D=(R \cdot CLK)'=1$,所以锁存器不受输入信号 S、R 的控制,处于保持状态(可理解为不工作)。

(2) CLK 为高电平时。

由于 $S'_D=(S \cdot CLK)'=S',R'_D=(R \cdot CLK)'=R'$,因此输入信号 S 和 R 的变化决定了 S'_D 和 R'_D 的变化,因此门控锁存器将根据输入信号 S 和 R 实现其相应的功能。

门控 SR 锁存器的特性方程可从基本锁存器的特性方程推出。因为 $S'_D=(S \cdot CLK)'$,$R'_D=(R \cdot CLK)'$,所以当时钟 CLK 为高电平时,$S'_D=S',R'_D=R'$,代入到基本锁存器的特性方程即可得到门控锁存器的特性方程为

$$Q^*=S+R' \cdot Q$$

上式在 $CLK=1$ 时成立。

门控锁存器的状态转换图和图形符号如图 5-11 所示,其中 C1 为时钟输入端。

(a) 状态转换图

(b) 图形符号

图 5-11 门控 SR 锁存器状态转换图及图形符号

门控 SR 锁存器和基本锁存器一样,具有置 0、置 1 和保持 3 种功能。由于门控 SR 锁存器在两个输入信号同时有效时仍然会导致锁存器状态错误。因此,门控 SR 锁存器同样需要遵守 $SR=0$ 的约束条件。

为了消除约束,第一种改进思路是让 R 和 S 相反,即取 $R=S'$,如图 5-12 所示,这样使门控 SR 锁存器的输入信号始终满足 $SR=0$ 的约束条件。这种改进方法虽然消除了约束,

却改变了锁存器的逻辑功能,因此这种锁存器不再是 SR 锁存器,而称为 D 锁存器。

由于 $S=D,R=D'$,代入 SR 锁存器的特性方程
即可得到门控 D 锁存器的特性方程

图 5-12　门控 D 锁存器

$$Q^* = S + RQ' = D + (D')' \cdot Q$$
$$= D + D \cdot Q = D$$

上式在 $CLK=1$ 时成立。

由 D 锁存器的特性方程可以推出:当 CLK 为高
电平时,若 $D=0$ 则 $Q^*=0$;若 $D=1$ 则 $Q^*=1$,因此门控 D 锁存器只具有置 0 和置 1 两种
功能,其状态转换图和图形符号如图 5-13 所示。

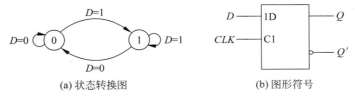

(a) 状态转换图　　　　　　　　　(b) 图形符号

图 5-13　D 锁存器状态转换图及图形符号

由于门控 D 锁存器在时钟有效电平期间输出始终跟随输入信号发生变化,因此称为
"透明的"D 锁存器。

【例 5-1】　对于图 5-12 所示的门控 D 锁存器,时钟 CLK 和输入信号 D 的电压波形如
图 5-14 所示。画出在 CLK 和 D 作用下锁存器输出 Q 和 Q' 的电压波形。假设锁存器的初
始状态为 0。

分析:门控 D 锁存器在 CLK 高电平期间工作,输出是透明的,而在时钟为低电平
期间不工作而处于保持状态,所以门控 D 锁存器的输出 Q 和 Q' 的电压波形如图 5-15
所示。

图 5-14　例 5-1 电压波形图

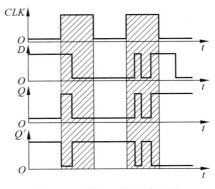

图 5-15　例 5-1 输出波形图

思考与练习

5-3　门控锁存器有哪几种类型?各具有什么功能?

5.3 微课视频

5.3 脉冲触发器

门控锁存器在时钟有效电平期间始终处于工作状态,所以输入信号的变化随时可能引起输出信号的变化,因此受干扰时产生误动作的概率大。另外,由于门控 D 锁存器的输出是透明的,无法构成移位寄存器和计数器这两类常用的时序逻辑器件,所以门控锁存器在应用上有一定的局限性。

为了提高抗干扰能力,希望存储电路只在时钟的边沿瞬间更新状态,由于工作时间很短,从而不会出现门控锁存器那样因干扰可能产生误动作的情况。

只在时钟边沿瞬间工作的存储电路称为触发器(flip-flop)。相应地,将在时钟有效电平期间工作的存储电路称为锁存器。

SR 触发器的实现方法之一是采用主从式结构,如图 5-16 所示。具体做法是将两级门控 SR 锁存器级联,第一级称为主(master)锁存器,时钟 $CLK_1 = CLK$;第二级称为从(slave)锁存器,时钟 $CLK_2 = CLK'$。

图 5-16 主从式 SR 触发器

下面对主从式 SR 触发器的工作原理进行分析。

(1)时钟脉冲在低电平期间。

由于 $CLK=0$,所以 $CLK_1=0$,$CLK_2=1$,因此主锁存器保持,从锁存器处于工作状态。当主锁存器的状态 $Q_m=1$ 时分析可知从锁存器的状态 $Q_S=1$,当 $Q_m=0$ 时 $Q_S=0$,即在 $CLK=0$ 期间,触发器的状态与主锁存器状态相同,即 $Q=Q_m$。

(2)时钟脉冲上升沿到来时。

当 CLK 上升沿到来时,主锁存器开始工作,接收输入 S 和 R 信号,根据逻辑功能更新 Q_m 的状态。从锁存器从工作转为保持,触发器的状态保持 CLK 为低电平期间的状态不变。

(3)时钟脉冲在高电平期间。

由于 $CLK=1$,所以 $CLK_1=1$,$CLK_2=0$,主锁存器处于工作状态,从锁存器依然保持,所以触发器的状态保持不变。

(4)时钟脉冲下降沿到来时。

当 CLK 下降沿到来时,主锁存器将由工作转为保持,保持时钟脉冲 CLK 下降沿到来瞬间 Q_m 的状态。从锁存器开始工作,将主锁存器的状态 Q_m 传递给 Q_S,因此触发器的状态是在时钟下降沿到来瞬间进行更新,状态 Q 是由时钟下降沿到来瞬间输入信号 S 和 R 决定的。

经过上述分析可知,当时钟脉冲 CLK 上升沿到来时,触发器已经开始工作,但必须等到脉冲下降沿到来时才能进行状态更新,所以触发器完成一次状态更新需要经过一个完整的时钟脉冲,所以主从式触发器为脉冲触发器。同时,将这种上升沿开始工作、下降沿才能输出的动作特点称为延迟输出,用"┐"表示。图 5-17 是脉冲 SR 触发器的图形符号。

由于脉冲 SR 触发器中的主锁存器在时钟脉冲为高电平期间始终处于工作状态,所以其抗干扰能力还没有得到有效的改善。

图 5-17　脉冲 SR 触发器的图形符号

另外,脉冲 SR 触发器对输入信号 S 和 R 仍有约束。为了消除约束,第二种改进思路是利用触发器的输出 Q 和 Q' 互为相反的特点来满足约束条件。具体做法是将脉冲 SR 触发器的输出 Q 反馈到 R 端与 K 信号相与,将 Q' 反馈到 S 端与 J 信号相与,如图 5-18 所示。这种改进方法同样改变了触发器的逻辑功能,所以这种触发器不再是 SR 触发器,而称为 JK 触发器。

(a) 原理图　　　　　　　　　(b) 图形符号

图 5-18　脉冲 JK 触发器的原理图及图形符号

对于图 5-18 所示的 JK 触发器,由于 $S = J \cdot Q'$、$R = K \cdot Q$,因此 $S \cdot R = J \cdot Q' \cdot K \cdot Q = 0$,所以 JK 触发器对输入信号 J、K 没有限制。

将 S 和 R 的表达式代入 SR 触发器的特性方程即可推出 JK 触发器的特性方程:

$$Q^* = S + R' \cdot Q$$
$$= J \cdot Q' + (K \cdot Q)' \cdot Q$$
$$= J \cdot Q' + (K' + Q') \cdot Q$$
$$= J \cdot Q' + K' \cdot Q$$

将 J、K 的 4 种取值组合代入到上述特性方程中即可得到表 5-3 所示 JK 触发器的特性表。

表 5-3　JK 触发器特性表

J	K	Q^*	功 能 说 明
0	0	Q	保持
0	1	0	置 0
1	0	1	置 1
1	1	Q'	翻转

从表 5-3 的 JK 触发器特性表可以看出,JK 触发器除了具有置 0、置 1 和保持 3 种功能外,还增加了一种翻转(toggle)功能,即当时钟脉冲下降沿到来时,触发器的次态与现态相反。因此,JK 触发器的状态转换图如图 5-19 所示。

由于脉冲 JK 触发器将 Q 反馈到 K 端、将 Q' 反馈到 J 端,所以当 $Q=0$ 时输入信号 K 不能正常发挥作用(相当于 $K=0$),在 J 信号的作用下只能将触发器置成 1 或保持,所以触发器一旦被置 1 后不可能再返回到 0 状态。同理,当 $Q=1$ 时 J 信号不能正常发挥作用(相当于 $J=0$),在 K 信号的作用下只能将触发器置成 0 或保持,所以触发器被置 0 后也不可能再返回到 1 状态。因此,脉

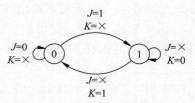

图 5-19 JK 触发器状态转换图

冲 JK 触发器存在一次翻转现象,即触发器在每个脉冲周期内只能翻转一次,当触发器受到干扰发生误翻后就不可能返回原来的状态。

【例 5-2】 对于图 5-18 所示的脉冲 JK 触发器,已知时钟脉冲 CLK、输入信号 J、K 的波形如图 5-20 所示。分析触发器的工作过程,画出输出 Q 和 Q' 的波形。假设触发器的初始状态为 0。

分析:

(1) 在第 1 个时钟高电平期间,$JK=10$,所以内部主锁存器被置 1,在 CLK 的下降沿到来时触发器的状态更新为 1。

(2) 在第 2 个时钟脉冲高电平期间,K 信号因干扰而变化。起初 $JK=00$,主锁存器保持 1 状态,后 K 信号因干扰而跳变为 1,瞬间使 $JK=01$,主锁存器因干扰被置为 0。由于 JK 触发器存在一次翻转现象,所以主锁存器不可能再翻回 1 状态,进而当时钟脉冲下降沿到来时,触发器状态更新为 0。

(3) 在第 3 个时钟高电平期间,J 信号有一次变化。起初 $JK=11$,主锁存器翻转为 1。由于存在一次翻转现象,主锁存器的状态在高电平期间不可能再次发生翻转,所以当时钟脉冲下降沿到来时,触发器状态更新为 1。

(4) 在第 4 个时钟高电平期间,因 $JK=00$,故触发器内部主锁存器的状态保持不变,所以时钟脉冲下降沿到来时,触发器状态保持为 1。

由上述分析可画出输出 Q 和 Q' 的波形,如图 5-21 所示。

图 5-20 例 5-2 电压波形图

图 5-21 例 5-2 输出波形图

思考与练习

5-4 脉冲 SR 触发器是否存在一次翻转现象？试分析说明。

5-5 为什么脉冲 JK 触发器存在一次翻转现象？试分析说明。

5.4 边沿触发器

5.4
微课视频

边沿触发器只在时钟脉冲的边沿工作，其余时间均处于保持状态。由于工作时间极短，所以受到干扰的概率很小，因此具有很强的抗干扰能力。

边沿 D 触发器由两级门控 D 锁存器构成，如图 5-22 所示。

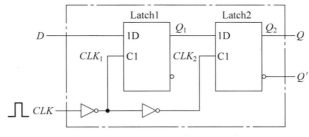

图 5-22 边沿 D 触发器

下面对边沿触发器的工作原理进行分析。

(1) 时钟脉冲在低电平期间。

由于 $CLK=0$，因此 $CLK_1=1$，$CLK_2=0$，所以锁存器 FF_1 工作，其输出 Q_1 随输入信号 D 变化（$Q_1=D$），锁存器 FF_2 保持原来的状态（上次时钟作用后的状态）不变。

(2) 时钟脉冲上升沿到来时。

由于 CLK_1 由高电平跳变为低电平，所以锁存器 FF_1 由工作转为保持，Q_1 锁定了上升沿到来瞬间输入 D 的值。与此同时，CLK_2 由低电平跳变为高电平，锁存器 FF_2 开始工作，其输出 Q 跟随 Q_1 变化，这时 $Q=Q_1=D$（D 为时钟 CLK 上升沿到来瞬间的值）。

(3) 时钟脉冲在高电平期间。

由于 $CLK=1$，因此 $CLK_1=0$，$CLK_2=1$，所以 FF_1 保持，FF_2 跟随，因此 $Q=Q_1=D$ 保持不变。

(4) 时钟脉冲下降沿到来时。

由于 CLK_1 由低电平跳变为高电平，锁存器 FF_1 开始工作，接收下一个周期输入 D 的数据。CLK_2 由高电平跳变为低电平，锁存器 FF_2 由工作转为保持，保持时钟脉冲上升沿到来时输入 D 的值不变。

由上述分析可知，图 5-22 所示 D 触发器的次态仅仅取决于时钟脉冲上升沿到达时刻输入信号 D 的值，其余时间均保持不变，即上升沿之前和之后输入信号 D 的变化对触发器的状态都没有影响。边沿触发器这一特点有效地提高了触发器的抗干扰能力，提高了触发器工作的可靠性。

图 5-22 所示的边沿 D 触发器的图形符号如图 5-23 所示，时钟 C1 前框内的"＞"表示边

沿触发方式,框外无"◦"时表示上升沿触发,有"◦"时表示下降沿触发。

在特性表的时钟脉冲栏,通常用"↑"表示上升沿触发,用"↓"表示下降沿触发。图 5-22 所示的边沿 D 触发器的特性表如表 5-4 所示。

图 5-23 边沿 D 触发器图形符号

表 5-4 边沿 D 触发器特性表

CLK	D	Q^*
↑	0	0
↑	1	1
其他	×	Q

【例 5-3】 对于图 5-22 所示的边沿触发器,若输入 D 和时钟 CLK 的波形如图 5-24 所示,画出输出 Q 的波形。假设触发器的初始状态为 0。

分析:由于边沿触发器只在时钟脉冲的边沿工作,所以对于图 5-22 所示的 D 触发器,其次态仅仅取决于时钟上升沿到来时刻输入 D 的值:$D=0$ 则 $Q^*=0$,$D=1$ 则 $Q^*=1$。因此,输出 Q 的波形如图 5-25 所示。

图 5-24 例 5-2 电压波形图

图 5-25 例 5-2 输出波形图

74HC74 是在时钟脉冲上升沿工作的双 D 触发器。除了时钟脉冲 CLK、输入 D 和输出 Q 和 Q′ 端口外,74HC74 还附加有异步清零端 R′ 和异步置 1 端 S′,其内部结构示意和引脚图如图图 5-26(a)所示,功能表如表 5-5(a)所示。

74HC112 是在时钟脉冲下降沿工作的双 JK 触发器。74HC112 同样附加有异步清零端 R′ 和异步置 1 端 S′,其内部结构示意和引脚图如图 5-26(b)所示,功能表如表 5-5(b)所示。

(a) 74HC74

(b) 74HC112

图 5-26 两种常用的边沿触发器

表 5-5　两种常用边沿触发器功能表

(a) 74HC74							(b) 74HC112							
输　入				输出		功能说明	输　入					输出		功能说明
S'	R'	CLK	D	Q	Q'		S'	R'	CLK	J	K	Q	Q'	
0	1	×	×	1	0	异步置1	0	1	×	×	×	1	0	异步置1
1	0	×	×	0	1	异步清0	1	0	×	×	×	0	1	异步清0
0	0	×	×	1^*	1^*	错误状态	0	0	×	×	×	0^*	0^*	错误状态
1	1	↑	0	0	1	置0	1	1	↓	0	0	Q_0	Q_0'	保持
1	1	↑	1	1	0	置1	1	1	↓	0	1	0	1	置0
1	1	0	×	Q_0	Q_0'	保持	1	1	↓	1	0	1	0	置1
							1	1	↓	1	1	Q_0'	Q_0	翻转
							1	1	0	×	×	Q_0	Q_0'	保持

注：* 表示不稳定状态,是错误的；Q_0 表示原来的状态。

思考与练习

5-6　边沿触发器与脉冲触发器相比,有什么优点?

5.5　逻辑功能和动作特点

5.5
微课视频

本章讲述了基本锁存器、门控锁存器、脉冲触发器和边沿触发器的电路结构和工作原理。

根据逻辑功能的不同特点进行划分,分为 SR 锁存器/触发器、D 锁存器/触发器,JK 触发器 3 种。SR 锁存器/触发器具有置0、置1 和保持3 种功能,D 锁存器/触发器具有置0 和置1 两种功能,JK 触发器具有置0、置1、保持和翻转4 种功能。

从动作特点进行划分,又可以分为门控锁存器、脉冲触发器和边沿触发器 3 种类型。门控锁存器在时钟脉冲的有效电平期间工作,脉冲触发器在时钟脉冲的上升沿开始工作,但到下降沿才能进行状态更新,而边沿触发器只在时钟脉冲的上升沿或下降沿工作。

逻辑功能和动作特点是从两个不同的角度考查锁存器/触发器的功能和特点。从理论上讲,SR、D、JK 触发器都可以采用边沿触发电路形式实现,而同种功能的触发器也可以用脉冲、边沿等不同的电路形式实现,从而具有不同的动作特点。

如果将 JK 触发器的两个输入端 J、K 相连,则当 $J=K=0$ 时保持,$J=K=1$ 翻转。这种只具有保持和翻转功能的触发器称为 T 触发器。将 $J=K=T$ 代入 JK 触发器的特性方程即可得到 T 触发器的特性方程

$$Q^* = J \cdot Q' + K' \cdot Q$$
$$= T \cdot Q' + T' \cdot Q$$
$$= T \oplus Q$$

T 触发器的状态转换图如图 5-27(a)所示,下降沿工作的边沿 T 触发器的图形符号如图 5-27(b)所示。

图 5-27　T 触发器的状态转换图及图形符号

若将 JK 触发器的输入信号 J、K 都接高电平,则构成只具有翻转功能的 T' 触发器,其特性方程为

$$Q^* = J \cdot Q' + K' \cdot Q = 1 \cdot Q' + 1' \cdot Q = Q'$$

T 触发器和 T' 触发器为 JK 触发器两种不同的应用方式。另外,将 D 触发器的 Q' 反馈到 D 端,也可以构成 T' 触发器。

D 触发器和 JK 触发器是两种常用的触发器。D 触发器虽然只具有置 0 和置 1 两种功能,但使用很方便。JK 触发器功能强大,合理应用可以简化电路设计,同时还可以作为 SR 触发器、T 触发器和 T' 触发器使用。

思考与练习

5-7　SR、D、JK、T 和 T' 触发器各有什么功能?写出其各自的特性方程。

5-8　门控锁存器、脉冲触发器和边沿触发器各有什么动作特点?

5.6
微课视频

5.6　锁存器与触发器的动态特性

为了保证锁存器/触发器能够可靠地进行状态更新,锁存器/触发器的输入信号、时钟/时钟脉冲之间在时序上还应该满足一定的关系。

下面以常用的门控锁存器和边沿触发器为例,分析锁存器和触发器的动态特性。

5.6.1　门控锁存器的动态特性

由与非门构成的门控锁存器如图 5-28(a)所示,其中基本 SR 锁存器由与非门 G_1 和 G_2 交叉耦合构成。假设所有与非门的传输延迟时间均为 t_{pd}。

1. 输入信号的宽度

对于基本 SR 锁存器,当 $S_D' = 0$、$R_D' = 1$ 时,在 S_D' 的作用下,经过与非门 G_1 使 $Q = 1$。再在 Q 和 R_D' 的共同作用下,经过与非门 G_2 使 $Q' = 0$;当 $S_D' = 1$、$R_D' = 0$ 时,在 R_D' 的作用下,经过与非门 G_2 使 $Q' = 1$。再在 Q' 和 R_D' 的共同作用下,经过与非门 G_1 使 $Q = 0$。因此,为了确保基本 SR 锁存器可靠工作,输入信号 S_D' 和 R_D' 的保持时间应该满足

$$t_{W(S_D')} \geqslant 2t_{pd}, \quad t_{W(R_D')} \geqslant 2t_{pd}$$

其中,t_W 表示输入信号的保持时间,也称为宽度。

对于图 5-28(a)所示的门控锁存器,为了满足基本 SR 锁存器输入信号宽度的要求,要求输入信号 S 和 R 与时钟 CLK 同时为高电平的保持时间应满足

$$t_{W(S \cdot CLK)} \geqslant 2t_{pd}, \quad t_{W(R \cdot CLK)} \geqslant 2t_{pd}$$

门控锁存器具体的工作波形如图 5-28(b)所示。

(a) 电路图　　　　　　　　　(b) 工作波形图

图 5-28　门控锁存器动态特性分析

2. 门控锁存器的传输延迟时间

由于基本 SR 锁存从输入信号 S'_D 和 R'_D 改变到输出状态 Q 和 Q' 更新完成的延迟时间为 $2t_{pd}$，再考虑门控与非门的传输延迟时间，所以门控锁存器从时钟和输入信号同时为高电平开始算起，到输出状态 Q 和 Q' 更新完成的传输延迟时间为 $3t_{pd}$。

5.6.2　边沿触发器的动态特性

为了保证触发器在时钟脉冲的边沿能够可靠地采集输入数据，触发器的输入信号与时钟脉冲之间应满足一定的时序要求。

下面以边沿 D 触发器为例，介绍触发器的动态参数。

触发器的动态参数主要包括建立时间、保持时间、传输延迟时间三个重要的时序参数。上升沿工作的边沿 D 触发器的三种时序参数的定义如图 5-29 所示。

1. 建立时间

建立时间(setup time)是指时钟脉冲的有效沿到来之前，触发器的输入信号必须到达并且稳定的最短时间，用 t_{SU} 表示。也就是说，为了确保触发器在时钟脉冲的有效沿能够稳定地采集输入数据，输入信号至少应先于时钟脉冲的有效沿到达触发器的输入端，这个提前的时间 t_{SU} 就是建立时间。如果建立时间不够，输入数据将不能可靠地存入触发器。

图 5-29 D 触发器三种时序参数的定义

对于上升沿工作的 D 触发器来说,t_{SU} 具体是指时钟 CLK 的上升沿到来之前输入信号 D 必须稳定的最短时间,如图 5-29 所示。

2. 保持时间

保持时间(hold time)是指时钟脉冲的有效沿作用后,触发器的输入信号必须维持的最短时间,用 t_{HOLD} 表示。如果保持时间不够,输入数据同样不能可靠地存入触发器。

对于 D 触发器,t_{HOLD} 具体是指时钟 CLK 上升沿作用后输入信号 D 必须维持的最短时间,如图 5-29 所示。

3. 时钟到输出时间

时钟到输出时间(Clock-to-Output time)是从时钟的有效沿开始算起,到触发器进行状态更新的延迟时间,用 t_{CO} 表示。

对于 D 触发器,t_{CO} 具体是指时钟 CLK 上升沿作用后输入数据 D 传输到输出端 Q 的延迟时间,如图 5-29 所示。

明确建立时间 t_{SU}、保持时间 t_{HOLD} 和时钟到输出时间 t_{CO} 的含义后,就可以通过触发器的时序参数来推算时序电路稳定工作时应满足的条件。这部分内容将在第 6 章中的"竞争-冒险"一节作进一步的分析。

5.7 设计项目

抢答器通常用于专项知识竞赛,以测试选手对知识掌握的熟练程度和反应速度。

抢答的基本原理:主持人掌握着一个复位开关,用来将抢答器复位和启动抢答计时。抢答开始后,若有选手按下抢答按钮,立即锁存并驱动指示电路显示选手的状态或编号,同时封锁时钟禁止电路工作,并将第一个抢中选手的状态或编号一直保持到主持人将抢答器复位为止。

抢答器的主要功能有两个:一是分辨出选手抢答的先后顺序,锁定首先抢中选手的状态;二是封锁时钟,使抢答器对其他选手的抢答不响应。这两个功能均可以通过锁存器或触发器来实现。

四人抢答器的原理电路如图 5-30 所示,其中 74HC175 内部有 4 个 D 触发器,MR′ 为复位端,低电平有效。主持人掌握 S_0 按钮,4 位选手分别掌握着 S_1、S_2、S_3 和 S_4 按钮,D_1、D_2、D_3 和 D_4 分别为其状态指示灯。

当主持人按下 S_0 后将 4 个 D 触发器清 0,这时 $Q_0' \sim Q_3'$ 为高电平,因此 4 个发光二极管 $D_1 \sim D_4$ 均不亮,同时与门 U2:B 输出为高电平,因此时钟脉冲 $DCLK$ 可以通过与门 U2:A

为 74HC175 提供时钟。

当有选手按下抢答按钮,例如 1 号选手按下 S_1 时,在时钟脉冲作用下将 Q_0 置 1,这时 Q_0' 为低电平驱动发光二极管 D_1 亮,同时与门 U2:B 输出为低电平使与门 U2:A 输出为低电平,从而将 74HC175 的时钟脉冲封锁。由于 74HC175 没有时钟脉冲而停止工作,所以对此后其他选手的按键没有响应。直到主持人将抢答电路复位,$Q_0' \sim Q_3'$ 恢复高电平,与门 U2:B 输出为高电平,74HC175 的时钟恢复,才能进行下一轮抢答。

取时钟脉冲 $DCLK$ 为 100kHz 时,可识别选手抢答的最小时差为 $10\mu s$。图 5-28 中限流电阻 $R_1 \sim R_4$ 的阻值按驱动 $\phi 5$ 发光二极管参数设计。

图 5-30　四人抢答器参考设计图

本章小结

锁存器和触发器是数字电路中两种基本的存储器件,一个锁存器/触发器能够存储一位二值信息。

锁存器有 SR 锁存器和 D 锁存器两种类型,其中 SR 锁存器具有置 0、置 1 和保持三种功能,而 D 锁存器只具有置 0 和置 1 两种功能。

触发器有 SR 触发器、D 触发器和 JK 触发器三种类型,其中 SR 触发器具有置 0、置 1 和保持三种功能,D 触发器只具有置 0 和置 1 两种功能,而 JK 触发器具有置 0、置 1、保持和翻转四种功能。

将 JK 触发器的 J 端和 K 端连接到一起,就构成了只有保持和翻转功能的 T 触发器。将 JK 触发器的 J 端和 K 端接高电平,就构成了只有翻转功能的 T′ 触发器。另外,将 D 触发器的输出 Q' 连接到 D 端,也可以构成 T′ 触发器。

按照动作特点,可以将存储电路分为门控锁存器、脉冲触发器和边沿触发器三种类型,其中门控锁存器在时钟的有效电平期间工作,脉冲触发器在时钟脉冲的上升沿已经开始工作,但延迟到时钟脉冲的下降沿才能输出,而边沿触发器只在时钟脉冲的边沿工作。

74HC74 是上升沿工作的双 D 触发器,而 74HC112 是下降沿工作的双 JK 触发器。

为了保证触发器能够可靠地工作,触发器的输入信号应满足建立时间和保持时间的要求,其中建立时间是指输入信号先于时钟脉冲到达并且稳定的最短时间,而保持时间是指在时钟脉冲作用后,输入信号还应该保持不变的最短时间。

锁存器/触发器是构成时序逻辑电路的基础。

习题

5.1 基本 SR 锁存器的输入信号 S 和 R 的波形如图题 5-1 所示,画出锁存器状态 Q 和 Q' 的波形。

5.2 门控 SR 锁存器的时钟脉冲 CLK 和输入信号 S 和 R 的波形如图题 5-2 所示,画出锁存器状态 Q 和 Q' 的波形(设 Q 的初始状态为 0)。

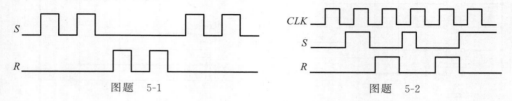

图题 5-1　　　　　　　　　　　图题 5-2

5.3 脉冲 SR 触发器的时钟 CLK 以及输入信号 A、B 的波形如图题 5-3 所示,分别画出触发器状态 Q_1 和 Q_2 的波形。设触发器的初始状态为 0。

图题 5-3

5.4 设脉冲 JK 触发器的初始状态为 0。时钟 CLK 以及输入 J、K 的波形如图题 5-4 所示,画出触发器状态 Q 的波形。

5.5 设边沿 D 触发器在时钟脉冲的上升沿工作,时钟 CLK 以及输入 D 的波形如图题 5-5 所示,画出触发器状态 Q 的波形。设触发器的初始状态为 0。

图题 5-4　　　　　　　　　　　图题 5-5

5.6　设边沿 D 触发器在时钟脉冲的下降沿工作,初始状态为 0,时钟 CLK 以及输入 D 的波形如图题 5-5 所示,画出触发器状态 Q 的波形。

5.7　触发器应用电路如图题 5-7 所示。设触发器的初态为 0。画出在时钟序列 CLK 的作用下各触发器状态 Q 的波形。

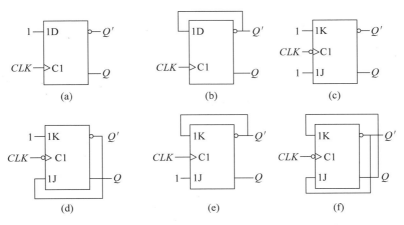

图题　5-7

5.8　分析图题 5-8 所示的时序电路。画出在时钟序列 CLK 和输入 A、B 的作用下 Q_1 和 Q_2 的波形。设触发器的初始状态为 0。

图题　5-8

5.9　两相时钟源电路如图题 5-9 所示。画出在时钟序列 CLK 的作用下触发器的状态 Q、Q' 以及输出 v_{O1}、v_{O2} 的波形。设触发器的初始状态为 0。

图题　5-9

5.10　分析图题 5-10 所示的时序电路。已知 CLK 和 D 的波形,画出 Q_0 和 Q_1 的波形。设触发器的初始状态均为 0。

5.11　两相脉冲产生电路如图题 5-11 所示。画出在脉冲序列 CLK 的作用下 φ_1、φ_2 的输出波形,并说明 φ_1、φ_2 的相位差。设触发器的初始状态为 0。

图题　5-10

图题　5-11

5.12　分析图题 5-12 所示的时序电路。已知 CLK 和 R'_D 的波形，画出触发器状态 Q_0、Q_1 的波形。设触发器的初始状态为 0。

图题　5-12

5.13　若定义一种新触发器的逻辑功能为 $Q^* = X \oplus Y \oplus Q$，分别用 JK 触发器、D 触发器和门电路实现这种触发器。

5.14　分析图题 5-14 所示的时序电路。已知 CLK 和 D 的波形，画出触发器状态 Q_0、Q_1 及输出 v_O 的波形。设触发器的初始状态均为 0。

图题　5-14

5.15　分析图题5-15(a)的所示电路,画出在图5.15(b)所示的时钟脉冲CLK和输入信号D作用下D触发器状态Q_1和D锁存器状态Q_2的波形。设Q_1和Q_2的初始状态均为0。

(a) 电路图

(b) 波形图

图题　5-15

## 第 6 章

时序逻辑器件

数字电路分为组合逻辑电路和时序逻辑电路两大类。组合逻辑电路是构成数字系统的基础,时序逻辑电路是构成数字系统的核心。离开了时序逻辑电路,难以有效地构成数字系统。

本章讲述时序逻辑电路的基本概念以及分析与设计方法,然后深入讲述两类时序逻辑电路——寄存器/移位寄存器和计数器的分析与设计,最后介绍两种典型的时序单元电路——顺序脉冲发生器和序列信号产生器。

6.1
微课视频

6.1 时序逻辑电路概述

如果数字电路任一时刻的输出不但与该时刻的输入信号有关,而且还与电路的状态有关,那么这种电路称为时序逻辑电路(sequential logic circuits),简称时序电路。

时序电路的应用非常广泛。银行工作人员用点钞机清点钞票的张数,十字路口交通信号装置以倒计时方式显示状态的剩余时间等。在点钞机和交通信号灯装置中,都有一类时序逻辑器件——计数器,以加/减方式统计钞票的张数和状态的剩余时间。

图 6-1 时序逻辑电路结构框图

时序逻辑电路既然与电路的状态有关,那么在时序电路中存在能够记忆电路状态信息的存储器件,而最基本的存储器件就是锁存器/触发器。

从电路组成上来看,时序逻辑电路由组合逻辑电路和存储电路两部分构成,如图 6-1 所示。而且,存储电路的输出必须反馈到组合逻辑电路的输入端,与组合逻辑电路输入一起决定时序逻辑电路的输出。

为了便于用数学方法描述时序电路的逻辑功能,在此定义 4 种信号:

$$\begin{cases} x_1, x_2, \cdots, x_i \text{ 表示时序电路外部输入信号} \\ y_1, y_2, \cdots, y_j \text{ 表示外部输出信号} \\ q_1, q_2, \cdots, q_l \text{ 表示时序电路内部输入信号} \\ z_1, z_2, \cdots, z_k \text{ 表示内部输出信号} \end{cases}$$

其中 i、j、k、l 均为非负整数。

这 4 种信号之间的关系通常用三组方程来描述。

1. 输出方程组

输出方程组用于描述时序电路外部输出信号与外部输入信号和状态之间的关系。从组合逻辑电路的角度看,外部输出信号 $y_1,\cdots,y_j$ 不但与输入 $x_1,\cdots,x_i$ 有关,而且与现态 $q_1,\cdots,q_l$ 有关系,因此外部输出信号是外部输入信号和现态的函数,即

$$\begin{cases} y_1 = f_1(x_1,x_2,\cdots,x_i,q_1,q_2,\cdots,q_l) \\ y_2 = f_2(x_1,x_2,\cdots x_i,q_1,q_2,\cdots,q_l) \\ \quad\vdots \\ y_j = f_j(x_1,x_2,\cdots,x_i,q_1,q_2,\cdots,q_l) \end{cases}$$

上式称为时序电路的输出方程组。

2. 驱动方程组

驱动方程组用于描述时序电路内部输出信号(存储电路的驱动信号)与输入之间的关系。从组合逻辑电路的角度看,内部输出信号 $z_1,\cdots,z_k$ 同样是外部输入信号 $x_1,\cdots,x_i$ 和内部输入信号 $q_1,\cdots,q_l$ 的函数,即

$$\begin{cases} z_1 = g_1(x_1,x_2,\cdots,x_i,q_1,q_2,\cdots,q_l) \\ z_2 = g_2(x_1,x_2,\cdots,x_i,q_1,q_2,\cdots,q_l) \\ \quad\vdots \\ z_k = g_k(x_1,x_2,\cdots,x_i,q_1,q_2,\cdots,q_l) \end{cases}$$

上式称为时序电路的驱动方程组。

3. 状态方程组

状态方程组用于描述时序电路中存储电路的次态与输入及现态之间的关系。存储电路的输出为时序逻辑电路内部输入信号 $q_1,\cdots,q_l$,存储电路的输入为时序逻辑电路内部的输出信号 $z_1,\cdots,z_k$。根据锁存器/触发器的原理可知,存储电路的次态 $q_1^*,\cdots,q_l^*$ 是其输入信号 $z_1,\cdots,z_k$ 和现态的函数,即

$$\begin{cases} q_1^* = h_1(z_1,z_2,\cdots,z_k,q_1,q_2,\cdots,q_l) \\ q_2^* = h_2(z_1,z_2,\cdots,z_k,q_1,q_2,\cdots,q_l) \\ \quad\vdots \\ q_l^* = h_l(z_1,z_2,\cdots,z_k,q_1,q_2,\cdots,q_l) \end{cases}$$

上式称为时序电路的状态方程组。

为了方便起见,上述三组方程也可以表示成向量形式:

$$\boldsymbol{Y} = F[\boldsymbol{X},\boldsymbol{Q}]$$
$$\boldsymbol{Z} = G[\boldsymbol{X},\boldsymbol{Q}]$$
$$\boldsymbol{Q}^* = H[\boldsymbol{Z},\boldsymbol{Q}]$$

其中 $\boldsymbol{X} = (x_1,x_2,\cdots,x_i)$,$\boldsymbol{Y} = (y_1,y_2,\cdots,y_j)$,$\boldsymbol{Z} = (z_1,z_2,\cdots,z_k)$,$\boldsymbol{Q} = (q_1,q_2,\cdots,q_l)$。

根据时序电路内部存储单元状态更新的特点,将时序逻辑电路分为两大类:同步(synchronous)时序逻辑电路和异步(asynchronous)时序逻辑电路。在同步时序逻辑电路中,所有存储单元受同一时钟脉冲控制,状态更新是同时进行的。异步时序逻辑电路中的存储单元不完全受同一时钟脉冲控制,因而状态更新不是同时进行的。

另外,根据时序电路输出信号的特点,将时序电路分为 Mealy 和 Moore 两种类型。Mealy 型电路的输出 $\boldsymbol{Y} = F[\boldsymbol{X},\boldsymbol{Q}]$,而 Moore 型的输出 $\boldsymbol{Y} = F[\boldsymbol{Q}]$。

Moore 型电路可分为两种情况：一是时序电路本身就没有外部输入信号，因此输出只与状态有关，这种情况可以看作是 Mealy 型电路的特例；二是时序电路有外部输入信号，但外部输入信号不直接决定其输出，也就是说，外部输入信号的变化先引起状态的变化，而状态的变化再决定输出信号。

6.2　时序电路的功能描述

6.2
微课视频

时序电路与组合电路不同，电路的状态与时间有关系，有现态和次态的概念，因此与组合电路的功能描述方法不同。

虽然输出方程组、驱动方程组和状态方程组系统地描述了时序电路的功能，但不直观形象，所以还需要借助一些图、表反映时序电路的功能。常用的有状态转换表、状态转换图和时序图。

6.2.1　状态转换表

状态转换表简称状态表，是以表格的形式反映时序电路的次态 Q^*、外部输出信号 Y 与外部输入信号 X 以及现态 Q 之间的关系。

状态转换表有一维状态表和二维状态表两类，其中一维状态表又有表 6-1 和表 6-2 所示的两种常用的形式。一维状态表分为 3 栏，状态转换表(1)左栏为现态，中间栏为次态，右侧栏为输出；状态转换表(2)左栏为时钟序号，中间栏为状态，右侧栏为输出。两种状态表等价，相比来说，表 6-2 所示的状态转换表更能清晰地反映在时钟脉冲作用下状态的变化关系。

表 6-1　状态转换表(1)

现态 $Q_2Q_1Q_0$			次态 $Q_2^*Q_1^*Q_0^*$						输出 Y	
			$X=0$ 时			$X=1$ 时			$X=0$ 时	$X=1$ 时
0	0	0	0	0	1	1	1	1	0	1
0	0	1	0	1	0	0	0	0	0	0
0	1	0	0	1	1	0	0	1	0	0
0	1	1	1	0	0	0	1	0	0	0
1	0	0	1	0	1	0	1	1	0	0
1	0	1	1	1	0	1	0	0	0	0
1	1	0	1	1	1	1	0	1	0	0
1	1	1	0	0	0	1	1	0	1	0

表 6-2　状态转换表(2)

时钟 CLK			状态 $Q_2Q_1Q_0$						输出 Y	
			$X=0$ 时			$X=1$ 时			$X=0$ 时	$X=1$ 时
0	0	0	0	0	0	0	0	0	0	1
1	0	0	1	1	1	1	0	0	0	0
2	0	1	0	1	1	0	0	0	0	0
3	0	1	1	1	0	1	0	0	0	0
4	1	0	0	1	0	0	0	0	0	0
5	1	0	1	0	1	1	0	0	0	0
6	1	1	0	0	1	0	0	0	0	0
7	1	1	1	0	0	1	1	0	1	0
8	0	0	0	0	0	0	0	0	0	1

6.2.2 状态转换图

状态转换图简称状态图,是以图形的方式反映时序电路的逻辑功能。

表 6-1 和表 6-2 所示的状态转换表对应的状态转换图如图 6-2 所示。每个状态用一个圆圈表示,圈内的数字表示状态编码,圈外的箭头线表示状态的转换方向,并在线旁标明状态转换的输入条件和输出结果。通常将输入条件写在斜线的上方,将输出结果写在斜线的下方。

图 6-2 状态转换图

6.2.3 时序图

时序图又称为波形图,是用随时间变化的波形来表示时钟脉冲、输入、输出以及电路状态的对应关系。

在数字系统仿真或数字电路实验中,经常利用波形图来验证或检查时序电路的逻辑功能。图 6-2 所示时序电路在 $X=0$ 时的波形如图 6-3 所示。

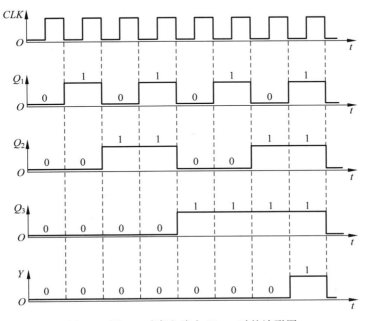

图 6-3 图 6-2 时序电路在 $X=0$ 时的波形图

6.3 时序电路的分析与设计

三组方程是时序逻辑电路分析与设计的理论基础。

同步时序逻辑电路内部存储单元状态的更新是同时进行的,因而工作速度快,但电路结构比异步时序电路要复杂一些。异步时序逻辑电路内部存储单元的状态不要求同时更新,可以根据需要来选择每个存储单元的时钟,因而电路结构比同步时序电路简单,但工作速度慢,而且容易产生竞争-冒险,所以异步时序逻辑电路的可靠性没有同步时序电路高。

由于同步时序电路具有更高的可靠性和更快的工作速度,因此在设计数字系统时,应尽量设计成同步时序电路。本节主要讲述同步电路的分析与设计,对于异步时序电路,只在用到时进行简单分析。

6.3.1
微课视频

6.3.1 时序电路分析

所谓时序电路分析,就是对于给定的时序逻辑电路,确定其逻辑功能和工作特点。具体的方法是,分析在一系列时钟脉冲的作用下电路状态的转换规律和输出信号的变化规律,根据状态转换表、状态转换图或者波形图,推断时序电路的逻辑功能。

同步时序逻辑电路分析的一般步骤:

(1)写出输出方程组和驱动方程组。

明确时序电路所含触发器的类型和触发方式,写出各触发器驱动方程的表达式,以及外部输出信号的表达式。

(2)求出状态方程组。

将驱动方程代入相应触发器的特性方程中,得到各触发器次态的逻辑表达式——状态方程。需要注意的是,状态方程组只有在时钟信号到来时才成立。

(3)列出状态表,画出状态图(或时序图)。

设定时序电路的初始状态,根据给定的输入条件和现态,分析在一系列时钟脉冲的作用下时序电路的次态和相应的输出,列出状态转换表或画出状态转换图。注意在分析过程中不能漏掉任何可能出现的现态和输入的取值组合,而且都应把相应的次态和输出计算出来。

(4)确定逻辑功能。

根据状态表、状态图(或波形图),推断时序电路的逻辑功能和工作特点。

【例 6-1】 写出图 6-4 所示时序电路的驱动方程、状态方程和输出方程,并说明电路的逻辑功能。

图 6-4 例 6-1 电路图

分析：

该电路内部有 3 个 JK 触发器，受同一时钟脉冲 CLK 的控制，所以为同步时序逻辑电路。另外，该电路没有外部输入信号，因此其输出 Y 只与状态 $Q_1Q_2Q_3$ 有关，因此为 Moore 型电路。

（1）写出输出方程和驱动方程组。

电路只有一个输出 Y，其函数表达式

$$Y = Q_2Q_3$$

电路内部有 3 个 JK 触发器，所以有 6 个驱动方程

$$\begin{cases} J_1 = (Q_2Q_3)' \\ K_1 = 1 \end{cases} \quad \begin{cases} J_2 = Q_1 \\ K_2 = (Q_1'Q_3')' \end{cases} \quad \begin{cases} J_3 = Q_1Q_2 \\ K_3 = Q_2 \end{cases}$$

（2）求出状态方程组。

将驱动方程组代入 JK 触发器的特性方程 $Q^* = JQ' + K'Q$ 中，得到电路的状态方程组

$$\begin{cases} Q_1^* = J_1Q_1' + K_1'Q_1 = (Q_2Q_3)'Q_1' \\ Q_2^* = J_2Q_2' + K_2'Q_2 = Q_1Q_2' + Q_1'Q_3'Q_2 \\ Q_3^* = J_3Q_3' + K_3'Q_3 = Q_1Q_2Q_3' + Q_2'Q_3 \end{cases}$$

（3）列出状态表，画出状态转换图（或时序图）。

状态方程组和输出方程通过表达式确定了时序电路的逻辑功能，但不直观，因此需要分析在一系列时钟脉冲的作用下，电路状态的具体转换规律和输出的变化规律，画出状态转换图或列出转换表。

设电路的初始状态 $Q_3Q_2Q_1 = 000$。将 $Q_3Q_2Q_1 = 000$ 代入到状态方程组和输出方程中，得到在第一个时钟脉冲作用下电路的次态和输出，再将这组状态作为现态，分析在第二个时钟脉冲作用下电路的次态和输出，依次类推，得到表 6-3 所示的状态转换表。

表 6-3　例 6-1 电路的转换状态表

CLK	Q_3	Q_2	Q_1	Y
0	0	0	0	0
1↓	0	0	1	0
2↓	0	1	0	0
3↓	0	1	1	0
4↓	1	0	0	0
5↓	1	0	1	0
6↓	1	1	0	1
7↓	0	0	0	0

由于 3 个触发器共有 8 种状态，而表 6-3 所示的状态转换表只用了其中 7 个状态，不包含状态"111"。将 $Q_3Q_2Q_1 = 111$ 为初始状态代入到状态方程中，求得次态 $Q_3^*Q_2^*Q_1^* = 000$，说明状态"111"经过一个时钟脉冲就可以回到表 6-3 所示的状态循环中，所以完整的状态转换图如图 6-5 所示。

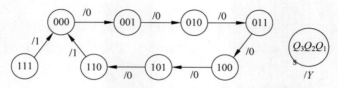

图 6-5　例 6-1 电路状态转换图

（4）确定电路的逻辑功能。

从图 6-5 可以看出，若电路的初始状态为"000"，当状态到达"110"时，下一个时钟到来后回到了初始状态，因此在时钟序列的作用下，电路的状态和输出必然按图 6-5 所示的转换关系反复循环。每次到达状态"110"时，输出 $Y=1$，因此，推断该电路是一个同步七进制计数器，Y 为计数器的进位信号。

该七进制计数器只用了"000～110"六个状态，其中状态"111"没有用到，称为无效状态。从图 6-5 可以看出，无效状态经过有限个时钟脉冲能够回到有效循环状态中，因此称该电路具有"自启动"功能。

【例 6-2】　分析图 6-6 所示时序电路的逻辑功能。

图 6-6　例 6-2 电路图

分析：该电路内部有两个 D 触发器，同时受外部时钟 CLK 的控制，所以为同步时序逻辑电路。由于输出 Y 与输入 A 有关，故为 Mealy 型电路。

（1）写出输出方程和驱动方程组。

该时序电路只有一个输出信号，表达式为

$$Y=((A'Q_1Q_2)'(AQ_1'Q_2'))'=A'Q_1Q_2+AQ_1'Q_2'$$

该电路内部有两个 D 触发器，故驱动方程组为

$$\begin{cases} D_1=Q_1' \\ D_2=A \oplus Q_1 \oplus Q_2 \end{cases}$$

（2）求出状态方程组。

将驱动方程组代入 D 触发器的特性方程，得到状态方程组

$$\begin{cases} Q_1^*=Q_1' \\ Q_2^*=A \oplus Q_1 \oplus Q_2 \end{cases}$$

（3）列出状态表，画出状态图。

设电路的初始状态 $Q_2Q_1=00$。外部输入信号 $A=0$ 和 $A=1$ 时，状态转换表如表 6-4 所示。

表 6-4　例 6-2 电路状态转换表

CLK	A=0			A=1		
	Q_2	Q_1	Y	Q_2	Q_1	Y
0	0	0	0	0	0	1
1 ↑	0	1	0	1	1	0
2 ↑	1	0	0	1	0	0
3 ↑	1	1	1	0	1	0
4 ↑	0	0	0	0	0	0

由上述状态表可画出图 6-7 所示的状态图。图中每个圆圈代表电路的一个状态,转移线上标注 A/Y 表示状态转换的输入和输出。

（4）确定逻辑功能。

当外部输入信号 $A=0$ 时,电路状态转移按照 $00→01→10→11→00→\cdots$ 规律循环,并且在状态 11 时输出 $Y=1$;当外部输入信号 $A=1$ 时,电路状态转移按 $00→11→10→01→00→\cdots$ 的规律循环,并且在状态 00 时输出 $Y=1$。所以该电路为同步四进制加/减计数器:当 $A=0$ 时为四进制加法计数器,Y 为进位信号;$A=1$ 时为四进制减法计数器,Y 为借位信号。

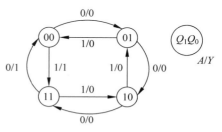

图 6-7　例 6-2 电路状态转换图

由于两个触发器的 4 种状态均为有效状态,所以该电路具有自启动功能。

6.3.2　时序电路设计

所谓时序电路设计,就是对于给定的时序逻辑问题,根据逻辑功能的要求画出能够实现该功能的电路图。

从时序电路的分析过程可以看出,只要有驱动方程组和输出方程组,根据所选用的触发器,就能画出电路图,所以时序电路设计的关键是求出驱动方程组和输出方程组。

对于同步时序逻辑电路,由于内部存储单元的时钟相同,而且时钟只起同步控制作用,所以设计方法简单一些,设计步骤如图 6-8 所示。

6.3.2
微课视频

图 6-8　时序逻辑电路设计步骤

1. 逻辑抽象,画出原始的状态图或列出转换表

逻辑抽象就是对具体问题进行全面分析,确定输入变量、输出变量和电路的状态数,并且定义每个输入变量、输出变量和状态的确切含义,画出能够表述电路逻辑功能的状态转换图或列出状态转换表。

2. 状态化简,获得最简的状态图或转换表

在逻辑抽象过程中,为了确保电路逻辑功能的正确性,在设定的状态中可能包含多余的状态。如果电路的状态越多,则所需要的触发器和逻辑器件就越多。在满足设计要求的前提下,设计出的电路越简单越好,因此需要进行状态化简,去掉多余的状态。

状态化简的基本方法是寻找等价状态。若两个状态在相同的输入条件下,转换到相同的次态中去,并且具有相同的输出,那么称这两个状态为等价状态。等价状态是重复的,可以合并为一个状态。

3. 状态编码,得到具体的状态图或转换表

为每个状态指定不同取值的过程称为状态编码,或称为状态分配。

状态编码应该遵循一定的规律,既要考虑到时序电路工作的可靠性,又要易于识别,方便记忆。目前,常用的编码方式有 3 种:顺序编码、循环编码和一位热码编码方式。

顺序编码即按二进制或 BCD 码的顺序进行编码。顺序编码的优点是简单,容易记忆,但状态转换时可能会出现多位同时发生变化的情况。例如,从 011 变化到 100,三位同时发生变化。顺序编码不利于提高电路工作的可靠性。

循环编码的特点是任意两个相邻状态只有一位不同,所以用于编码二进制计数器这种简单的、单循环时序电路时不会产生竞争-冒险,因而可靠性高。但循环编码用于复杂时序电路设计时,效果与顺序编码方式一样。

采用顺序编码或循环编码时,所用触发器的个数 M 根据化简后的状态数 n 确定:

$$2^{n-1} < M \leqslant 2^n$$

一位热码(one-hot)是指任意编码中只有一位为 1,其余均为 0。采用一位热码编码方式时,一个状态就需要用一个触发器,即 $M=n$。由于一位热码在任意状态间转换时只有两位发生变化,因而可靠性比顺序编码方式高,而且状态译码电路简单。

状态编码直接关系到设计出的电路的经济性和可靠性,因此需要根据具体要求选用。

状态编码完成后,经过逻辑抽象和状态化简得到的抽象的状态转换图或转换表就具体化了,反映出在时钟脉冲作用下,时序电路内部存储单元的状态变化以及输出与输入的关系。

4. 求出状态方程、驱动方程和输出方程

用卡诺图表示每个存储单元的次态、外部输出信号与现态以及输入变量之间的关系,从中推出状态方程组和输出方程组,再结合所选触发器的特性方程,求出相应的驱动方程组。

电路设计所用的触发器类型可以任选。一般来说,选用功能强大的 JK 触发器设计过程复杂而电路简单,选用功能简单的 D 触发器则设计过程简单而电路复杂。

5. 检查电路能否自启动

若状态编码时存在无效状态,就需要检查电路是否具有自启动功能。

当时序电路处于无效状态时,只要经过有限个时钟脉冲能够回到有效状态中去,则称该时序电路具有自启动功能,表示电路在上电过程或因干扰脱离正常状态时,能够自动返回到有效循环中。

当电路不具有自启动功能时,可合理指定状态编码或修改化简过程,使无效状态能够回到有效循环中,从而使电路具有自启动功能。

6. 画出电路图

电路设计完成后,根据选用触发器的类型以及求出的驱动方程和输出方程,画出电路图。

【**例 6-3**】　设计一个带有进位输出的同步七进制计数器。

设计过程如下：

（1）逻辑抽象，画出原始的状态图或列出状态表。

七进制计数器应该有 7 个状态，分别用 S_0、S_1、S_2、S_3、S_4、S_5 和 S_6 表示，用 C 表示进位进号。则在时钟脉冲作用下，七进制计数器的状态转换关系如图 6-9 所示。

（2）状态化简，获得最简的状态图或状态表。

计数器的状态转换为单循环关系，没有两个状态具有相同的次态，所以没有等价状态，不需要化简。

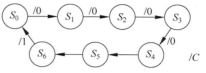

图 6-9　七进制计数器状态转换图

（3）状态编码，得到具有的状态图或状态表。

采用顺序编码或循环编码时，七进制计数器需要用 3 个触发器来实现，输出依次用 $Q_3Q_2Q_1$ 表示。

由于三个触发器共有 8 种取值组合，可以从 8 种取值中任选一个来代表 S_0，从剩余的 7 种取值中任选一个来代表 S_1，依次类推，从剩余的 2 种状态中任选一个来代表 S_6，共有 8！（即 40320）种编码方案，但绝大部分编码方案没有特点因而没有实用价值。

本例采用常规的顺序编码方式，即将 S_0 编码为 000，S_1 编码为 001，$\cdots$，S_6 编码为 110。

状态编码完成后，图 6-9 所示的抽象状态转换图转化成图 6-10 所示的具体状态转换图。从图中可以清楚地看出在时钟脉冲作用下，时序电路内部各触发器的状态转化关系。

（4）求状态方程、驱动方程和输出方程。

由于触发器的次态 $Q_3^* Q_2^* Q_1^*$ 和进位信号 C 都是现态 $Q_3Q_2Q_1$ 的逻辑函数，用卡诺图表示这组函数关系，如图 6-11 所示，方便逻辑函数化简。

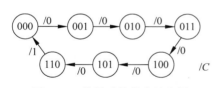

Q_3 \ Q_2Q_1	00	01	11	10
0	001/0	010/0	100/0	011/0
1	101/0	110/0	×××/×	000/1

图 6-10　编码后的状态转换图　　　　图 6-11　$Q_3^* Q_2^* Q_1^* /C$ 的卡诺图

将图 6-11 中的卡诺图拆分成 4 张卡诺图，分别表示逻辑函数 Q_3^*、Q_2^*、Q_1^* 和 C 与状态变量 $Q_3Q_2Q_1$ 的关系，如图 6-12 所示。

从上述卡诺图可以求出时序电路的状态方程组

$$\begin{cases} Q_3^* = Q_1Q_2Q_3' + Q_2'Q_3 \\ Q_2^* = Q_1Q_2' + Q_1'Q_3'Q_2 \\ Q_1^* = (Q_2Q_3)'Q_1' \end{cases}$$

和输出方程

$$Y = Q_2Q_3$$

选用 JK 触发器设计时，将状态方程组与触发器的特性方程 $Q^* = JQ' + K'Q$ 进行对比，确定其驱动方程组

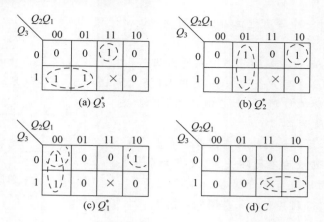

图 6-12 图 6-11 卡诺图的分解

$$\begin{cases}J_3=Q_1Q_2\\K_3=Q_2\end{cases}\quad\begin{cases}J_2=Q_1\\K_2=(Q_1'Q_3')'\end{cases}\quad\begin{cases}J_1=(Q_2Q_3)'\\K_1=1\end{cases}$$

（5）检查电路能否自启动。

状态"111"属于无效状态。从逻辑函数化简过程中可以看出，现态为"111"时其次态在设计过程中已经无形中规定为"000"，即经过一个时钟脉冲即可从无效状态进入有效循环状态，因此电路具有自启动功能。

（6）画出电路图。

根据得到的驱动方程组和输出方程即可画出与图 6-4 完全相同的电路图。

【例 6-4】 设计一个串行数据检测器，要求连续输入 4 个或 4 个以上的 1 时输出为 1，否则输出为 0。

设计过程：

（1）逻辑抽象，画出原始的状态图或列出转换表。

首先确定输入变量和输出变量。串行数据检测器应该具有一个串行数据输入口和具有一个检测结果输出端，分别用 X 和 Z 表示，即串行数据检测器的框图如图 6-13 所示。

图 6-13 串行数据检测器框图

再确定电路的状态数。由于检测器用于检测"1111"序列，所以电路需要识别和记忆连续输入 1 的个数，因此预设电路内部有 S_0、S_1、S_2、S_3 和 S_4 这 5 个状态，其中 S_0 表示还没有接收到一个 1，S_1 表示已经接收到一个 1，S_2 表示已经接收到两个 1，S_3 表示已经接收到 3 个 1，S_4 表示已经接收到 4 个 1。

根据设计要求，检测器在输入串行序列为"010110111011110111110 1"时，其输出 Z 和内部状态 S 的关系如表 6-5 所示。

表 6-5 例 6-4 的输入、输出与状态转换关系表

输入 X	0	1	0	1	1	0	1	1	1	0	1	1	1	1	0	1	1	1	1	1	0	1
输出 Z	0	0	0	0	0	0	0	0	0	0	0	0	0	0	0	1	0	0	0	1	1	0
内部状态 S	S_0	S_1	S_0	S_1	S_2	S_0	S_1	S_2	S_3	S_0	S_1	S_2	S_3	S_4	S_0	S_1	S_2	S_3	S_4	S_4	S_0	S_1

根据表 6-5 所示的关系即可画出图 6-14 所示的状态转换图。

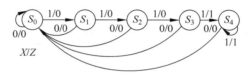

图 6-14　例 6-4 状态转换图

（2）状态化简，获得最简的状态图或转换表。

为便于寻找等价状态，将图 6-14 所示的状态转换图转换为表 6-6 所示的状态转换表。

从状态转换表中可以看出，状态 S_3 和 S_4 在相同的输入条件下不但具有相同的次态，而且输出也相同，所以 S_3 和 S_4 为等价状态，可以合并为一个状态。这从原理上也不难理解，当检测器处于 S_3 时表示已经接收到了 3 个 1，若下一个输入数据为 0 则肯定不是 1111 序列，退回 S_0 为下一次检测做准备。如果下一个输入数据为 1 则检测到了一个"1111"序列，输出为 1 的同时保持 S_3 等待接收下一个数据，而不需要再设一个状态。若合并后的状态用 S_3 表示，则化简后的状态转换表如表 6-7 所示。

表 6-6　串行检测器状态转换表

现态 \ 次态/输出 Z	输入 X	
	0	1
S_0	$S_0/0$	$S_1/0$
S_1	$S_0/0$	$S_2/0$
S_2	$S_0/0$	$S_3/0$
S_3	$S_0/0$	$S_4/1$
S_4	$S_0/0$	$S_4/1$

表 6-7　化简后的状态转换表

现态 \ 次态/输出 Z	输入 X	
	0	1
S_0	$S_0/0$	$S_1/0$
S_1	$S_0/0$	$S_2/0$
S_2	$S_0/0$	$S_3/0$
S_3	$S_0/0$	$S_3/1$

（3）状态编码，得到具体的状态图或转换表。

因检测器有 4 个有效状态，所以选用 2 个触发器设计，状态分别用 Q_1Q_0 表示。

串行数据检测器对状态编码没有特殊要求，因此按常规的顺序编码方式，用 00、01、10、11 分别编码 S_0、S_1、S_2 和 S_3。

（4）求状态方程、驱动方程和输出方程。

根据表 6-7 所示的状态转换表可画出触发器的次态 $Q_1^* Q_0^*$ 和输出 Z 的卡诺图如图 6-15 所示。

将图 6-15 的卡诺图分解为图 6-16 所示的 3 个卡诺图，分别表示次态 Q_1^*、Q_0^* 和输出 Z 3 个逻辑函数。

X \ Q_1Q_0	00	01	11	10
0	00/0	00/0	00/0	00/0
1	01/0	10/0	11/1	10/1

图 6-15　$Q_1^* Q_0^*/Z$ 卡诺图

经卡诺图化简后得到检测器的状态方程

$$\begin{cases} Q_1^* = XQ_1 + XQ_0 = X(Q_1'Q_0')' \\ Q_0^* = X(Q_1'Q_0)' \end{cases}$$

和输出方程

$$Z = XQ_1Q_0$$

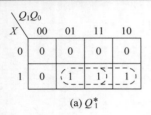

(a) Q_1^* (b) Q_0^* (c) Z

图 6-16 图 6-15 卡诺图的分解

选用 D 触发器设计时,将状态方程与 D 触发器的特性方程 $Q^*=D$ 进行对比,得出驱动方程

$$\begin{cases} D_1 = X(Q_1'Q_0')' \\ D_0 = X(Q_1'Q_0)' \end{cases}$$

(5) 检查能否自启动。

由于电路没有无效状态,所以能够自启动。

(6) 画出逻辑电路图。

根据驱动方程和输出方程,画出串行数据检测器的设计电路如图 6-17 所示。

图 6-17 串行数据检测器设计图

【例 6-5】 设计一个自动售饮料机的逻辑电路。它的投币口每次只能投入一枚五角或一元的硬币。累计投入一元五角硬币后机器自动给一杯饮料;投入二元硬币后,在给饮料的同时退回一枚五角的硬币。

设计过程:

(1) 逻辑抽象。

首先确定输入变量和输出变量。投币是输入,给饮料和退硬币是输出。

是否投入一元或五角的硬币是两种不同的输入事件,分别用两个逻辑变量 A 和 B 表示。设用 $A=1$ 表示投入一枚一元硬币,则 $A=0$ 表示没有投入一元硬币;设用 $B=1$ 表示投入一枚五角硬币,则 $B=0$ 表示没有投入五角硬币。

给饮料和退硬币是两种不同的输出事件,分别用 Y 和 Z 表示。设用 $Y=1$ 表示给一杯饮料,则 $Y=0$ 表示不给饮料;设用 $Z=1$ 表示退回五角钱,则 $Z=0$ 表示不退钱。

再确定电路的状态数。投够一元五角时应立即给饮料,所以自动售货机内部只需要设 3 个状态 S_0、S_1 和 S_2。S_0 表示售货机里没钱,S_1 表示已经有五角钱,S_2 表示已经有一元钱。

由于投币口一次只能投入一枚硬币,所以 AB 只能取 00、01 和 10 三种值,$AB=11$ 作为无关项处理。根据逻辑关系,画出图 6-18 所示的状态转换图。

(2) 状态化简。

没有等价状态,不需要进行化简。

（3）状态编码。

由于电路只有 3 个状态，所以采用顺序编码时需要用 2 个触发器，状态分别用 Q_1Q_0 表示，并且取 $S_0=00$，$S_1=01$ 和 $S_2=10$。

（4）求状态方程、驱动方程和输出方程。

列出电路的次态 $Q_1^*Q_0^*$ 和输出 Y、Z 的卡诺图如图 6-19 所示。由于正常工作时 $Q_1Q_0=11$ 不会出现，所以按无关项处理。

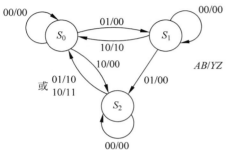

图 6-18　例 6-5 状态转换图

Q_1Q_0 \ AB	00	01	11	10
00	00/00	00/0	××/××	10/0
01	01/00	10/0	××/××	00/10
11	××/××	××/××	××/××	××/××
10	10/00	00/10	××/××	00/11

图 6-19　次态 $Q_1^*Q_0^*$ 和输出 Y、Z 的卡诺图

将图 6-19 所示的综合卡诺图进行分解，分别画出次态 Q_1^*、Q_0^* 和输出 Y、Z 的卡诺图，如图 6-20 所示。

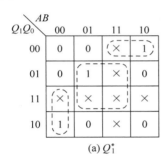

图 6-20　图 6-19 卡诺图的分解

根据图 6-20 所示的卡诺图求出电路的状态方程

$$\begin{cases} Q_1^* = Q_1 A'B' + Q_1' Q_0' A + Q_0 B \\ Q_0^* = Q_1' Q_0' B + Q_0 A'B' \end{cases}$$

和输出方程

$$
\begin{cases}
Y = Q_1 B + Q_1 A + Q_0 A \\
Z = Q_1 A
\end{cases}
$$

选用 D 触发器设计时,将状态方程与 D 触发器的特性方程 $Q^* = D$ 进行对比,得出驱动方程

$$
\begin{cases}
D_1 = Q_1 A'B' + Q_1'Q_0'A + Q_0 B \\
D_0 = Q_1'Q_0'B + Q_0 A'B'
\end{cases}
$$

(5) 画出逻辑电路图。

根据得到的驱动方程和输出方程即可画出图 6-21 所示的设计图。当电路进入无效状态"11"后,在 $AB = 00$(无输入信号)时次态仍为"11",在 $AB = 01$ 或 10 的情况下虽然能够返回到有效循环状态,但收费结果是错误的,所以要求电路开始工作时,首先用触发器的复位功能将电路的初始状态设置为 00。

图 6-21　自动售货机电路设计图

思考与练习

6-1　设计一个"111"序列检测器,要求连续输入 3 个或 3 个以上的 1 时输出为 1,否则输出为 0。按例 6-4 的过程进行设计,画出设计图。

6-2　设计一个自动售车票的逻辑电路。它的投币口每次只能投入一枚 5 角或一元的硬币。投入两元硬币后机器自动打印出一张车票;若投入二元五角硬币,在给车票的同时退出一枚五角的硬币。按例 6-5 的过程进行设计,画出设计图。

6.4
微课视频

6.4 寄存器与移位寄存器

寄存器是数字电路中基本的存储电路,移位寄存器除具有存储功能之外,还具有多种附加功能,增加了应用的灵活性。

6.4.1 寄存器

寄存器(register)用于存储一组二值信息。由于一个锁存器/触发器只能存储 1 位数据,所以要存 n 位信息则需要 n 个锁存器/触发器。寄存器应设计为同步时序逻辑电路,在时钟脉冲的作用下,数据的更新是同时进行的。

D 锁存器/触发器、SR 锁存器/触发器和 JK 触发器都可以构成寄存器,其中使用 D 锁存器/触发器最为方便。

图 6-22 是 D 锁存器构成的 4 位寄存器的逻辑图。在时钟脉冲 CLK 为高电平期间,寄存器的输出 $Q_0 Q_1 Q_2 Q_3$ 随输入 $D_0 D_1 D_2 D_3$ 发生变化;在时钟脉冲 CLK 为低电平期间,$Q_0 Q_1 Q_2 Q_3$ 状态锁定并保持不变。

图 6-22　D 锁存器构成的 4 位寄存器

图 6-23 是用边沿 D 触发器构成的 4 位寄存器的逻辑图。当时钟脉冲 CLK 的上升沿到来时,将 4 位数据 $D_0 D_1 D_2 D_3$ 分别存入 $Q_0 Q_1 Q_2 Q_3$ 中,其余时间保持不变。

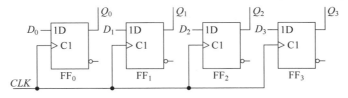

图 6-23　边沿 D 触发器构成的 4 位寄存器

按图 6-22 或图 6-23 所示的原理可扩展出任意位寄存器。

74HC373/573 是 8 位三态寄存器,内部逻辑如图 6-24 所示,由门控 D 锁存器组成。当锁存允许端 LE(latch enable)为高电平时,74HC373/573 中存储的数据随输入数据 $D_0 \sim D_7$ 变化而变化,是"透明"的;当 LE 为低电平时寄存器所存数据锁定并保持不变。当输出控制端 OE'(output enable)为低电平时允许数据输出,否则输出 $Q_0 \sim Q_7$ 为高阻状态。74HC373/573 的功能表如表 6-8 所示。

74HC374/574 是 8 位三态寄存器,内部逻辑如图 6-25 所示,由边沿 D 触发器组成。当时钟脉冲 CLK 上升沿到来时,将 8 位数据 $D_0 \sim D_7$ 存入寄存器中,其余时间保持不变。当输出允许 OE' 为低电平时允许数据输出,否则输出为高阻状态。74HC374/574 的功能表如表 6-9 所示。

图 6-24　74HC373/573 逻辑图

表 6-8　74HC373/573 功能表

OE'	LE	数据 D	输　出
L	H	H	H
L	H	L	L
L	L	×	Q_0
H	×	×	高阻

图 6-25　74HC374/574 逻辑图

表 6-9　74HC374/574 功能表

OE'	CLK	数据 D	输　出
L	↑	H	H
L	↑	L	L
L	L	×	Q_0
H	×	×	高阻

6.4.2　移位寄存器

　　移位寄存器(shift register)是在寄存器的基础上改进而来的,不但具有数据存储功能,而且还可以在时钟脉冲的作用下实现数据的移动。图 6-26 是由边沿 D 触发器组成的 4 位移位寄存器。

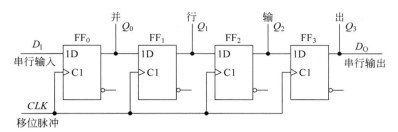

图 6-26 边沿 D 触发器组成的 4 位移位寄存器

4 位移位寄存器的驱动方程为

$$\begin{cases} D_0 = D_1 \\ D_1 = Q_0 \\ D_2 = Q_1 \\ D_3 = Q_2 \end{cases}$$

将驱动方程代入 D 触发器的特性方程,得到移位寄存器的状态方程

$$\begin{cases} Q_0^* = D_1 \\ Q_1^* = Q_0 \\ Q_2^* = Q_1 \\ Q_3^* = Q_2 \end{cases}$$

设移位寄存器的初始状态 $Q_0 Q_1 Q_2 Q_3 = x_0 x_1 x_2 x_3$($x$ 表示未知),D_1 输入数据依次为 D_3、D_2、D_1 和 D_0,则在时钟脉冲作用下,移位寄存器的状态转换表如表 6-10 所示,即经过 4 个时钟脉冲,将数据 $D_0 D_1 D_2 D_3$ 依次存入寄存器 $Q_0 Q_1 Q_2 Q_3$ 中,实现了数据存储功能。

表 6-10 移位寄存器状态转换表

CLK	D_1	Q_0	Q_1	Q_2	Q_3
0	D_3	x_0	x_1	x_2	x_3
1 ↑	D_2	D_3	x_0	x_1	x_2
2 ↑	D_1	D_2	D_3	x_0	x_1
3 ↑	D_0	D_1	D_2	D_3	x_0
4 ↑	x	D_0	D_1	D_2	D_3

除具有存储功能之外,移位寄存器还增加以下 3 个附加功能:

(1) 作为 FIFO(first-in first-out)缓存器。数据从 D_1 加入,延时了 4 个时钟周期后从 D_O 输出。

(2) 实现串行数据-并行数据的转换。数据 $D_0 D_1 D_3 D_3$ 经过 4 个时钟脉冲存入寄存器后,从 $Q_0 Q_1 Q_2 Q_3$ 同时取出即可实现串行数据到并行数据的转换。

(3) 若规定 Q_0 为低位、Q_3 为高位,在没有发生溢出的情况下,每向右移动一位,数据扩大了一倍(默认移入的数据为 0)。例如,当 $Q_0 Q_1 Q_2 Q_3 = 1100$,向右移一位变为 0110。

图 6-27 是用 JK 触发器组成的 4 位移位寄存器,在时钟脉冲下降沿工作。从图 6-27 中可以看出,实际上 JK 触发器在构成移位寄存器时已经改接为 D 触发器来使用了。

图 6-27　用 JK 触发器构成的四位移位寄存器

74HC164 是 8 位串入/并出移位寄存器,具有异步清零和右移功能,满足单字节转换需要。内部逻辑图和功能表请查阅器件手册。

思考与练习

6-3　能否用门控 D 锁存器代替图 6-26 中的边沿 D 触发器构成移位寄存器?能否用脉冲 D 触发器代替?试分析原因。

74HC194 是 4 位双向移位寄存器,在时钟脉冲作用下能够实现数据的并行输入、左移、右移和保持 4 种功能,内部逻辑如图 6-28 所示。其中 D_{IR} 为右移串行数据输入端,D_{IL} 为左移串行数据输入端,$D_0 D_1 D_2 D_3$ 为并行数据输入端,$Q_0 Q_1 Q_2 Q_3$ 为状态输出端,R'_D 为异步复位端,S_1 和 S_0 用于控制移位寄存器的工作状态,CLK 为时钟脉冲输入端。

图 6-28　74HC194 内部逻辑图

74HC194 内部由 4 个 SR 触发器(实际上已经改接为 D 触发器了)和控制逻辑电路组成,各触发器的驱动电路形式类似。下面以触发器 FF_1 为例,分析 74HC194 的逻辑功能。

由图 6-28 可以推出 FF_1 的状态方程为

$$Q_1^* = Q_0 S_1' S_0 + D_1 S_1 S_{0+} Q_2 S_1 S_0' + Q_1 S_1' S_0'$$

（1）当 $S_1 S_0 = 00$ 时，$Q_1^* = Q_1$。同理推得 $Q_0^* = Q_0$，$Q_2^* = Q_2$，$Q_3^* = Q_3$，因此 74HC194 工作在保持状态。

（2）当 $S_1 S_0 = 01$ 时，$Q_1^* = Q_0$。同理推得 $Q_0^* = D_{IR}$，$Q_2^* = Q_1$，$Q_3^* = Q_2$，因此 74HC194 处于右移(从低位向高位移)工作状态。

（3）当 $S_1 S_0 = 10$ 时，$Q_1^* = Q_2$。同理推得 $Q_0^* = Q_1$，$Q_2^* = Q_3$，$Q_3^* = D_{IL}$，因此 74HC194 处于左移(从高位向低位移)工作状态。

（4）当 $S_1 S_0 = 11$ 时，$Q_1^* = D_1$。同理可以推得 $Q_0^* = D_0$，$Q_2^* = D_2$，$Q_3^* = D_3$，因此 74HC194 工作在并行输入状态,即在时钟脉冲到来时,将 $D_0 D_1 D_2 D_3$ 存入 $Q_0 Q_1 Q_2 Q_3$ 中。

此外,由于 74HC194 的 R_D' 接内部触发器的异步复位端,所以当 R_D' 有效时,$Q_0 Q_1 Q_2 Q_3 = 0000$。综上分析,可得 74HC194 的功能表如表 6-11 所示。

表 6-11 74HC194 功能表

输 入				功 能	
CLK	R_D'	S_1	S_0	说明	解 释
$\times$	0	$\times$	$\times$	复位	$Q_0 Q_1 Q_2 Q_3 = 0000$
↑	1	0	0	保持	$Q_0^* Q_1^* Q_2^* Q_3^* = Q_0 Q_1 Q_2 Q_3$
↑	1	0	1	右移	$Q_0^* Q_1^* Q_2^* Q_3^* = D_{IR} Q_0 Q_1 Q_2$
↑	1	1	0	左移	$Q_0^* Q_1^* Q_2^* Q_3^* = Q_1 Q_2 Q_3 D_{IL}$
↑	1	1	1	并行输入	$Q_0^* Q_1^* Q_2^* Q_3^* = D_0 D_1 D_2 D_3$

【例 6-6】 试用两片 74HC194 扩展成一个 8 位双向移位寄存器。

分析：将两片 74HC194 扩展成 8 位双向移位寄存器时,需要完成以下工作:

（1）将两片 74HC194 的时钟 CLK、功能端 R_D'、S_1、S_0 对应相接,确保两片同步工作；

（2）将第一片的 Q_3 接到第二片的 D_{IR} 上,使之具有 8 位右移功能；

（3）将第二片的 Q_0 接到第一片的 D_{IL} 上,使之具有 8 位左移功能。

扩展得到的 8 位双向移位寄存器如图 6-29 所示。

图 6-29 用 74HC194 扩展为 8 位双向移位寄存器

74HC299是单片集成8位双向移位寄存器,和74HC194一样,具有异步清零、左移、右移、保持和并行输入功能,满足单字节应用需要。不同的是,74HC299为三态输出,内部逻辑图和功能表请查阅器件手册。

思考与练习

6-4 能否用3片74HC194扩展成一个12位双向移位寄存器?试画出设计图。

6-5 能否用4片74HC194扩展成一个16位双向移位寄存器?试画出设计图。

图6-30 例6-7图

【例6-7】 分析图6-30所示时序电路的功能。

分析:因$R_D' = 1$,$S_1 S_0 = 01$,所以74HC194工作在右移状态。

设74HC194的初始状态$Q_0 Q_1 Q_2 Q_3 = 0000$,在时钟脉冲作用下,分析可得电路的状态转换表如表6-12所示。从状态表可以看出,该电路由8个状态形成一个循环关系,故电路构成为八进制计数器。

表6-12 例6-7电路的状态转换表

CLK	Q_0	Q_1	Q_2	Q_3
0	0	0	0	0
1 ↑	1	0	0	0
2 ↑	1	1	0	0
3 ↑	1	1	1	0
4 ↑	1	1	1	1
5 ↑	0	1	1	1
6 ↑	0	0	1	1
7 ↑	0	0	0	1
8 ↑	0	0	0	0

【例6-8】 用74HC194设计"1111"序列检测器。

设计过程:

利用74HC194的左移或右移功能,串行数据从D_{IL}或D_{IR}输入,当状态$Q_0 Q_1 Q_2 Q_3$同时为1时,输出检测结果为1。

取$S_1 S_0 = 01$时,74HC194处于右移工作状态。串行数据序列X从D_{IR}输入,Z为检测输出,设计图如图6-31所示。

图6-31 例6-8设计图

6.5 计数器

计数器(counter)用于统计输入时钟脉冲的个数。

计数器的分类方法很多。根据计数器内部触发器状态更新的不同特点,将计数器分为同步计数器和异步计数器两大类。在时钟脉冲作用下,同步计数器内部触发器状态的更新是同时进行的,而异步计数器由于其内部触发器的时钟不完全相同,所以状态更新不是同时进行的。

由于同步计数器内部触发器的状态同时进行,所以工作速度快。异步计数器由于时钟不需要完全相同,所以时钟的选取比较灵活,因而电路结构比同步计数器简单。

若根据计数容量(也称为进制、模)进行划分,计数器可分为二进制(binary)计数器、十进制(decade)计数器和其他(arbitrary)进制计数器3类。二进制计数器的计数容量为 2^n,十进制计数器的计数容量为10,除二进制计和十进制之外的计数器统称为其他进制计数器。

若根据计数方式进行划分,计数器可分为加法(up)计数器、减法(down)计数器和加/减(up-down)计数器3种。加法计数器输出状态的编码递增,减法计数器输出状态的编码递减。加/减计数器又称为可逆计数器,既可以做加法计数,又可以做减法计数。

6.5.1 同步计数器设计

集成同步计数器主要有二进制计数器和十进制计数器两种。

本节首先讲述同步二进制计数器(包括加法、减法和加/减法)的设计原理,然后再讲述十进制计数器的设计,同时介绍常用的同步集成计数器。

6.5.1a
微课视频

1. 同步二进制计数器

二进制计数器的状态转换非常具有规律性。4位二进制加法计数器的状态转换如图 6-32 所示。

6.5.1b
微课视频

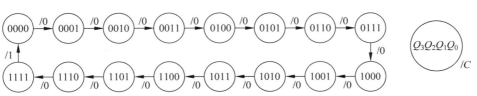

图 6-32 4位二进制加法计数器状态图

计数器传统的设计方法是按例 6-3 所示的一般时序逻辑电路的设计过程进行的。若基于 T 触发器设计,则根据内部触发器状态转换的规律可以直接推出其驱动方程。

从二进制计数器的状态图可以看出:

(1)计数器的最低位 Q_0 每来一个时钟翻转一次。

(2)次低位 Q_1 在现态 0001、0011、0101、0111、1001、1011、1101、1111 时翻转。这8个状态有一个共同的特点——最低位为1。

(3)次高位 Q_2 在现态 0011、0111、1011、1111 时翻转。这4个状态有一个共同的特点——最低两位同时为1。

(4)最高位 Q_3 在现态 0111、1111 时翻转。这两个状态有一个共同的特点——低三位同时为 1。

T 触发器只具有保持和翻转功能,考虑到引入计数允许信号 EN 时,驱动方程分别为

$$\begin{cases} T_0 = 1 \cdot EN \\ T_1 = Q_0 \cdot EN \\ T_2 = Q_1 Q_0 \cdot EN \\ T_3 = Q_2 Q_1 Q_0 \cdot EN \end{cases}$$

4 位二进制加法计数器在循环的最后一个状态"1111"输出进位信号,故输出方程

$$C = Q_3 Q_2 Q_1 Q_0$$

按上述驱动方程和输出方程即可设计出图 6-33 所示的同步 4 位二进制加法计数器。

图 6-33 4 位二进制加法计数器逻辑图

4 位二进制减法计数器的状态图如图 6-34 所示。

图 6-34 4 位二进制减法计数器状态图

基于 T 触发器设计时,根据 4 位二进制减法计数器状态 $Q_3 Q_2 Q_1 Q_0$ 的状态转换规律也可以直接推出其驱动方程

$$\begin{cases} T_0 = 1 \cdot EN \\ T_1 = Q_0' \cdot EN \\ T_2 = Q_1' Q_0' \cdot EN \\ T_3 = Q_2' Q_1' Q_0' \cdot EN \end{cases}$$

4 位二进制减法计数器应该在状态"0000"输出借位信号,故输出方程

$$B = Q_3' Q_2' Q_1' Q_0'$$

根据上述驱动方程和输出方程即可设计出图 6-35 所示的同步 4 位二进制减法计数器。

加/减计数器在时钟脉冲的作用下既可以实现加法计数也可以实现减法计数,分为单时钟加/减计数器和双时钟加/减计数器两类。

单时钟加/减计数器无论做加法计数还是减法计数都使用同一个时钟,而用 U'/D 控制计数方式:当 $U'/D = 0$ 时实现加法计数,$U'/D = 1$ 时实现减法计数。将加法计数器的设计结果和减法计数器的设计结果进行综合,可以推出单时钟加/减计数器的驱动方程

图 6-35　4 位二进制减法计数器逻辑图

$$\begin{cases} T_0 = 1 \\ T_1 = (U'/D)' \cdot Q_0 + (U'/D) \cdot Q_0' \\ T_2 = (U'/D)' \cdot Q_0 Q_1 + (U'/D) \cdot Q_0' Q_1' \\ T_3 = (U'/D)' \cdot Q_0 Q_1 Q_2 + (U'/D) \cdot Q_0' Q_1' Q_2' \end{cases}$$

和输出方程

$$Y = (U'/D)' \cdot Q_0 Q_1 Q_2 Q_3 + (U'/D) \cdot Q_0' Q_1' Q_2' Q_3'$$

按上述驱动方程和输出方程即可设计出单时钟同步二进制加/减计数器。

二进制计数器也可以基于 T′ 触发器设计。由于 T′ 触发器每来一个时钟翻转一次,因此基于 T′ 触发器设计时,由控制 T 触发器的输入 T 改为控制 T′ 触发器的时钟即可实现。

设 4 位二进制加法计数器的时钟为 CLK_U,参考基于 T 触发器的结果,T′ 触发器的时钟方程为

$$\begin{cases} CLK_0 = CLK_U \\ CLK_1 = Q_0 \cdot CLK_U \\ CLK_2 = Q_1 Q_0 \cdot CLK_U \\ CLK_3 = Q_2 Q_1 Q_0 \cdot CLK_U \end{cases}$$

其中,CLK_0、CLK_1、CLK_2 和 CLK_3 分别为 4 个 T′ 触发器的时钟脉冲。设计电路如图 6-36 所示。

图 6-36　4 位二进制加法计数器逻辑图

按类似思路,同样可以设计出基于 T′ 触发器的二进制减法计数器。设减法计数器的时钟为 CLK_D,则 4 位二进制减法计数器中 T′ 触发器的时钟方程为

$$\begin{cases} CLK_0 = CLK_D \\ CLK_1 = Q_0' \cdot CLK_D \\ CLK_2 = Q_1' Q_0' \cdot CLK_D \\ CLK_3 = Q_2' Q_1' Q_0' \cdot CLK_D \end{cases}$$

其中,CLK_0、CLK_1、CLK_2 和 CLK_3 分别为 4 个触发器的时钟脉冲。

双时钟加/减计数器采用不同时钟源来控制加/减计数：做加法计数时，时钟脉冲从 CLK_U 加入，$CLK_D=0$；做减法计数时，时钟脉冲从 CLK_D 加入，$CLK_U=0$。综合加法计数器和减法计数器的设计结果，可以推出双时钟4位加/减计数器的时钟方程为

$$\begin{cases} CLK_0 = 1 \\ CLK_1 = Q_0 \cdot CLK_U + Q'_0 \cdot CLK_D \\ CLK_2 = Q_1 Q_0 \cdot CLK_U + Q'_1 Q'_0 \cdot CLK_D \\ CLK_3 = Q_2 Q_1 Q_0 \cdot CLK_U + Q'_2 Q'_1 Q'_0 \cdot CLK_D \end{cases}$$

输出方程为

$$Y = Q_3 Q_2 Q_1 Q_0 \cdot CLK_U + Q'_3 Q'_2 Q'_1 Q'_0 \cdot CLK_D$$

思考与练习

6-6   基于T触发器，设计3位二进制计数器。写出其驱动方程和输出方程。

6-7   基于T触发器，设计5位二进制计数器。写出其驱动方程和输出方程。

6-8   总结基于T触发器设计 n 位二进制同步计数器的规律。

74HC161是集成同步4位二进制计数器，具有异步复位、同步置数、保持和计数功能，其内部逻辑如图6-37所示。图6-37中 CLK 是时钟脉冲输入端，计数器在时钟脉冲的上升

图 6-37   74HC161 内部逻辑图

沿工作。R'_D 为异步复位端,当 R'_D 有效时将计数器的状态清零。LD' 为同步置数控制端,当 $R'_D=1,LD'=0$ 时,在时钟脉冲上升沿到来时将 $D_3D_2D_1D_0$ 置入 $Q_3Q_2Q_1Q_0$ 中。EP 为计数允许控制端;ET 为进位连接端,在计数器容量扩展时用于进位连接。当 $R'_D=1,LD'=1$ 时,若 $EP \cdot ET=1$,则 74HC161 处于计数状态,若 $EP \cdot ET=0$,则处于保持状态。74HC161 的功能表如表 6-13 所示。

表 6-13　74HC161 功能表

输　　　入					功　　　能		
CLK	R'_D	LD'	EP	ET	说　明	解　　　释	
$\times$	0	$\times$	$\times$	$\times$	异步复位	$Q_3Q_2Q_1Q_0=0000$	
$\uparrow$	1	0	$\times$	$\times$	同步置数	$Q_3^*Q_2^*Q_1^*Q_0^*=D_3D_2D_1D_0$	
$\times$	1	1	0	1	保持	$Q^*=Q$	C 保持
$\times$	1	1	$\times$	0			$C=0$
$\uparrow$	1	1	1	1	计数	$Q^*=Q+1$	

74HC163 是集成同步 4 位二进制计数器,具有同步复位、同步置数、保持和计数功能,功能表如表 6-14 所示。和 74HC161 不同的是,74HC163 的复位功能是同步的,即当复位信号有效时,还需要等到下次时钟脉冲上升沿到来才能将计数器清 0。

表 6-14　74HC163 功能表

输　　　入					功　　　能		
CLK	CLR'	LD'	EP	ET	说　明	解　　　释	
$\uparrow$	0	$\times$	$\times$	$\times$	同步复位	$Q_3^*Q_2^*Q_1^*Q_0^*=0000$	
$\uparrow$	1	0	$\times$	$\times$	同步置数	$Q_3^*Q_2^*Q_1^*Q_0^*=D_3D_2D_1D_0$	
$\times$	1	1	0	1	保持	$Q^*=Q$	C 保持
$\times$	1	1	$\times$	0			$C=0$
$\uparrow$	1	1	1	1	计数	$Q^*=Q+1$	

74HC191 是单时钟十六进制加/减计数器,具有异步预置数和计数控制功能,其内部逻辑图如图 6-38 所示,功能表如表 6-15 所示。图 6-38 中 CLK_1 是时钟脉冲输入端,LD' 为异步置数端,S' 为计数允许控制端,U'/D 是计数方式控制端。当 $LD'=0$ 时,$Q_3Q_2Q_1Q_0=D_3D_2D_1D_0$。当 $LD'=1,S'=0$ 时 74HC191 处于计数状态,若 $U'/D=0$ 则实现加法计数,$U'/D=1$ 则实现减法计数。

表 6-15　74HC191 功能表

输　　　入				功　　　能	
CLK_1	S'	LD'	U'/D	说　明	解　　　释
$\times$	$\times$	0	$\times$	异步置数	$Q_3Q_2Q_1Q_0=D_3D_2D_1D_0$
$\times$	1	1	$\times$	保持	$Q^*=Q$
$\uparrow$	0	1	0	加法计数	$Q^*=Q+1$
$\uparrow$	0	1	1	减法计数	$Q^*=Q-1$

图 6-38   74HC191 内部逻辑图

74HC193 是双时钟十六进制加/减计数器,内部逻辑如图 6-39 所示,其中 CLK_U 是加法计数时钟脉冲输入端,CLK_D 为减法计数时钟脉冲输入端。C' 为进位信号输出端,B' 为借位信号输出端。实现加法计数时,CLK_U 外接时钟脉冲,CLK_D 接高电平;实现减法计数时,CLK_D 外接时钟脉冲,CLK_U 接高电平。

74HC193 具有异步复位和异步预置数功能,功能表如表 6-16 所示。当 $R_D=1$ 时,将计数器状态清 0。当 $R_D=0$,$LD'=0$ 时,将 $D_3D_2D_1D_0$ 置入 $Q_3Q_2Q_1Q_0$ 中。

表 6-16   74HC193 功能表

输　　　　入				功　　能	
CLK_U	CLK_D	R_D	LD'	说明	解　　释
$\times$	$\times$	1	$\times$	异步复位	$Q_3Q_2Q_1Q_0=0000$
$\times$	$\times$	0	0	异步置数	$Q_3Q_2Q_1Q_0=D_3D_2D_1D_0$
$\uparrow$	1	0	1	加法计数	$Q^*=Q+1$
1	$\uparrow$	0	1	减法计数	$Q^*=Q-1$

图 6-39　74HC193 逻辑图

除上述常用二进制计数器外,还有许多二进制计数器器件,其功能和使用方法参考相关器件手册。

2. 同步十进制计数器

同步十进制计数器既可以按一般时序逻辑电路的设计方法进行设计,同样也可以采用 T 触发器设计,根据计数器内部触发器状态的转换规律直接推出其驱动方程。

十进制加法计数器的状态图如图 6-40 所示。从状态图可以看出:

(1) 最低位 Q_0 每来一个时钟时翻转一次;

(2) 次低位 Q_1 在现态 0001、0011、0101、0111 时翻转;

（3）次高位 Q_2 在现态 0011、0111 时翻转；

（4）最高位 Q_3 在现态 0111、1001 时翻转。

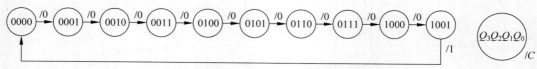

图 6-40　十进制加法计数器状态图

采用 T 触发器设计，并引入计数允许信号 EN 时，则根据计数器状态 $Q_3Q_2Q_1Q_0$ 的转换规律可直接推出驱动方程

$$
\begin{cases}
T_0 = 1 \cdot EN \\
T_1 = Q'_3 Q_0 \cdot EN \\
T_2 = Q_1 Q_0 \cdot EN \\
T_3 = (Q_2 Q_1 Q_0 + Q_3 Q_0) \cdot EN
\end{cases}
$$

十进制加法计数器应在最后一个状态"1001"时输出进位信号，故输出方程

$$C = Q_3 Q_0$$

按上述驱动方程和输出方程即可设计出图 6-41 所示的同步十进制加法计数器。

图 6-41　同步十进制加法计数器逻辑图

采用 T 触发器设计十进制减法计数器时，同样根据状态转换规律可以推出其驱动方程

$$
\begin{cases}
T_0 = 1 \cdot EN \\
T_1 = Q'_0 (Q'_3 Q'_2 Q'_1)' \cdot EN \\
T_2 = Q'_1 Q'_0 (Q'_3 Q'_2 Q'_1)' \cdot EN \\
T_3 = Q'_2 Q'_1 Q'_0 \cdot EN
\end{cases}
$$

其中，EN 为计数允许信号。

减法计数器在状态"0000"时输出借位信号，故输出方程

$$B = Q'_3 Q'_2 Q'_1 Q'_0$$

按照上述驱动方程和输出方程即可设计出图 6-42 所示的同步十进制减法计数器。

单时钟十进制加/减计数器仍然采用同一时钟，由控制端 U'/D 控制加/减计数。综合十进制加法计数器和减法计数器的设计结果，可以推出单时钟十进制加/减计数器的驱动方程

$$
\begin{cases}
T_0 = 1 \\
T_1 = (U'/D)' \cdot Q'_3 Q_0 + (U'/D) \cdot Q'_0 (Q'_3 Q'_2 Q'_1)' \\
T_2 = (U'/D)' \cdot Q_1 Q_0 + (U'/D) \cdot Q'_1 Q'_0 (Q'_3 Q'_2 Q'_1)' \\
T_3 = (U'/D)' \cdot (Q_2 Q_1 Q_0 + Q_3 Q_0) + (U'/D) \cdot Q'_2 Q'_1 Q'_0
\end{cases}
$$

图 6-42 同步十进制减法计数器逻辑图

和输出方程

$$Y = (U'/D)'Q_3Q_0 + (U'/D)Q_3'Q_2'Q_1'Q_0'$$

按上述驱动方程组和输出方程可构成单时钟同步十进制加/减计数器。

74HC160 是集成同步十进制计数器,具有异步清零、同步置数、保持和计数功能,内部逻辑如图 6-43 所示。74HC160 的引脚排列和使用方法与 74HC161 完全相同,不同的是 74HC160 内部为十进制计数逻辑,而 74HC161 为十六进制计数逻辑。

图 6-43 74HC160 内部逻辑图

74HC162 是集成同步十进制计数器,具有同步清 0、同步置数、保持和计数功能。74HC162 的引脚排列和使用方法与 74HC163 完全相同,不同的是 74HC162 内部为十进制计数逻辑,而 74HC163 为十六进制计数逻辑。

74HC190 是单时钟同步十进制加/减计数器,具有异步清 0 和异步置数功能,内部逻辑如图 6-44 所示。其中,CLK 是计数时钟脉冲输入端,U'/D 是计数方式控制端。74HC190 的引脚排列和使用方法与 74HC191 完全相同,不同的是 74HC190 内部为十进制加/减计数逻辑,而 74HC191 为十六进制加/减计数逻辑。

图 6-44　74HC190 内部逻辑图

74HC192 是双时钟十进制加/减计数器,具有异步清零和异步预置数功能。74HC192 的引脚排列和使用方法与 74HC193 完全相同,不同的是 74HC192 为十进制计数逻辑,而 74HC193 为十六进制计数逻辑。

思考与练习

6-9　74HC161 和 74HC163 有什么共同点和不同点? 74HC160 和 74HC162 有什么共同点和不同点?

6-10 74HC191 和 74HC193 有什么共同点和不同点？74HC190 和 74HC192 有什么共同点和不同点？

6.5.2 异步计数器分析

异步计数器结构简单,但由于内部触发器的状态更新不是同步进行的,因此工作速度慢,而且容易产生竞争-冒险。

异步二进制计数器的电路结构非常具有规律性,计数时内部触发器的状态翻转从低位到高位逐位进行。

3 位二进制异步加法计数器如图 6-45 所示,外部时钟从 CLK_0 接入,然后从左向右用低位触发器的状态 Q 依次作为高位触发器的时钟。

图 6-45 下降沿工作的异步二进制加法计数器

设计数器的初始状态 $Q_2Q_1Q_0=000$。由于每个 JK 触发器接成了 T' 触发器,下降沿翻转,所以在外部时钟 CLK_0 的作用下,计数器状态变化的波形图如图 6-46 所示。

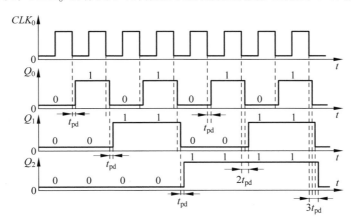

图 6-46 异步二进制加法计数器波形图

从波形图可以看出,每个触发器的状态更新要比时钟脉冲的下降沿滞后一个触发器的传输延迟时间 t_{pd},所以计数器从状态"111"返回到状态"000"的过程中,其状态变化是按"111→(110)→(100)→000"的路线进行的,中间短暂经过了状态"110"和"100",经历了 $3t_{pd}$ 才稳定到状态"000"。

若将图 6-45 中低位触发器的状态 Q' 依次作为高位触发器的时钟,即可构成异步二进制减法计数器。

异步二进制计数器也可以由上升沿工作的触发器构成。图 6-47 是用 D 触发器构成的

3 位二进制异步加法计数器,其状态更新是在时钟脉冲的上升沿进行的。

图 6-47   上升沿工作的异步二进制加法计数器

若将图 6-47 中低位触发器的状态 Q 依次作为高位触发器的时钟,即可构成异步二进制减法计数器。

在数字电路中,异步二进制计数器通常用作分频器。设时钟脉冲的频率为 f_0,由图 6-46 的波形图可以看出,3 位二进制计数器状态 Q_0、Q_1 和 Q_2 的频率依次为 $(1/2)f_0$、$(1/4)f_0$ 和 $(1/8)f_0$。

CD4060 为 14 位异步二进制计数器,内部集成的 CMOS 门电路可与外接的 R、C 或石英晶体构成多谐振荡器,输出信号送至 14 级异步二进制计数器进行分频,可输出多种频率信号。CD4060 典型应用电路如图 6-48 所示,外接 32768Hz 晶振时,可输出 2048Hz、1024Hz、512Hz、256Hz、128Hz、64Hz、32Hz、8Hz、4Hz 和 2Hz 共 10 种方波信号。

图 6-48   CD4060 应用电路

思考与练习

6-11   异步二进制计数器内部用什么功能的触发器构成?结构上有什么规律?

6-12   试用两片双 D 触发器 74HC74 设计异步十六进制计数器。画出设计图。

6-13   试用两片双 JK 触发器 74HC112 设计异步十六进制计数器。画出设计图。

74HC290 是集成异步二-五-十进制计数器,内部逻辑框图如图 6-49 所示,由两个独立的计数器构成:一是 1 位二进制计数器,时钟脉冲为 CLK_0,状态输出为 Q_0;二是异步五进制计数器,时钟脉冲为 CLK_1,状态输出为 $Q_3Q_2Q_1$。

74HC290 提供了两组功能控制端:S_{91} 和 S_{92}、R_{01} 和 R_{02}。其中 S_{91} 和 S_{92} 为异步置 9 端,R_{01} 和 R_{02} 为异步复位端。当 $S_{91}S_{92}=1$,$R_{01}R_{02}=0$ 时,直接将 74HC290 的状态置 $9(Q_3Q_2Q_1Q_0=1001)$。当 $S_{91}S_{92}=0$,$R_{01}R_{02}=1$ 时,直接将 74HC290 的状态置零 $(Q_3Q_2Q_1Q_0=0000)$。当 $S_{91}S_{92}=0$ 并且 $R_{01}R_{02}=0$ 时 74HC290 处于计数状态。当时钟从

CLK_0 输入，Q_0 端输出 2 分频信号，实现一位二进制计数。当时钟脉冲从 CLK_1 输入，从 $Q_3 Q_2 Q_1$ 输出时实现五进制计数。

图 6-49　74HC290 逻辑框图

将 74HC290 内部的二进制计数器和五进制计数器级联即可扩展为十进制计数器，有两种连接方案。第一种方案是外部时钟从 CLK_0 加入，CLK_1 接 Q_0，如图 6-50(a)所示，即先进行二进制计数，再进行五进制计数，由 $Q_3 Q_2 Q_1 Q_0$ 输出 8421 码；第二种方案是外部时钟从 CLK_1 加入，CLK_0 接 Q_3，如图 6-50(b)所示，即先进行五进制计数，再进行二进制计数，由 $Q_0 Q_3 Q_2 Q_1$ 输出 5421 码。两种连接方法的状态转换表如表 6-17 所示。

(a) 8421码方案　　　　　　　　　　　　(b) 5421码方案

图 6-50　74HC290 扩展为十进制计数器的两种方案

表 6-17　两种扩展方案与状态转换表

CLK	扩展方案 1		扩展方案 2	
	连接方法	状态输出	连接方法	状态输出
		$Q_3 Q_2 Q_1 Q_0$		$Q_0 Q_3 Q_2 Q_1$
0		0000		0000
1 ↓		0001		0001
2 ↓		0010		0010
3 ↓		0011		0011
4 ↓	$CLK_0 = CLK$	0100	$CLK_0 = Q_3$	0100
5 ↓	$CLK_1 = Q_0$	0101	$CLK_1 = CLK$	1000
6 ↓		0110		1001
7 ↓		0111		1010
8 ↓		1000		1011
9 ↓		1001		1100
状态说明	8421 码		5421 码	

6.5.3
微课视频

6.5.3 任意进制计数器

二进制计数器和十进制计数器应用广泛,有商品化的器件出售。若需要其他进制计数器,一般需要用二进制或十进制计数器改接得到。

本节首先讨论计数器的容量扩展,然后讲述任意进制计数器的改接方法。

1. 计数器容量的扩展

当单片计数器的容量不能满足设计要求时,就需要将多片计数器级联以扩展计数容量。例如,将两片十进制计数器级联可以扩展成 $100(10 \times 10)$ 进制计数器,将两片十六进制计数器级联可以扩展成 $256(16 \times 16)$ 进制计数器。一般地,N 进制计数器和 M 进制计数器级联可以扩展成 $N \times M$ 进制计数器。

计数器容量的扩展有并行进位和串行进位两种方式。

采用并行进位方式,将两片十进制计数器扩展成一百进制计数器的连接方法如图 6-51所示,用第一片计数器的进位信号 C_1 控制第二片计数器的进位连接信号 ET。两片计数器的时钟相同,整体为同步时序电路。

图 6-51 一百进制计数器的并行进位方式

下面对并行进位方式的扩展原理进行分析。

设 $EP = 1$,两片计数器的初始状态为 00。在时钟脉冲 CLK 作用下,第一片计数器从 0 到 9 循环计数。每当第一片计数器的状态为 9 时进位信号 $C_1 = 1$,使得第二片计数器的 $ET = 1$,所以在下一次时钟脉冲的上升沿到来时,第二片计数器才能计数一次,故整体计数状态从 00 计到 99,为一百进制。当计数器的状态到达 99 时,一百进制计数器应输出进位信号,因此 $C_{100} = C_1 C_2$。

采用串行进位方式,用两片十进制数器扩展成一百进制计数器的连接方法如图 6-52 所示。将第一片计数器的进位信号 C_1 取反后作为第二片计数器的时钟,两片计数器的进位连接端 ET 均接高电平。由于两片计数器时钟不同,因此整体为异步时序电路。

图 6-52 一百进制计数器的串行进位方式

下面对串行进位方式的扩展原理进行分析。

设 $EP=1$，两片计数器的初始状态为 00。每当第一片计数器从 0 计到 9 后，进位信号 C_1 由低电平跳变为高电平。这时对第二片计数器来说，反相后为时钟脉冲的下降沿，所以第二片计数器还不计数。当第一片计数器的状态从 9 返回 0 后，进位信号 C_1 返回低电平，反相后第二片计数器的时钟脉冲才出现了上升沿，所以第二片计数器才能计数一次。因此，整体计数状态从 00 计到 99，为一百进制。串行进位方式进位信号的接法与并行进位方式相同。

思考与练习

6-14 并行进位和串行进位两种扩展方式，你推荐使用哪一种？为什么？

6-15 在串行进位方式中，若直接将 C_1 作为第二片计数器的时钟，会出现什么情况？是否还是一百进制？试分析说明。

6-16 用三片十进制计数器扩展成一千进制计数器。画出设计图。

2. 任意进制计数器的改接方法

假设已经有 N 进制计数器，需要 M 进制计数器时，分两种情况讨论。

1）$N > M$ 时

在 N 进制的计数循环中，设法跳过多余的 $N-M$ 个状态而得到 M 进制计数器。例如，需要七进制计数器时，若用十进制计数器改接，需要跳过 3 个多余的状态；若用十六进制计数器改接，则需要跳过 9 个多余的状态。

集成计数器通常都附加有复位和置数功能，因此跳过 $N-M$ 个状态有两种方法：复位法和置数法。复位法是利用计数器的复位功能，当计数达到某个状态时强制计数器复位而跳过多余的状态。置数法是利用计数器的置数功能而强制置为某个状态以跳过多余的状态。

（1）复位法。

设 N 进制计数器的 N 个状态分别用 $S_0, S_1, \cdots, S_{N-1}$ 表示。复位法的思路：从全 0 状态 S_0 开始计数，计满 M 个状态后，利用复位功能使计数器返回到 S_0 实现 M 进制，如图 6-53 所示。

(a) 异步复位   (b) 同步复位

图 6-53 利用复位法改接计数器

复位法有异步复位和同步复位两种方法，异步复位与时钟无关，同步复位受时钟控制。

对于具有异步复位功能的计数器（如 74HC160 或 74HC161），当计数器从全 0 状态 S_0

开始计数到 S_{M-1} 后,下次时钟到来计数器进入状态 S_M 时立即产生复位信号使计数器复位到 S_0。由于计数器在进入 S_M 后被立即复位到 S_0,在状态 S_M 维持的时间极短,因此 S_M 不属于有效状态,而称为"过渡状态"。

对于具有同步复位功能的计数器(如 74HC162 或 74HC163),当计数器从全 0 状态 S_0 开始计数到 S_{M-1} 后,在状态 S_{M-1} 产生复位信号,在下次时钟脉冲到来时实现复位。

(2) 置数法。

置数法是通过计数器的置数功能进行改接,有置 0、置最小值和置最大值 3 种方法。

置 0 法改接的原理与复位法类似。计数器从全 0 状态 S_0 开始计数,计满 M 个状态后:对于具有异步置数功能的计数器(如 74HC190/191),在状态到达 S_M 时使置数功能有效,将预先设置好的数据"全 0"立即置入计数器,使状态返回 S_0;对于具有同步置数功能的计数器(如 74HC160/161/162/163),在状态到达 S_{M-1} 时使置数功能有效,当下次时钟脉冲有效沿到来时将预先设置好的数据"全 0"置入计数器,使状态返回 S_0。

通过置数法进行改接时,也可以从任一状态 S_i 开始,计满 M 个状态后触发置数功能有效使状态返回 S_i,然后循环上述过程。

置最小值方法的思路:选取 M 个有效状态为 $S_{N-M} \sim S_{N-1}$,当计数器达到最后一个状态 S_{N-1} 时触发同步置数功能有效,在下次时钟脉冲到来时将状态置为 S_{N-M}。

置最大值方法的思路:选取 M 个循环状态为 $S_0 \sim S_{M-2}$ 和 S_{N-1},当计数器状态达到 S_{M-2} 时触发同步置数功能有效,在下次时钟脉冲到来时将状态置为 S_{N-1}。

【例 6-9】 将十进制计数器 74HC160 接成六进制计数器。

分析:74HC160 具有异步复位和同步置数功能。

用复位法改接时,选取有效循环为"0000~0101"。由于 74HC160 为异步复位,因此过渡状态应选为"0110"状态,改接方法如图 6-54(a)所示。每当计数器的状态到达"0110"时,立即复位返回状态"0000"。由于异步复位信号随着计数器复位而立即消失,所以复位信号持续时间短,因而可靠性不高。

74HC160 具有同步置数功能,若选取有效循环为"0000~0101",用置 0 法改接时,应在状态"0101"使置数功能 LD' 有效,并预先将 $D_3D_2D_1D_0$ 设置为"0000",当下次时钟脉冲的上升沿到来时返回状态"0000"。改接方法如图 6-54(b)所示。

图 6-54 用十进制计数器接成六进制计数器

上述两种改接方法选取的有效循环状态均为"0000~0101"。由于新计数器的状态循环都不经过原来计数器的最后一个状态"1001",所以原计数器的进位输出 C 恒为 0。若新计数器需要有进位信号,则应在新循环的最后一个状态"0101"时产生,如图 6-54 所示。

用置最小值法改接时,有效状态选为"0100~1001"。每当计数器的状态达到"1001"时使置数功能 LD' 有效,并预先设置 $D_3D_2D_1D_0=0100$,在下次时钟脉冲上升沿到来时将状态置为"0100",如图 6-55(a)所示。

(a) 置最小值法　　　　　(b) 置最大值法

图 6-55　用十进制计数器接成六进制计数器

用置最大值法改接时,有效状态选为"0000~0100"和"1001"。每当计数器的状态达到"0100"时使置数功能 LD' 有效,并预先设置 $D_3D_2D_1D_0=1001$,在下一次时钟脉冲的上升沿到来时将状态置为"1001",如图 6-55(b)所示。

无论是置最大值法还是置最小值法,新计数器的循环都经过了原计数循环的最后一个状态"1001",所以原计数器的进位信号可以直接作为新计数器的进位信号,不需要专门改接。

思考与练习

6-17　若用十进制计数器 74HC162 接成六进制计数器,例 6-9 中的 4 种改接电路哪种需要调整?画出调整后的改接图。

6-18　若用十六进制计数器 74HC161 接成六进制计数器,例 6-9 中的 4 种改接电路哪种需要调整?画出调整后的改接图。

6-19　若已有十六进制计数器 74HC161/163 而需八进制或四进制计数器时,是否需要按例 6-9 所示的方法进行改接?试总结规律。

2) $N<M$ 时

先将计数器的容量进行扩展,然后再改接成 M 进制。通常是先将 i 片 N 进制计数器级联扩展为 N^i 进制计数器,使 $N^{i-1}<M<N^i$,然后再在 N^i 进制计数器的计数循环中,跳过 N^i-M 个多余的状态改接成 M 进制,这种方法称为整体置数法。例如需要 365 进制计数器时,先用 3 片十进制计数器扩展成 1000 进制计数器,然后再将 1000 进制改接为 365 进制。

另外,还可以采用分解方法:将 M 分解成为若干个小于或等于 N 的因数的乘积,即 $M=N_1 \cdot N_2 \cdots \cdot N_j$($j$ 为正整数),然后分别设计出 $N_1,N_2,\cdots,N_j$ 进制计数器,最后通过串行进位或并行进位方式级联实现 M 进制。例如需要一个二十四进制计数器时,既可以用四进制计数器和六进制计数器级联实现,也可以用三进制和八进制计数器级联实现,还可以用二进制和十二进制计数器级联实现。

【例 6-10】 用两片 74HC160 计数器接成六十进制计数器。

分析：用两片 74HC160 计数器接成六十进制计数器时，既可以采用整体置数法，也可以采用分解方法实现。

采用整体置数法时，先将两片 74HC160 扩展成一百进制计数器，然后再将一百进制改接成六十进制。若选取一百进制计数器的状态循环为"00～59"，具体的实现方法：每当状态到达"59"时触发置数功能 LD' 有效，下次时钟到来时将状态置为"00"，设计方案如图 6-56 所示。

图 6-56 用整体置数法接成六十进制计数器

由于 60 可分解成 10×6，所以六十进制计数器也可以用一个十进制计数器和六进制计数器级联构成。图 6-57 是按照这种分解思路用并行进位方式接成的六十进制计数器，图 6-58 是用串行进位方式接成的六十进制计数器。

图 6-57 用并行进位法接成六十进制计数器

图 6-58 用串行进位法接成六十进制计数器

思考与练习

6-20 采用分解方法接成六十进制计数器时，低位片用六进制、高位片用十进制和低位片用十进制、高位片用六进制的状态循环是否相同？分别写出两种方案的状态编码并进行比较。

6-21　用两片 74HC160 接成三十六进制计数器,共有多少种改接方案? 画出设计图,并说明相应的状态循环规律。

6-22　用两片 74HC161 接成三十六进制计数器,共有多少种改接方案? 画出设计图,并说明相应的状态循环规律。

【例 6-11】　设计一个可控进制的计数器,当控制变量 $M=0$ 时为五进制,$M=1$ 时为十五进制。

分析:由于最大为十五进制,所以需要用十六进制计数器进行改接。

若采用置最小值法,五进制计数的状态循环选为"1011～1111",十五进制计数器的状态循环选为"0001～1111",则应在状态"1111"时触发置数功能 LD' 有效,实现五进制时将数 $D_3D_2D_1D_0$ 置为"1011",实现十五进制时数置为"0001"。根据上述分析,应取 $D_3D_2D_1D_0 = M'0M'1$。设计图如图 6-59 所示。

本例也可以用置 0 法或复位法来实现。选取五进制计数器的状态循环为"0000～0100",十五进制计数器的状态循环为"0000～1110"。采用 74HC161 改接时,应分别在状态 0100 和 1110 时触发其置数功能,因此取 $LD' = M'Q_2 + MQ_3Q_2Q_1$,并取 $D_3D_2D_1D_0 = 0000$ 即可实现。

图 6-59　例 6-11 设计图

思考与练习

6-23　能否用一个 74HC160 改接为 4 种进制,当 $S_1S_0=00$ 时为十进制,$S_1S_0=01$ 时为五进制,$S_1S_0=10$ 时为八进制,$S_1S_0=11$ 时为六进制? 说明设计思想,并画出设计图。

6-24　能否用一个 74HC160 改接为 8 种进制,当 $A_2A_1A_0=000～111$ 时,分别实现二到九进制? 说明设计思想,并画出设计图。

6.5.4　两种特殊计数器

移位寄存器不但可以存储数据,实现数据的移动,还可以构成两种特殊的计数器:环形计数器和扭环形计数器。

0.1
微课视频

1. 环形计数器

将图 6-26 所示的 4 位移位寄存器首尾相接,即令 $D_0=Q_3$,即可构成 4 位环形计数器(ring counter),如图 6-60 所示。

图 6-60　4 位环形计数器

　　根据移位寄存器的工作特点,分析 16 种状态的循环关系,即可画出图 6-61 所示的环形计数器完整的状态转换图。由于存在多个循环关系,若选取"0001→0010→0100→1000→0001"为有效循环,则其他称为无效循环。环形计数器一旦落入无效循环中,就不能自动返回到有效循环状态中去,所以图 6-60 所示的环形计数器不具有启动功能。

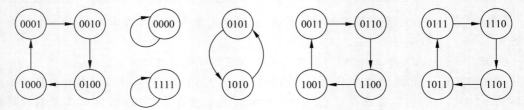

图 6-61　4 位环形计数器状态转换图

　　为了环形计数器具有自启动功能,就需要修改逻辑设计。同时,为了保持移位寄存器型计数器的结构特点,在 4 个驱动方程中只修改驱动方程 $D_0 = Q_3$。重设 $D_0 = F(Q_3, Q_2, Q_1, Q_0)$,则 $Q_0^* = F(Q_3, Q_2, Q_1, Q_0)$,然后根据自启动的需要重新定义 Q_0^*。修改后能够自启动的 4 位环形计数器的状态转换图如图 6-62 所示。

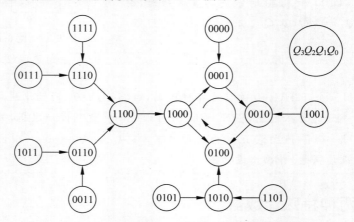

图 6-62　能够自启动的 4 位环形计数器状态转换图

　　根据图 6-62 重新定义的状态循环关系,画出图 6-63 所示的逻辑函数 $Q_0^* = F(Q_3, Q_2, Q_1, Q_0)$ 的卡诺图。

化简得

$$Q_0^* = Q_2' Q_1' Q_0'$$

故得到驱动方程

$$D_0 = Q_2' Q_1' Q_0'$$

　　按上式驱动方程设计得到图 6-64 所示的能够自启动的环形计数器。

　　环形计数器的优点是结构简单,状态编码为一位热码编码方式。这种编码方式虽然使用了较多的触发器,但大大简化了状态译码电路的设计,而且能够提高系统的工作速度,

图 6-63　Q_0^* 卡诺图

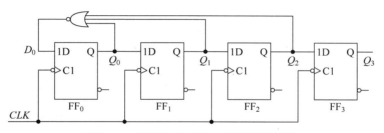

图 6-64 能够自启动的 4 位环形计数器

增强计数器工作的可靠性,所以在现代数字系统设计中被广泛应用。

环形计数器的缺点是状态利用率低。由 n 位移位寄存器构成的环形计数器只有 n 个有效状态,还有 $2^n - n$ 个状态没有用到。

2. 扭环形计数器

将 4 位移位寄存器的输出 Q_3' 作为触发器 FF_0 的输入,即 $D_0 = Q_3'$,可构成扭环形计数器(twisted-ring counter),如图 6-65 所示。

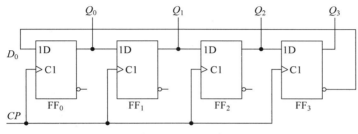

图 6-65 4 位扭环形计数器

扭环形计数器的状态转换图如图 6-66 所示,仍然存在两组状态循环关系,所以图 6-65 所示的扭环形计数器也不具有自启动功能。

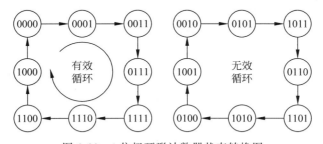

图 6-66 4 位扭环形计数器状态转换图

和环形计数器一样,可以通过修改逻辑设计的方法使扭环形计数器具有自启动功能。重设 $D_0 = F(Q_3, Q_2, Q_1, Q_0)$,则 $Q_0^* = F(Q_3, Q_2, Q_1, Q_0)$,然后根据自启动的需要重新定义 Q_0^*。图 6-67 是修改后能够自启动的 4 位扭环形计数器的状态转换图。

由修改后的状态转换关系,可得

$$Q_0^* = Q_1 Q_2' + Q_3'$$

故可得驱动方程

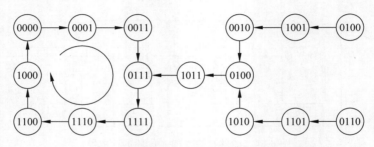

图 6-67　能够自启动的 4 位扭环形计数器状态转换图

$$D_0 = Q_1 Q'_2 + Q'_3$$

按上式驱动方程重新设计即可得到图 6-68 所示的能够自启动的 4 位扭环形计数器。

图 6-68　具有自启动功能的扭环形计数器

扭环形计数器的特点是状态转换时只有一位发生变化,所以不会产生竞争-冒险,因而可靠性很高。另外,与环形计数器相比,扭环形计数器共有 $2n$ 个有效状态,状态利用率有所提高,但仍有 $2^n - 2n$ 个状态没有用到。

在实际应用中,环形计数器和扭环形计数器基于集成移位寄存器设计更方便,如例 6-6 所示。

6.6　两种时序单元电路

顺序脉冲发生器和序列信号产生器是两种典型的时序单元电路。顺序脉冲发生器用于产生顺序脉冲,通常用作小型数字系统的控制核心;序列信号产生器用于产生串行序列信号,在通信系统测试中应用广泛。

6.6.1　顺序脉冲发生器

在数字系统设计中,经常需要用到一组在时间上有一定先后顺序的脉冲信号,然后用这些脉冲来合成所需要的控制信号。顺序脉冲发生器就是能够产生顺序脉冲的时序逻辑电路。

环形计数器本身就是顺序脉冲发生器。如图 6-64 所示的 4 位环形计数器,其状态中的高电平脉冲随着时钟依次在输出 Q_0、Q_1、Q_2 和 Q_3 中循环出现。若某一数字系统有四项工作任务需要完成,当 $Q_0 = 1$ 时执行任务 1,$Q_1 = 1$ 时执行任务 2,$Q_2 = 1$ 时执行任务 3,$Q_3 = 1$ 时执行任务 4,那么这四项任务随着时钟脉冲依次顺序地循环地执行。

顺序脉冲发生器的典型结构是由计数器和译码器构成的。计数器在时钟脉冲的作用下循环计数,译码器则对计数器的状态进行译码而产生顺序脉冲。图 6-69 是用十六进制计数器和 3 线-8 线译码器构成的 8 节拍顺序脉冲发生器,输出波形如图 6-70 所示。在时钟脉冲的作用下,译码输出的低电平信号顺序地在 Y_0' 到 Y_7' 输出端循环出现。

图 6-69 用计数器和译码器构成的
顺序脉冲发生器

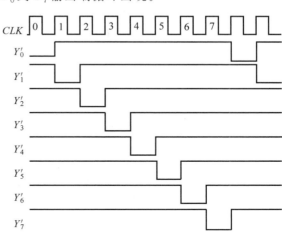

图 6-70 8 节拍顺序脉冲发生器波形图

一般地,若要产生 n 节拍的顺序脉冲,需要用 n 进制计数器和能够输出 n 个高、低电平信号的译码器构成。

思考与练习

6-25 若将图 6-69 中译码器的控制端 S_2' 和 S_3' 由接地改接为时钟 CLK,则输出脉冲会有什么变化? 试说明其差异,并分析两种电路的优缺点。

6.6.2 序列信号产生器

序列信号产生器是用来产生串行序列信号的时序逻辑电路。通常有 3 种实现形式:

(1) 由计数器和数据选择器构成;

(2) 利用顺序脉冲合成;

(3) 反馈移位型。

序列信号产生器的典型电路是由计数器和数据选择器构成的。计数器在时钟脉冲的作用下循环计数,然后用计数器的状态作为数据选择器的地址,从多路数据选择器中依次选择其中一路输出产生序列信号。

8 位序列信号产生器电路如图 6-71 所示。在时钟脉冲的作用下,八进制计数器的状态 $Q_2Q_1Q_0$ 按 000～111 循环变化,数据选择器在地址信号"000～111"的作用下从输入 D_0～D_7 不断选择数据并从 Y 端输出,如表 6-18 所示。若要产生"01011011"8 位序列信号,只要定义 8 选 1 数据选择器的输入数据 $D_0D_1D_2D_3D_4D_5D_6D_7 = 01011011$ 即可。

一般地,n 位序列信号产生器由 n 进制计数器和 n 选 1 数据选择器构成。有时为了简化电路设计,也可以采用小于 n 选 1 的数据选择器。

图 6-71　用计数器和数据选择器构成的序列信号产生器

表 6-18　图 6-71 序列信号产生器的真值表

CLK	$Q_2(A_2)$	$Q_1(A_1)$	$Q_0(A_0)$	Y
0	0	0	0	D_0
1	0	0	1	D_1
2	0	1	0	D_2
3	0	1	1	D_3
4	1	0	0	D_4
5	1	0	1	D_5
6	1	1	0	D_6
7	1	1	1	D_7

【例 6-12】　设计能够产生"1101000101"序列信号的电路。

设计过程：

(1) 因序列信号长度 $M=10$，所以选择十进制计数器。

(2) 计数器的输出状态与序列信号 Y 之间的关系如表 6-19 所示。

表 6-19　序列信号 Y 的真值表

Q_3	Q_2	Q_1	Q_0	Y
0	0	0	0	1
0	0	0	1	1
0	0	1	0	0
0	0	1	1	1
0	1	0	0	0
0	1	0	1	0
0	1	1	0	0
0	1	1	1	1
1	0	0	0	0
1	0	0	1	1

(3) 由真值表可得 Y 的函数表达式为

$$Y = Q_3'Q_2'Q_1'Q_0' + Q_3'Q_2'Q_1'Q_0 + Q_3'Q_2'Q_1Q_0 + Q_3'Q_2Q_1Q_0 + Q_3Q_2'Q_1'Q_0$$

（4）若用 8 选 1 数据选择器产生序列信号，取数据选择器地址 $A_2A_1A_0=Q_2Q_1Q_0$ 时，将函数表达式变换为

$$Y=Q'_3m_0+Q'_3m_1+Q'_3m_3+Q'_3m_7+Q_3m_1$$
$$=Q'_3m_0+m_1+Q'_3m_3+Q'_3m_7$$

因此，8 路数据分别取 $D_0=D_3=D_7=Q'_3$，$D_1=1$ 和 $D_2=D_4=D_5=D_6=0$，故总体设计电路如图 6-72 所示。

图 6-72　例 6-12 设计图

【**例 6-13**】　用顺序脉冲发生器设计产生"11010001"序列信号的电路。

设计过程：

因序列信号长度 $M=8$，所以选用 74HC161（作八进制用）和 74HC138 产生 8 节拍的顺序负脉冲 $P'_0\sim P'_7$。

根据要求序列信号 11010001，得出 Y 的表达式为

$$Y=P_0+P_1+P_3+P_7=(P'_0P'_1P'_3P'_7)'$$

故设计电路如图 6-73 所示。

图 6-73　例 6-13 设计图

反馈移位型序列信号产生器由移位寄存器和组合反馈网络构成，从移位寄存器的某一输出端得到周期性的序列信号。

反馈移位型序列信号产生器设计的一般步骤：

（1）根据给定序列信号的长度 M，预取移位寄存器位数 n，应满足 $2^{n-1}<M<2^n$。

（2）确定移位寄存器的位数和状态。将要产生的序列信号按移位规律每 n 位一组，划分为 M 个状态。若 M 个状态中有重复编码，则增加移位寄存器的位数，直到划分的 M 个

状态编码独立为止。

（3）根据 M 个独立状态列出移位寄存器的状态表和反馈逻辑函数，求出反馈函数的表达式。

（4）检查电路是否具有自启动功能。若没有，修改逻辑设计，使电路能够自启动。

（5）画出设计图。

【例 6-14】 设计能够产生"100111"序列信号的反馈移位型信号发生器。

设计过程：

（1）因序列长度 $2^2 < M = 6 < 2^3$，故预取移位寄存器的位数 $n = 3$。

（2）确定移位寄存器的位数和状态。将序列信号"100111"按照移位规律每 3 位一组划分为 6 个状态：100、001、011、111、111 和 110。由于"111"为重复状态，因此改取 $n = 4$，重新划分 6 个状态：1001、0011、0111、1111、1110 和 1100。因为没有重复状态，故确定 $n = 4$。

用 4 位双向移位寄存器 74HC194(输出分别用 $Q_0Q_1Q_2Q_3$ 表示)实现时，选择左移操作，从 Q_0 输出"100111"序列信号 Y。

（3）求状态表和反馈逻辑函数表达式。列出移位寄存器的状态表，然后根据每个状态所需要的移位输入信号即反馈信号，列出真值表如表 6-20 所示。

表 6-20 反馈信号真值表

Q_0	Q_1	Q_2	Q_3	D_{IL}
1	0	0	1	1
0	0	1	1	1
0	1	1	1	1
1	1	1	1	0
1	1	1	0	0
1	1	0	0	1

由真值表画出 D_{IL} 的卡诺图，如图 6-74 所示。

化简可得

$$D_{IL} = Q_0' + Q_2' = (Q_0 Q_2)'$$

根据以上设计结果，在设定初始值下进行分析，可得其状态转换如图 6-75 所示。

图 6-74 D_{IL} 的卡诺图

图 6-75 例 6-14 原始状态图

由于状态转换图中存在无效循环，因此需要修改逻辑设计，使电路具有自启动功能。为了消除无效循环，改变图 6-74 卡诺图的圈法，使"0110→1100""0010→0100"，如图 6-76 所示。

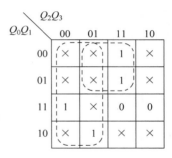

图 6-76　D_{IL} 修改后的卡诺图

因此求得 $D_{IL}=Q_2'+Q_0'Q_3=(Q_2(Q_0'Q_3)')'$，重新画出新的状态图如图 6-77 所示。

（4）画出设计图。移位寄存器用 74HC194，反馈逻辑电路采用门电路实现，如图 6-78 所示。

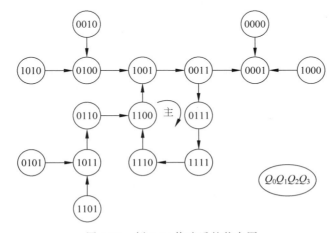

图 6-77　例 6-14 修改后的状态图

图 6-78　移位寄存器型序列信号产生器

6.7　时序电路中的竞争-冒险

时序逻辑电路是由组合电路和存储电路两部分构成的，因此，时序电路中的竞争-冒险来源于两个方面：一是组合电路的竞争-冒险；二是存储电路的竞争-冒险。

组合电路的竞争-冒险产生的原因以及消除方法已经在第 4 章做过简要的分析，在此不再赘述。况且，对于同步时序电路，组合逻辑电路的输入在时钟脉冲的作用下同时发生变化，其输出达到稳态后在下一次时钟脉冲的有效沿到来时才会被看到，因此，设计良好的同步时序电路不需要考虑来自组合电路的竞争-冒险，而需要考虑来自存储电路的竞争-冒险。

存储电路的竞争-冒险源于触发器的输入信号和时钟脉冲之间的竞争。当输入信号和时钟脉冲经过不同的路径到达同一触发器时,输入和时钟之间便会发生竞争。由于竞争有可能导致存储电路产生错误状态的现象,称为存储电路的竞争-冒险。

下面结合边沿 D 触发器进行具体分析。

存储电路的竞争-冒险可以用图 6-79 来说明。设 D 触发器的时钟脉冲 CLK 和输入信号 D 是两个相同的数字序列,触发器的初始状态为 0。当时钟脉冲 CLK 和输入信号 D 经过不同的路径传输到时触发器时,若 CLK 超前于 D,如图 6-79(a)所示,则触发器的输出状态保持为低电平;若 CLK 滞后于 D,如图 6-79(b)所示,则触发器的输出状态跳变为高电平后不变。上述分析只是理想化分析,对于实际应用电路,为了确保存储电路能够在时钟脉冲的有效沿可靠地更新状态,触发器的输入信号还必须满足建立时间和保持时间的要求。

(a) CLK 超前于 D (b) CLK 滞后于 D

图 6-79 D 触发器时钟与输入之间的竞争

为了避免存储电路产生竞争-冒险,本节先介绍时钟脉冲的特性,然后简要分析同步时序逻辑电路可靠工作应满足的条件。

6.7.1 时钟脉冲的特性

时钟脉冲是时序电路的脉搏,时钟信号的质量直接影响时序电路的工作稳定性。在数字系统中,时钟脉冲受到传输路径、电路负载和温度等因素的影响,会出现时钟扭曲和时钟抖动现象。

时钟扭曲(clock skew)是指同源时钟到达两个触发器时钟端的时间差异,分为正扭曲和负扭曲两种。正扭曲是指时钟脉冲 CLK_1 超前于 CLK_2,即 $t_{SKEW}>0$,如图 6-80 所示。负扭曲是指时钟脉冲 CLK_1 滞后于 CLK_2,即 $t_{SKEW}<0$。

图 6-80 时钟扭曲

时钟扭曲产生的主要原因是时钟的静态传输路径不匹配或时钟电路负载的不平衡,具体表现为时钟相位的偏移。时钟扭曲一般不会造成时钟周期的变化。

时钟抖动(clock jitter)是指时序电路中某些触发器的时钟周期暂时发生了变化,分为周期抖动和周期间抖动两种。周期抖动的范围大,比较容易确定,通常由干扰、电源波动或噪声等引起的。周期间抖动主要由环境因素造成的,一般呈高斯分布,比较难以跟踪。

避免时钟抖动的主要方法有两种:①采用全局时钟源;②采用抗干扰布局布线,增强时钟的抗干扰能力。

6.7.2 时序电路可靠工作的条件

为了避免存储电路的竞争-冒险,本节结合同步电路的基本模型来分析时序电路可靠工作时应满足的条件。

同步时序逻辑电路的基本模型如图 6-81 所示,由两个 D 触发器和一个组合逻辑模块构成。图中 t_{CO} 表示触发器的时钟到时输出的延迟时间,t_{LOGIC} 表示组合逻辑模块的传输延迟时间,t_{SU} 表示触发器的建立时间。

图 6-81 同步时序电路的基本模型

为了确保同步时序逻辑电路能够可靠工作,触发器的输入信号与时钟脉冲之间必须满足建立时间和保持时间的要求。

1. 建立时间裕量分析

建立时间是指在时钟脉冲的有效沿到来之前,触发器的输入信号到达并且稳定的最短时间。设同步电路所加时钟脉冲的周期用 t_{CYCLE} 表示。如果不考虑时钟扭曲,那么对于触发器 FF$_2$ 而言,输入信号相对于时钟脉冲上升沿之前 $t_{CYCLE}-(t_{CO}+t_{LOGIC})$ 时间到达并且稳定,如图 6-82 所示。

图 6-82 同步电路时序分析

要求触发器的建立时间为 t_{SU} 时,如果用 t_{SU_SLACK} 表示触发器的建立时间裕量,则 t_{SU_SLACK} 可以表示为

$$t_{SU\_SLACK} = t_{CYCLE} - (t_{CO} + t_{LOGIC}) - t_{SU}$$

当 $t_{SU\_SLACK} \geqslant 0$ 时,说明输入信号相对于时钟有效沿到达触发器并且稳定的时间满足触发器建立时间的要求。

如果考虑 CLK_2 与 CLK_1 之间存在扭曲,如图 6-83 所示,则建立时间裕量 t_{SU_SLACK} 表

示为

$$t_{SU\_SLACK} = t_{CYCLE} - (t_{CO} + t_{LOGIC}) - t_{SU} + t_{SKEW}$$

图 6-83 带有时钟扭曲的同步电路时序分析

当 $t_{SKEW} > 0$ 时，t_{SU_SLACK} 增加，说明正扭曲对建立时间是有益的。

2. 保持时间裕量分析

如果不考虑时钟扭曲，则触发器 FF_2 状态更新后，状态的保持时间为 $t_{CO} + t_{LOGIC}$，如图 6-82 所示。

要求触发器的保持时间为 t_{HOLD} 时，如果用 t_{HOLD_SLACK} 表示触发器的保持时间裕量，则 t_{HOLD_SLACK} 可以表示为

$$t_{HOLD\_SLACK} = t_{CO} + t_{LOGIC} - t_{HOLD}$$

当 $t_{HOLD\_SLACK} \geq 0$ 时，说明在时钟脉冲的有效沿作用后，输入信号还维持了足够长的时间，满足触发器保持时间的要求，保证了时序电路的输入信号在时钟有效沿作用后还能够保持足够长的时间，并且不会因为新数据的到来而过早改变。

如果考虑 CLK_2 与 CLK_1 之间存在扭曲，如图 6-83 所示，则保持时间裕量 t_{HOLD_SLACK} 表示为

$$t_{HOLD\_SLACK} = t_{CO} + t_{LOGIC} - t_{HOLD} - t_{SKEW}$$

当 $t_{SKEW} > 0$ 时，t_{HOLD_SLACK} 减小，说明正扭曲对保持时间是有害的。

由上述分析可以看出：时钟脉冲产生正扭曲时对建立时间有益，但对保持时间有害；产生负扭曲时对保持时间有益，但对建立时间有害。因此，对于同步时序电路，最好是使时钟脉冲之间无扭曲，即 $t_{SKEW} = 0$，这样对建立时间和保持时间都没有影响，这就要求同步时序电路中所有存储电路的时钟不但来源于同一时钟源，并且时钟网络具有良好的特性。

3. 最高工作频率分析

对于图 6-81 所示的同步时序逻辑电路，由于触发器时钟到输出的延迟时间为 t_{CO}，组合逻辑电路的传输延迟时间为 t_{LOGIC}，并且要求触发器的建立时间不小于 t_{SU}，因此可以推出该同步时序电路可靠工作时，时钟脉冲的最小周期为

$$T_{min} = t_{CO} + t_{LOGIC} + t_{SU}$$

因此最高工作频率为

$$F_{max} = T_{min} = 1/(t_{CO} + t_{LOGIC} + t_{SU})$$

6.8 设计项目

时序逻辑电路通常作为数字系统的核心,用于实现定时、计时和控制等多种功能。

6.8.1 交通灯控制器设计

在一条主干道和一条支干道汇成的十字路口,在主干道和支干道车辆入口分别设有红、绿、黄三色信号灯。

设计任务:设计一个交通灯控制电路,用红、绿、黄三色发光二极管作为信号灯,具体要求如下:主干道和支干道交替通行;主干道每次通行 45s,支干道每次通行 25s;每次由绿灯变为红灯时,要求黄灯先亮 5s。

分析:交通灯控制器应由主控电路和计时电路两部分构成。主控电路用于控制主、支干道绿灯、黄灯和红灯的状态,计时电路用于控制通行时间。

1. 主控电路设计

主干道和支干道的绿、黄、红三色灯正常工作时共有 4 种组合,分别用 4 个状态变量 S_0、S_1、S_2 和 S_3 表示,含义如表 6-21 所示。

表 6-21　主控制器状态定义

状态变量	状态含义	主干道状态	支干道状态	计时时间
S_0	主干道通行	绿灯亮	红灯亮	45s
S_1	主干道停车	黄灯亮	红灯亮	5s
S_2	支干道通行	红灯亮	绿灯亮	25s
S_3	支干道停车	红灯亮	黄灯亮	5s

设主干道的红灯、绿灯、黄灯分别用 R、G、Y 表示;支干道的红灯、绿灯、黄灯分别用 r、g、y 表示,并规定灯亮为 1,灯灭为 0,则主控电路的真值表如表 6-22 所示。

表 6-22　交通灯译码电路真值表

状态变量	主干道状态			支干道状态		
	R	Y	G	r	y	g
S_0	0	0	1	1	0	0
S_1	0	1	0	1	0	0
S_2	1	0	0	0	0	1
S_3	1	0	0	0	1	0

从真值表可以推出信号灯的逻辑表达式

$$R = S_2 + S_3$$
$$Y = S_1$$
$$G = S_0$$
$$r = S_0 + S_1$$
$$y = S_3$$

$$g = S_2$$

具体实现方法是,将 74HC161 用作四进制计数器,经 2 线-4 线译码器($\frac{1}{2}$)74HC139 产生 4 个顺序脉冲,然后合成所需要的控制信号。由于 74HC139 输出为低电平有效,故应将信号灯接成灌电流负载。因此,需要对表达式进行变换:

$$R' = (S_2 + S_3)' = S_2' S_3'$$
$$Y' = S_1'$$
$$G' = S_0'$$
$$r' = (S_0 + S_1)' = S_0' S_1'$$
$$y' = S_3'$$
$$g' = S_2'$$

故按上述表达式设计主、支干道红灯、黄灯和绿灯驱动电路。

2. 计时电路设计

若取计时电路的时钟周期为 5s,则 45s 定时、5s 定时和 25s 定时分别用九、一和五个脉冲实现,所以完成一次循环显示需要 9+1+5+1=16 个时钟脉冲。

用 74HC161 和 74HC138 产生 16 个顺序脉冲,然后分别在第 9、10、15 和 16 个脉冲时使主控电路的控制信号 EPT 为高电平,真值表如表 6-23 所示,下次时钟到来时用 EPT 控制主控电路进行状态切换。因此,控制信号

$$EPT = P_8 + P_9 + P_{14} + P_{15} = (P_8' P_9' P_{14}' P_{15}')'$$

故用四输入与非门实现。

表 6-23　计时电路真值表

CLK	Q_3	Q_2	Q_1	Q_0	状态	EPT
1	0	0	0	0	P_0	0
2	0	0	0	1	P_1	0
3	0	0	1	0	P_2	0
4	0	0	1	1	P_3	0
5	0	1	0	0	P_4	0
6	0	1	0	1	P_5	0
7	0	1	1	0	P_6	0
8	0	1	1	1	P_7	0
9	1	0	0	0	P_8	1
10	1	0	0	1	P_9	1
11	1	0	1	0	P_{10}	0
12	1	0	1	1	P_{11}	0
13	1	1	0	0	P_{12}	0
14	1	1	0	1	P_{13}	0
15	1	1	1	0	P_{14}	1
16	1	1	1	1	P_{15}	1

交通灯控制器的总体设计电路如图 6-84 所示,其中复位键 RST 用于控制计时电路与主控电路同步。

图 6-84 交通灯控制器参考设计图

6.8.2　简易频率计设计

频率计用于测量周期信号的频率。数字频率测量有直接测频、测周期和等精度测频3种方法。

直接测频法的基本原理如图 6-85 所示,其中 f_x 为被测信号。首先对被测信号 f_x 进行放大和整形,作为计数器的时钟 CLK,然后主控电路在时钟脉冲的作用下依次产生清零、闸门和显示信号。清零信号 CLR' 是用于将测频计数器清零,闸门信号 $CNTEN$ 用于控制计数器在单位时间内对 CLK 进行计数。显示信号 $DISPEN'$ 用于控制锁存译码电路刷新测量结果。

图 6-85　直接测频法设计方案

为设计方便,用十进制计数器 74HC160 作为主控电路,取时钟脉冲为 8Hz,输出用 $Q_3Q_2Q_1Q_0$ 表示。设测频计数器的清零信号 CLR' 低电平有效,闸门信号 $CNTEN$ 高电平有效,显示信号 $DISPEN'$ 低电平有效,设计主控电路的真值表如表 6-24 所示,其中闸门信号有效时间为 1s。

表 6-24　主控电路真值表

CLK	Q_3	Q_2	Q_1	Q_0	状态	CLR'	$CNTEN$	$DISPEN'$
1	0	0	0	0	P_0	0	0	1
2	0	0	0	1	P_1	1	1	1
3	0	0	1	0	P_2	1	1	1
4	0	0	1	1	P_3	1	1	1
5	0	1	0	0	P_4	1	1	1
6	0	1	0	1	P_5	1	1	1
7	0	1	1	0	P_6	1	1	1
8	0	1	1	1	P_7	1	1	1
9	1	0	0	0	P_8	1	1	1
10	1	0	0	1	P_9	1	0	0

由真值表写出 3 个控制信号的逻辑函数表达式:

$$\begin{cases} CLR' = P'_0 = (Q'_3 Q'_2 Q'_1 Q'_0)' = Q_3 + Q_2 + Q_1 + Q_0 \\ CNTEN = (P_0 + P_9)' = CLR' \cdot DISPEN' \\ DISPEN' = P'_9 = C' \end{cases}$$

其中 C 为 74HC160 的进位信号。由上述逻辑式得出主控电路的设计图如图 6-86 所示。

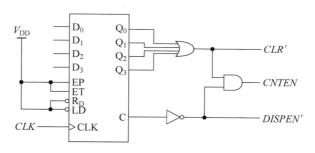

图 6-86 主控电路设计图

如果测频范围要求为 $0\sim9999\text{Hz}$，则 4 个十进制计数器 74HC160 级联扩展为一万进制计数器，分别用 4 个 CD4511 进行译码驱动 4 个数码管显示测频结果。计数器的复位端 R_D' 由主控电路的清零信号 CLR' 控制，计数允许控制端 EP 由主控电路的闸门信号 $CNTEN$ 控制，CD4511 的锁存允许端 LE 由主控电路的显示信号 $DISPEN'$ 控制。

4 位频率计的总体设计方案如图 6-87 所示，其中 8Hz 脉冲 $DCLK$ 用图 6-48 所示电路产生。

闸门信号为 1 秒时，考虑到计数器的最大计数误差为 $\pm1\text{Hz}$，因此频率计的分辨率为 1Hz。

6.8.3 数码管控制器设计

数码管是数字系统常用的显示器件，用于显示 BCD 码、二进制码或者一些特殊的字符信息。

设计任务：设计一个数码管控制器。在单个数码管上能依次显示自然数序列($0\sim9$)、奇数序列(1、3、5、7、9)、音乐符号序列($0\sim7$)和偶数序列(0、2、4、6、8)，然后再次循环显示。每个数码的显示时间均为 1 秒。

分析：自然数序列共有 10 个数码，因此用十进制计数器实现。奇数序列和偶数序列各有 5 个数码，故用五进制计数器实现，而音乐符号序列则用八进制计数器实现。

设计过程：用一片 74HC160 和门电路配合 74HC151 依次实现十进制、五进制、八进制和五进制，然后在主控四进制计数器的作用下实现进制切换：状态为 00 时实现十进制，为 01 时实现五进制，为 10 时实现八进制，为 11 时实现五进制。

设计五进制计数器的输出状态为 $000\sim100$，在末位后加一位 x 配成 4 位二进制数 $000x\sim100x$。取 $x=1$ 时为奇数序列，取 $x=0$ 时为偶数序列。

数码管控制器的总体设计电路如图 6-88 所示，其中 4 种进制计数器的高位、次高位、次低位和最低位分别用两片 74HC153 进行选择后接显示译码器驱动数码管输出。

图 6-87　简易频率计参考设计图

图 6-88 数码管控制器参考设计图

本章小结

时序逻辑电路的输出不但与输入有关,而且与电路的状态有关,分为同步时序逻辑电路和异步时序逻辑电路两大类型。同步时序逻辑电路内部存储电路的状态更新是同时进行的,而异步时序逻辑电路内部存储电路的状态更新不完全同时进行。

时序逻辑电路的逻辑功能用状态转换表、状态转换图和波形图进行描述。输出方程组、驱动方程组和状态方程组是分析和设计时序逻辑电路的理论基础。

时序电路分析就是对于给定的时序电路,确定电路的逻辑功能。时序电路设计就是对于文字性描述的逻辑问题,分析其因果关系,确定电路的状态,画出能够实现其功能要求的时序电路图。

寄存器是时序电路中的存储部件。移位寄存器扩展了寄存器的功能,不但具有数据存储功能,而且能够在时钟脉冲的作用下,实现数据的左、右移动。74HC194 是 4 位双向移位寄存器,具有 FIFO、实现串-并转换和简单乘/除法三种附加功能。

计数器用于统计输入脉冲的个数,分为同步计数器和异步计数器两类。根据计数容量进行划分,计数器可分为二进制计数器、十进制计数器和任意进制计数器;根据计数方式进行划分,计数器可分为加法计数器、减法计数器和加/减计数器。

74HC161/163 是同步 4 位二进制加法计数器,两者不同的是,74HC161 具有异步清零功能,而且 74HC163 具有同步清零功能。74HC191/193 为同步 4 位二进制加/减计数器,其中 74HC191 单时钟计数器,通过 U'/D 控制计数方式,而 74HC193 为双时钟计数器,通过不同的时钟输入控制计数方式。

74HC160/162 是同步十进制加法计数器,74HC190/192 为同步十进制加/减计数器,引脚排列和应用方法分别与 74HC161/163、74HC191/193 相同。

顺序脉冲发生器和序列信号产生器是两种典型的时序单元电路。顺序脉冲发生器用于产生在时间上有先后顺序的脉冲,用于合成系统所需的控制信号,可作为数字系统的控制核心。序列信号产生器用于产生序列信号,可用于通信系统的测试。

时序逻辑电路的竞争-冒险主要源于存储电路的输入信号与时钟之间的竞争。同步时序电路可靠工作时应满足的建立时间和保持时间条件,不但要求所有存储电路的时钟来源于同一时钟源,并且时钟网络具有良好的特性。

习题

6.1 分析图题 6-1 所示的时序电路。写出输出方程、驱动方程和状态方程,列出状态转换表或画出状态转换图,并说明电路的逻辑功能。

6.2 分析图题 6-2 所示时序逻辑电路。写出输出方程、驱动方程和状态方程,列出状态转换表或画出状态转换图,并说明电路的逻辑功能。

6.3 分析图题 6-3 所示的时序电路。写出驱动方程和状态方程,列出状态转换表或画出状态转换图,说明电路的逻辑功能并检查是否能够自启动。

6.4 设 3 位计数器的状态 $Q_0Q_1Q_2$ 的波形如图题 6-4 所示,分析该计数器的进制。

图题 6-1

图题 6-2

图题 6-3

图题 6-4

6.5 用 D 触发器及门电路设计同步 3 位二进制加法计数器,画出设计图,并检查能否自启动。

6.6 用 JK 触发器和门电路设计同步十二进制计数器,并检查能否自启动。

6.7 分析图题 6-7 所示的时序电路。写出驱动方程和状态方程,列出状态转换表或画出状态转换图,说明计数器的进制。

6.8 分析图题 6-8 所示的时序电路。画出状态转换图,并说明计数器的进制。

6.9 分析图题 6-9 所示的时序电路。画出状态转换图,并说明计数器的进制。

图题　6-7

图题　6-8　　　　　　　　　　　图题　6-9

6.10 分析图题 6-10 所示计数器的进制。

图题　6-10

6.11 用复位法将 74HC160 改接为以下进制计数器。

(1) 七进制；　　　　　　　(2) 二十四进制。

6.12 用置数法将 74HC161 改接为以下进制计数器。

(1) 七进制；　　　　　　　(2) 二十四进制。

6.13 用复位法将 74HC162 改接为以下进制计数器。

(1) 七进制；　　　　　　　(2) 二十四进制。

6.14 用置数法将 74HC163 改接为以下进制计数器。

(1) 七进制；　　　　　　　(2) 二十四进制。

6.15 用 74HC194 设计下列计数器。

(1) 4 位环形计数器；(2) 4 位扭环形计数器。

6.16 设计一个能够产生"0010110111"序列信号的序列信号发生器。具体要求如下：

(1) 基于计数器和 8 选 1 数据选择器设计；

（2）基于顺序脉冲发生器设计。

6.17 分析图题 6-17 所示的时序电路。画出在时钟脉冲 CLK 作用下，输出 Y 的波形图，并指出 Y 的序列长度。

图题 6-17

6.18 某元件加工需要经过三道工序，要求这三道工序依次自动完成。第一道工序加工时间为 10s，第二道工序加工时间为 15s，第三道工序加工时间为 20s。试用顺序脉冲发生器设计该控制电路，输出三个信号顺序控制三道工序的加工时间。

## 第 7 章

半导体存储器

触发器能够存储信息，所以从理论上讲，任何时序电路都具有存储能力。但本章所讲的存储器(memory)专指以结构化方式存储大量二值信息的半导体器件。

半导体存储器按功能进行划分，分为只读存储器(read only memory，ROM)和随机存取存储器(random access memory，RAM)两大类。只读存储器中存储的数据是固定不变的，主要用于读出数据，一般用作程序存储器。随机存取存储器中的数据能够随时读出或者写入，一般用作数据存储器。

存储器的容量用"字数×位数"表示，其中字数表示存储单元的个数，位数表示每个存储单元能够存储二值数据的个数。例如，具有 20 位地址、每个单元存一个字节(byte)数据的存储器容量表示为 $2^{20} \times 8$ 位。

本章先讲述 ROM 和 RAM 的基本结构和存储原理，然后再介绍存储器容量的扩展方法和典型应用。

7.1 ROM

7.1
微课视频

只读存储器本质上是组合逻辑电路，不是真正意义上的存储器，只是习惯上认为信息被"存储"在 ROM 中，故称为存储器。由于组合电路断电后"存储"的数据不会丢失，因而称为非易失性存储器。

ROM 的结构框图如图 7-1 所示，由地址译码器、存储矩阵和输出缓冲器 3 部分组成。地址译码器对输入的 n 位地址进行译码，产生 2^n 个字线信号，用于选通 2^n 个存储单元。每个单元存储 b 位数据。

ROM"存储"信息的机理随着半导体工艺技术的发展而有所不同，分为掩膜式 ROM、PROM、EPROM、E^2PROM 和目前广泛使用的快闪存储器。

8×4 位 ROM 的结构如图 7-2 所示，其中

图 7-1 ROM 的结构框图

74HC138 为地址译码器,用于将 ROM 的 3 位地址译成 8 个高、低电平信号,分别对应于 ROM 的 8 个字(存储单元),所以称译码器的输出线为字线。图中的竖线为位线,分别对应于每个存储单元的一位数据。字线与位线的交叉点为存储节点。

图 7-2 8×4 位二极管阵列 ROM

掩膜式 ROM 在制造时以存储节点上有无晶体管来表示不同的存储数据。对于图 7-2 所示的二极管 ROM,存储节点接有二极管代表存储数据为 1,没接二极管代表存储数据为 0。例如,5 号存储单元从左向右节点上二极管的状态依次为"无无有无",所以代表的存储数据为"0010"。这是因为,当地址码 $A_2A_1A_0=101$ 时,74HC138 的 Y_5' 输出为低电平,这时与 Y_5' 相连的二极管导通,使相应的位线(D_1')为低电平,经缓冲器 74HC14 反相后输出 D_1 =1,没有接二极管的交叉点与 Y_5' 无关,因上拉电阻的作用使相应的位线为高电平,经 74HC14 反相后输出 0,所以地址码 $A_2A_1A_0=101$ 时,$D_3D_2D_1D_0=0010$,即 5 号存储单元的数据为 0010。图 7-2 所示 ROM 中存储的数据如表 7-1 所示。

表 7-1 8×4 位二极管 ROM 数据表

输 入			输 出			
A_2	A_1	A_0	D_3	D_2	D_1	D_0
0	0	0	1	1	1	0
0	0	1	1	1	0	1
0	1	0	1	0	1	1
0	1	1	0	1	1	1
1	0	0	0	0	0	1
1	0	1	0	0	1	0
1	1	0	0	1	0	0
1	1	1	1	0	0	0

ROM 的存储节点也可以由三极管或场效应管构成。图 7-3 是由 MOS 管作为存储节点的 ROM 结构图,其中译码器的输出为高电平有效。当某个字线为高电平时,与字线相连的 MOS 管导通,将相应的位线下拉为低电平;没有 MOS 管与该字线相连的位线因上拉电阻的作用使相应的位线为高电平。因此,存储节点有 MOS 管时存储数据为 0,没有 MOS 管时存储数据为 1。

图 7-3 8×4 位 MOS 管阵列 ROM

PROM(programmable ROM,可编程 ROM)的结构与掩膜式 ROM 类似,只是在制造 PROM 时每个存储节点上的晶体管是通过熔丝(fuse)接通的,如图 7-4 所示,相当于每个节点存入的数据全部为 1。

当用户需要将某些存储节点的数据改为 0 时,先通过 PROM 的字线和位线选中存储节点,再用编程器输出高压大电流将熔丝熔断,使存储节点的晶体管功能失效进而更改了存储数据。由于熔丝熔断后无法再接通,所以 PROM 为一次性可编程(one-time programmable,OTP)器件。

EPROM(erasable PROM,可擦除 PROM)和 PROM 一样可以编程,但 EPROM 的存储单元采用"浮栅 MOS 管",通过特定波长的紫外线照射可以将存储的数据擦掉,实现多次编程。

浮栅 MOS 管的结构如图 7-5 所示,有两个栅极:浮栅 G_f 和控制栅 G_c,其中浮栅 G_f 四周被 SiO_2 绝缘层包围。对 EPROM 编程时,给需要存入数据 0 的存储单元的控制栅上加上高压,使得浮栅 G_f 周围的绝缘层暂时被击穿而将负电荷存储到浮栅中。去除高压后,浮栅中的负电荷由于没有放电通路所以能够长期保存下来。这样,在以后的读操作中,浮栅中有负

图 7-4 PROM 存储单元的结构

图 7-5 浮栅 MOS 管结构与符号

电荷的存储单元阻止了 MOS 管导通,相应的位线为高电平,而浮栅中没有负电荷的存储单元中的 MOS 管能够正常导通,相应的位线为低电平,从而代表了两种不同的存储数据。

EPROM 需要用紫外线擦除信息,所以在 EPROM 管芯上方有透明的石英盖板,如图 7-6 所示。用紫外线通过石英窗口照射管芯进行擦除,擦除完成后需要将石英盖板密封起来,以防止意外的紫外线照射导致数据丢失。

E²PROM(electrically EPROM,可电擦除 EPROM)与 EPROM 结构类似,只是 E²PROM 的存储节点采用 Flotox MOS 管(见图 7-7),靠电擦除,使用上比 EPROM 方便得多。Flotox MOS 管浮栅周围的绝缘层更薄,在浮栅的下方还有隧道区,可以通过给控制栅上加反极性电压进行擦除。

图 7-6　EPROM

图 7-7　Flotox MOS 管结构与符号

快闪存储器(flash memory)简称为闪存,是从 EPROM 和 E²PROM 发展而来的只读存储器,具有工作速度快、集成度高、可靠性好等优点。

快闪存储器的存储节点采用叠栅 MOS 管。叠栅 MOS 管的结构、符号以及存储节点的结构分别如图 7-8 所示。叠栅 MOS 管的结构与浮栅 MOS 管相似,但浮栅四周的绝缘层更薄,而且浮栅与源区重叠区域的面积极小,因此浮栅-源区间的电容要比浮栅-控制栅间的电容小得多。当控制栅和源极间加电压时,大部分压降将降在浮栅与源极之间的电容上,因而对读写电压要求不高,编程方便。

(a) 叠栅MOS管结构　　　　(b) 符号　　　　(c) 快闪存储单元结构

图 7-8　叠栅 MOS 管及符号及快闪存储器的存储单元结构

快闪存储器自 20 世纪 80 年代问世以来,以其高密度、低成本、读写方便等优点,成为 U 盘、SD 卡和嵌入式存储器的主流产品。表 7-2 是 Atmel 公司生产的部分 E²PROM 快闪存读器的型号和参数,供设计时选用参考。

表 7-2 Atmel 公司部分 E²PROM 和快闪存读器型号和参数

E²PROM 存储器	FLASH 存储器		存储容量/bit
	5V 供电	3V 供电	
AT28C16			2K×8
AT28C64			8K×8
AT28C256	AT29C256	AT29LV256	32K×8
AT28C512	AT29C512	AT29LV512	64K×16
AT28C010	AT29C010	AT29LV010	256K×8
AT28C020	AT29C020	AT29LV020	512K×8

7.2
微课视频

7.2 RAM

RAM 中存储的数据根据需要可以随时读出或者写入,而且存取的速度与存储单元的位置无关。由于 RAM 的数据可存可取,所以通常用作数据存储器。

RAM 的结构框图如图 7-9 所示,具有地址输入、数据输入/输出、控制三类端口,其中 $A_{n-1} \sim A_0$ 为地址输入端,$I/O_{b-1} \sim I/O_0$ 为数据输入/输出端。控制端口中 CS' 为片选端,OE' 为输出控制端,WE' 为读写控制端,均为低电平有效。当 CS' 有效时,允许对 RAM 进行操作;当 OE' 有效时,允许数据输出,否则输出为高阻状态;当 $WE'=0$ 时允许写操作,当 $WE'=1$ 时进行读操作。

图 7-9 RAM 的结构框图

按照存储数据原理的不同,RAM 分为静态 RAM(static RAM,SRAM)和动态 RAM(dynamic RAM,DRAM)两大类。

7.2.1 静态 RAM

静态 RAM 靠锁存器存储数据,存储节点的结构和符号如图 7-10 所示。当 SEL' 和 WR' 均有效时,门控锁存器的时钟 C1 为高电平,这时锁存器打开而处于"透明"状态;当 SEL' 和 WR' 任意一个无效时,锁存器关闭而保存数据,所以静态 RAM 存储单元存储的数据是锁存器关闭瞬间的输入数据。

（a）存储单元结构   （b）符号

图 7-10 静态 RAM 的存储单元结构及符号

图 7-11 是一个 8×4 位 SRAM 阵列，像 ROM 一样，地址译码器选择 SRAM 的某一特定字线进行读/写操作。

图 7-11 8×4 位静态 RAM

静态 RAM 具有以下两种操作：

（1）读。当 CS' 和 OE' 均有效时，给定存储单元地址后，所选中存储单元中的数据从 D_{OUT} 端输出。

（2）写。给定存储单元地址后，将需要存储的数据输入到 D_{IN} 线上，然后控制 CS' 和 WE' 有效，使所选中存储单元的锁存器工作，存储输入的数据。

7.2.2 动态 RAM

动态 RAM 是利用 MOS 管栅极电容可以存储电荷的原理而实现数据的存储。单管

DRAM 存储节点的结构如图 7-12 所示,由 MOS 管和栅极电容 C_S 组成。在进行写操作时,字线 X 上给出高电平,MOS 管 T 导通,位线 B 上的数据经过 T 被存入电容 C_S 中。在进行读操作时,字线 X 同样给出高电平使 MOS 管 T 导通,这时电容 C_S 经过 T 向位线上输出电荷,使位线 B 上得到相应的信号电平,再经过读写放大器输出给外部电路。

图 7-12　动态 RAM 存储单元结构

动态 RAM 存储节点的结构非常简单,因此单片 DRAM 的容量很大,主要用于需要大量存储数据的场合。但由于 MOS 管的栅极电容极小而且有漏电流存在,电荷不能长期保存,所以在使用 DRAM 时需要定时刷新(refresh)补充电荷以避免数据丢失。

无论是用锁存器存储数据的静态 RAM 还是用栅极电容存储数据的动态 RAM,在断电后都不能保存数据,所以 RAM 称为易失性存储器。

7.3
微课视频

7.3　存储容量的扩展

当单片存储器的容量小于设计需求时,就需要使用多片存储器来扩展存储容量。扩展存储单元的数量称为字扩展,扩展存储单元的位数称为位扩展。当存储单元数和位数都不满足要求时,一般先进行位扩展,再进行字扩展。

图 7-13 是用 8 片 1024×1 位的 RAM 存储器扩展为一个 1024×8 位存储器的原理图。具体的做法是:将 8 片存储器的地址 $A_9 \sim A_0$ 分别对应相连,CS' 和 R/W' 对应相连。因此当 CS' 有效时,8 片"同时"处于工作状态,每片读/写一位数据,从而形成 8 位数据总线。

图 7-13　位扩展原理图

图 7-14 是用 4 片 256×8 位的 RAM 存储器扩展为一个 1024×8 位存储器的原理图。256×8 位的存储器具有 8 位地址线 $A_7 \sim A_0$,访问 1024 个单元则需要使用 10 位地址线,分别用 $A_9 \sim A_0$ 表示。具体的扩展方法是:将 10 位地址中的低 8 位分别与每片 256×8 位存储器的地址 $A_7 \sim A_0$ 对应相连,读写控制端 R/W' 对应相连,8 位数据线 $I/O_7 \sim I/O_0$ 对应相连,然后用 10 位地址中的最高两位地址 $A_9 A_8$ 经过 2 线-4 线译码器(74HC139)译出 4 个低电平有效的信号分别控制 4 片存储器的片选端 CS',让 4 片"分时"工作:

（1）当 $A_9A_8=00$ 时，使第一片存储器的 CS' 有效，因此第一片存储器处于工作状态，数据从第一片 I/O 端输入/输出。存储单元对应地址为 0～255。

（2）当 $A_9A_8=01$ 时，使第二片存储器的 CS' 有效，因此第二片存储器处于工作状态，数据从第二片 I/O 端输入/输出。存储单元对应地址为 256～511。

（3）当 $A_9A_8=10$ 时，使第三片存储器的 CS' 有效，因此第三片存储器处于工作状态，数据从第三片 I/O 端输入/输出。存储单元对应地址为 512～767。

（4）当 $A_9A_8=11$ 时，使第四片存储器的 CS' 有效，因此第四片存储器处于工作状态，数据从第四片 I/O 端输入/输出。存储单元对应地址为 768～1023。

这样组合起来即形成了一个 1024×8 位的存储器。

图 7-14　字扩展原理图

上述扩展方法是以 RAM 为例说明的。对于 ROM，扩展方法类似。

7.4　ROM 的应用

7.4
微课视频

ROM 的基本功能为存储数据。在数字电路中，除了作为程序存储器外，还可以用来实现组合逻辑函数，实现代码转换和构成函数发生器。

7.4.1　实现组合逻辑函数

ROM 具有多位输入和多位输出的特点，所以可以很方便地实现复杂的组合逻辑电路设计。

用 ROM 设计组合逻辑电路时，将输入变量作为 ROM 的地址，将逻辑函数作为 ROM 的数据输出，将真值表存入 ROM 中，通过"查表"方式实现逻辑函数。

图 7-15 是用 256×8 位的 ROM 实现 4 位无符号二进制乘法器的逻辑框图，其中两个 4 位二进制被乘数与乘数分别用 X_3～X_0 和 Y_3～Y_0 表示，乘法结果用 P_7～P_0 表示。

由于 4 位被乘数 X、乘数 Y 的取值范围均为 0～F，所以 4 位无符号二进制乘法器的真值表如表 7-3 所示。

图 7-15　用 ROM 实现 4 位乘法器逻辑框图

表 7-3　4 位乘法器的乘法表

X \ Y　X·Y	0	1	2	3	4	5	6	7	8	9	A	B	C	D	E	F
0	00	00	00	00	00	00	00	00	00	00	00	00	00	00	00	00
1	00	01	02	03	04	05	06	07	08	09	0A	0B	0C	0D	OE	0F
2	00	02	04	06	08	0A	0C	0E	10	12	14	16	18	1A	1C	1E
3	00	03	06	09	0C	0F	12	15	18	1B	1E	21	24	27	2A	2D
4	00	04	08	0C	10	14	18	1C	20	24	28	2C	30	34	38	2C
5	00	05	0A	0F	14	19	1E	23	28	2D	32	37	3C	41	46	4B
6	00	06	0C	12	18	1E	24	2A	30	36	3C	42	48	4E	54	5A
7	00	07	0E	15	1C	23	2A	31	38	3F	46	4D	54	5B	62	69
8	00	08	10	18	20	28	30	38	40	48	50	58	60	68	70	78
9	00	09	12	1B	24	2D	36	3F	48	51	5A	63	6C	75	7E	87
A	00	0A	14	1E	28	32	3C	46	50	5A	64	6E	78	82	8C	96
B	00	0B	16	21	2C	37	42	4D	58	63	6E	79	84	8F	9A	A5
C	00	0C	18	24	30	3C	48	54	60	6C	78	84	90	9C	A8	B4
D	00	0D	1A	27	34	41	4E	5B	68	75	82	8F	9C	A9	B6	C3
E	00	0E	1C	2A	38	46	54	62	70	7E	8C	9A	A8	B6	C4	D2
F	00	0F	1E	2D	3C	4B	5A	69	78	87	96	A5	B4	C3	D2	E1

　　将被乘数 $X_3 \sim X_0$、乘数 $Y_3 \sim Y_0$ 作为 ROM 的 8 位地址 $A_7 \sim A_0$，将乘法表中的 256 个数据按从左向右、自上向下的顺序存入 256×8 位的 ROM 中，在给定被乘数和乘数以后，ROM 输出的 8 位数据 $D_7 \sim D_0$ 即为乘法器结果 $P_7 \sim P_0$。

7.4.2　实现代码转换

　　代码转换是将一种形式的代码转换成另外一种形式输出。例如，计算机内部以二进制数进行运算，但在数据输出时，希望将二进制运算结果转换成 BCD 码以方便识别。

　　代码转换电路本质上为组合逻辑电路，可以按组合逻辑函数的一般方法进行设计，但最简单的方法就是基于 ROM 设计，通过"查表"的方式实现代码转换。将待转换的代码作为 ROM 的地址，将真值表写入 ROM 中，那么 ROM 的输出即为转换结果。

　　从理论上讲，任何组合逻辑函数都可以用 ROM 来实现，以逻辑变量作为输入，将真值表存入 ROM 中，通过"查表"输出相应的函数值。

74LS185 是代码转换芯片,能够将 6 位二进制数转换成两位 BCD 码输出。例如,输入二进制数"101101"(对应十进制的 45)时,74LS185 输出数据为 01000101,是 BCD 码表示的十进制数 45。

7.4.3 构成函数发生器

函数发生器是用来产生正弦波、三角波、锯齿波或其他任意波形的电路系统。

数字函数发生器的一般结构形式如图 7-16 所示,由计数器、ROM 和 DAC 构成。以 n 位二进制计数器的输出作为 ROM 的地址,当计数器完成一个循环时,向 ROM 输入 2^n 个地址,通过"查询"ROM 预先存储的 $2^n \times b$ 位波形数据表,再通过 b 位 DAC 将数字量转换成模拟电压值,最后经过低通滤波后输出平滑的模拟信号。

图 7-16 由 ROM 和 DAC 构成函数发生器

7.5 设 计 项 目

存储器是构成数字系统的基础单元,用于存储数据或程序,在波形产生、代码转换和系统配置等方面有着广泛的应用。

7.5.1 DDS 信号源设计

DDS(直接数字频率合成器)采用数字技术实现信号源,具有低成本、高分辨率和响应速度快等优点,广泛应用于仪器仪表领域。

设计任务:设计一个 DDS 正弦波信号源。信号源有 UP 和 DOWN 两个键,按 UP 键时频率步进增加,按 DOWN 键时频率步进减小。要求输出信号的频率范围为 $100 \sim 1500\,\mathrm{Hz}$,步进为 $100\,\mathrm{Hz}$。

设计过程:DDS 的主要思想是用相位合成所需要的波形,基本结构框图如图 7-17 所示,由相位累加器、波形存储器、数模转换器、低通滤波器和参考时钟 5 部分组成。

图 7-17 DDS 原理框图

满足设计任务要求的 DDS 信号源的总体设计方案如图 7-18 所示。首先利用多谐振荡器产生 $25.6\,\mathrm{kHz}$ 的时钟信号,根据设定的 4 位频率控制字通过 8 位加法器和 8 位寄存器实现相位累加,将得到的数值相位值作为 256×8 位 ROM 的地址,查询预先存入 ROM 中的 256 个正弦波数据表输出数字化正弦波幅度值,再经过 8 位 DAC 转换为模拟量,最后经过低通滤波器滤波输出模拟正弦波信号。

图 7-18   正弦波信号源设计方案

DDS 输出信号的频率 f_{out} 与控制字 N 和时钟脉冲频率 f_{clk} 之间的关系为

$$f_{out} = \frac{f_{clk}}{2^8} \times N$$

其中,f_{clk} 取 25.6kHz,控制字 N 取 4 位时,取值范围为 0～15。

具体实现方法:将两片 4 位 74HC283 扩展为 8 位加法器,然后与 8 位寄存器 74HC574 构成 8 位相位累加器。相位累加的步长受计数器 74HC193 的状态输出 $Q_3Q_2Q_1Q_0$ 控制,而 UP 和 DOWN 分别作为加法计数和减法计数的时钟。用 74HC574 输出的相位作为 ROM 的地址,从 ROM 中取出数字化正弦波的幅度值,再由 8 位 D/A 转换器 DAC0832 转换成模拟量,最后通过低通滤波器滤波后输出正弦波。DDS 信号源的总体设计电路如图 7-19 所示。

256 点正弦波采样值可用 C 程序生成,归一化为 8 位数字量(0～255)后存入数据文件 sin256x8. bin 中,然后加载到 ROM 中。

```c
# include < math. h >
# include < stdio. h >
# define PI 3.1415926
void main (void)
 {
   float x;
   unsigned char sin8b;
   unsigned int i;
   FILE * fp;
   fp = fopen("sin256x8. bin","w");
     for (i = 0;i < 256;i++)
     {
      x = sin(2 * PI/256 * i);
      sin8b = ((x + 1)/2 * 255);
      fputc(sin8b,fp);
     }
   fclose(fp);
 }
```

图 7-19　DDS 信号源参考设计图

需要说明的是，参考设计图中使用的是 EPROM（4K×8 位的 2732，实际只用了 256×8 位），实际制作时建议用 E^2PROM 或 FLASH 存储器。

7.5.2　LED 点阵驱动电路设计

LED 点阵显示通常用于远距离信息的显示，如火车站车次信息、大型户外广告牌等。8×8 共阴极 LED 点阵的内部结构如图 7-20 所示。

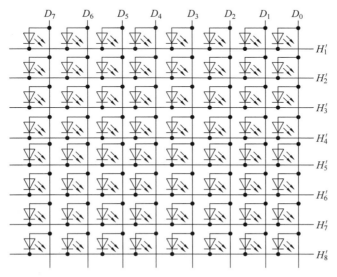

图 7-20　8×8 共阴极 LED 点阵

设计任务：设计一个 8×8 LED 点阵驱动电路，要求能够显示数字 0～9、字符 A～Z 或 a～z 等，显示字符数不少于 8 个，并且能够自动循环显示。

设计过程：LED 点阵驱动一般采用动态扫描方式显示字符或图案。8×8 点阵按行动态扫描的原理如图 7-21 所示。将显示数据按行存入 ROM 中，当 ROM 输出第一行数据时，使第一行选通信号 H_1' 有效，将信息显示在第一行上；当 ROM 输出第二行数据时，使第二行选通信号 H_2' 有效，将信息显示在第二行上；依次类推。根据人眼的视觉暂留现象，每秒刷新 25 帧以上，则点阵显示不闪动，可以看到清晰的图像。

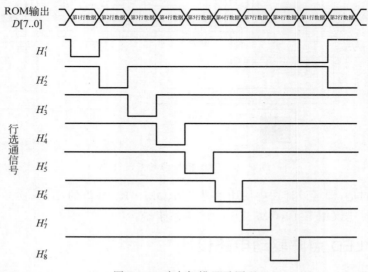

图 7-21　动态扫描显示原理

8×8 点阵驱动电路的总体设计方案如图 7-22 所示，其中 LED 数据 ROM 用于存储显示信息。行刷新计数器用于驱动行译码驱动器选通当前显示行，并作为 ROM 的低位地址控制行 ROM 输出相应行的数据。点阵信息切换计数器用于控制行 ROM 的高地址切换点阵显示的信息。

图 7-22　点阵驱动电路总体设计方案

由于每屏点阵有 8 行，以每秒刷新 30 帧计算，则要求行计数器（U1）的时钟频率为 $(30×8)\mathrm{Hz}=240\mathrm{Hz}$。行计数器为八进制，主要有两个作用：输出作为 LED 数据 ROM 的低 3 位地址,经"查表"从 ROM 中取出 8 行数据;与行译码器(U2)构成顺序脉冲发生器,用于选通当前显示行。这样在行时钟作用下,每次刷新一行,刷新 8 行即完成一次整屏显示。点阵信息切换计数器(U3)的时钟取为 1Hz,用计数器的输出 $Q_3Q_2Q_1Q_0$ 作为 ROM 的高位地址来实现 16 个字符/数字的循环显示。

8×8 LED 点阵驱动整体电路如图 7-23 所示。

图 7-23　LED 点阵驱动电路设计图

ROM 中存储需要显示的字符或数字信息,数据以行为单位,8 行为一屏信息。点阵信息文件可用 C 编程生成或者用编辑软件定制,然后加载到 ROM 中。

生成图 7-23 中数字 3 的数据文件的 C 程序如下:

```c
# include < stdio.h>
void main (void)
 {
 char LedDots[8] = {0x3c,0x66,0x46,0x06,0x1c,0x06,0x66,0x3c};        //数字 3
 unsigned int i,j;
 FILE * fp;
 fp = fopen("LedDots8x8.bin","w");
 for (i = 0;i < 16;i++)
   for (j = 0;j < 8;j++)
     fputc(LedDots[j],fp);
 fclose(fp);
 }
```

本章小结

半导体存储器用于存储大量二值信息,分为 ROM 和 RAM 两种类型。ROM 为只读存储器,通常用作程序存储器,用于存储代码和数表等固定不变的信息。RAM 为随机存取存储器,通常用作数据存储器,存储的数据可以随时读取或更新。

当单片存储器不能满足系统需求时,就需要使用多片存储器扩展存储器容量。存储器容量的扩展分为字扩展和位扩展两种方式。字扩展用于扩展存储器的存储单元数,位扩展用于扩展存储单元的存储位数。

ROM 不但能够存储数据,还可以用于实现多输入-多输出逻辑函数,只需要将逻辑函数的真值表写入 ROM 中查表输出即可实现。

习题

7.1　某计算机的内存具有 32 条地址线和 16 条双向数据线,计算该计算机的最大存储容量。

7.2　分析下列存储系统的各有多少个存储单元,多少条地址线和数据线。

(1) $64K \times 1$　　　(2) $256K \times 4$　　　(3) $1M \times 1$　　　(4) $128K \times 8$

7.3　设存储器的起始地址为 0,指出下列存储系统的最高地址为多少?

(1) $2K \times 1$　　　(2) $16K \times 4$　　　(3) $256K \times 32$

图题　7-4

7.4　用 1024×4 位 SRAM 芯片 2114 扩展 4096×8 位的存储器系统,共需要多少片 2114? 画出接线图。已知 2114 的外部引脚如图题 7-4 所示,其中 $A_9 \sim A_0$ 为 10 位地址输入端,$D_3 \sim D_0$ 为 4 位数据输入/输出端,CE' 为片选端,WE' 为读写控制信号。

7.5　用 16×4 位 ROM 实现下列逻辑函数,画出存储矩阵的连线图。

(1) $Y_1 = ABCD + A'(B+C)$

(2) $Y_2 = A'B + AB'$

(3) $Y_3 = ((A+B)(A'+C'))'$

(4) $Y_4 = ABCD + (ABCD)'$

7.6　利用 ROM 构成的任意波形发生器如图题 7-6 所示,改变 ROM 的内容即可改变输出波形。当 ROM 的数据如表题 7-6 所示时,画出输出端电压随时钟脉冲 CLK 变化的波形。

表题 7-6　ROM 数据表

CLK	A_3	A_2	A_1	A_0	D_3	D_2	D_1	D_0
0	0	0	0	0	0	1	0	0
1	0	0	0	1	0	1	0	1
2	0	0	1	0	0	1	1	0

续表

CLK	A_3	A_2	A_1	A_0	D_3	D_2	D_1	D_0
3	0	0	1	1	0	1	1	1
4	0	1	0	0	1	0	0	0
5	0	1	0	1	0	1	1	1
6	0	1	1	0	0	1	1	0
7	0	1	1	1	0	1	0	1
8	1	0	0	0	0	1	0	0
9	1	0	0	1	0	0	1	1
10	1	0	1	0	0	0	1	0
11	1	0	1	1	0	0	0	1
12	1	1	0	0	0	0	0	0
13	1	1	0	1	0	0	0	1
14	1	1	1	0	0	0	1	0
15	1	1	1	1	0	0	1	1

图题 7-6

7.7 用图题 7-7 所示的 4 片 64×4 位 RAM 和双 2 线-4 线译码器 74HC139 设计 256×4 位的存储系统。

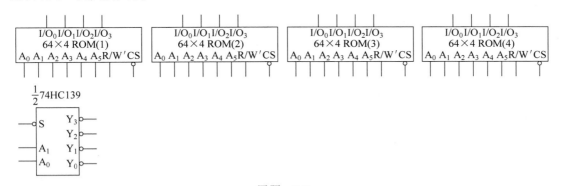

图题 7-7

*7.8 基于 ROM 设计数码管控制电路。在单个数码管上自动依次显示自然数序列 $(0 \sim 9)$、奇数序列$(1、3、5、7 和 9)$、音乐符号序列$(0 \sim 7)$和偶数序列$(0、2、4、6 和 8)$,然后依次循环显示。要求加电时先显示自然数序列,每个数码的显示时间均为 1s。画出设计图,

并说明其工作原理。

*7.9 分析图 7-19 所示 DDS 信号源的工作原理,设计能够输出 25～1575Hz、步进为 25Hz 的正弦波信号的 DDS 信号源。

*7.10 分析图 7-23 所示 LED 点阵驱动电路的工作原理,扩展数据文件,能够在 8×8 点阵上循环显示 0～9、A、b、C、d、E、F 共 16 个数字/字符。

## 第 8 章

脉 冲 电 路

时序电路在脉冲的作用下完成其逻辑功能。脉冲可分为单次脉冲和脉冲序列两种,如图 8-1 所示。在分析锁存器/触发器的功能与动作特点时,只需要考查一个时钟周期内锁存器/触发器的状态变化情况,因此用单次脉冲进行分析。而在分析计数器或移位寄存器的功能时,则需要分析在一系列脉冲作用下电路的状态变化和输出情况。那么,这些脉冲是怎么获得的呢?

(a) 单次脉冲   (b) 脉冲序列

图 8-1   脉冲

脉冲序列的获取有两种方法:

(1) 整形(shaping)。如果已经有正弦波、三角波或锯齿波等其他周期性波形,就可以通过整形的方式将它们整成脉冲序列。

(2) 产生(generation)。直接设计振荡电路,加电后自行起振输出脉冲序列。

单次脉冲通常由开关电路产生,经过整形后输出。

施密特电路和单稳态电路是脉冲整形电路,多谐振荡器为脉冲产生电路。555 定时器通过不同的外接方式既可以接成施密特电路,也可以接成单稳态电路或多谐振荡器。

本章首先介绍描述脉冲特性的主要参数,然后讲述施密特电路、单稳态电路和多谐振荡器的性能特点及实现方法。

8.1   描述脉冲的主要参数

图 8-1 所示的脉冲为理想脉冲,而由实际电路产生或整形出的脉冲并不理想,从低电平跳变为高电平或者从高电平跳变为低电平总是要经历一段过渡时间。为了考查脉冲产生或整形的效果,需要定义描述脉冲特性的参数。对于图 8-2 所示的矩形脉冲,共定义了 7 个特性参数,名称和定义如表 8-1 所示。

对于理想的矩形脉冲,$t_r = 0$,$t_f = 0$。占空比为 50% 的矩形波称为方波。

图 8-2 矩形脉冲

表 8-1 脉冲特性参数

参数名	符号	定　义	说　明
脉冲周期	T	周期性脉冲序列中,两个相邻脉冲之间的时间间隔	以相邻脉冲两个相同位置点之间的间隔进行计算
脉冲频率	f	单位时间内脉冲的重复次数	脉冲频率 f 和脉冲周期 T 互为倒数,即 $f=1/T$
脉冲幅度	V_m	脉冲高电平与低电平之间的电压差值	$V_m=V_{OH}-V_{OL}$
脉冲宽度	t_W	脉冲作用的时间。从脉冲前沿达到 $50\%V_m$ 算起,到后沿降到 $50\%V_m$ 时的时间间隔	描述脉冲高电平的持续时间
上升时间	t_r	脉冲前沿从 $10\%V_m$ 上升到 $90\%V_m$ 的时间间隔	描述脉冲上升过程所花时间
下降时间	t_f	脉冲后沿从 $90\%V_m$ 下降到 $10\%V_m$ 的时间间隔	描述脉冲下降过程所花时间
占空比	q	脉冲宽度与脉冲周期的比值,即 $q=T_w/T$	用来描述在脉冲周期中高电平所占的百分比

8.2 555 定时器及应用

555 定时器(timer)是中规模数模混合器件,只需要外接几个电阻和电容,就可以很方便地构成施密特电路、单稳态电路和多谐振荡器,广泛应用于仪器仪表、家用电器、电子测量以及自动控制等领域。

555 定时器内部电路如图 8-3 所示,由两个电压比较器(C1 和 C2)、3 个精密 $5k\Omega$ 电阻(555 定时器由此得名)、一个基本 SR 锁存器、一个放电管 (T_D)以及输出驱动电路(G_1)组成。

555 定时器的引脚功能说明如下:

(1) 1 脚:接地端,外接电源地;

(2) 2 脚:触发电压(TR')输入端 v_{i1};

(3) 3 脚:输出端 v_O;

(4) 4 脚:复位端 R_D',低电平有效。当 R_D' 接低电平时,输出被强制为低电平,不用时应接高电平;

(5) 5 脚:控制电压输入端 V_{CO}。当 5 脚外接控制电压 V_{CO} 时,两个比较器的基准电压分别为 $V_{R1}=V_{CO}$,$V_{R2}=(1/2)V_{CO}$。当 5 脚不加控制电压时,通常到地串接一个滤波电容($0.01\mu F$),这时定时器内部 3 个 $5k\Omega$ 电阻经过分压为两个比较器提供比较基准电压:

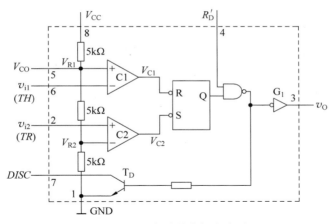

图 8-3 555 定时器内部电路图

$V_{R1} = (2/3)V_{CC}$，$V_{R2} = (1/3)V_{CC}$；

（6）6 脚：阈值电压（TH）输入端 v_{i2}；

（7）7 脚：放电端 $DISC$，用于对外接电容进行放电；

（8）8 脚：电源端，外接正电源 V_{CC}。

555 定时器的工作原理：基本 SR 锁存器的状态取决于比较器 C1 和 C2 的输出 V_{C1} 和 V_{C2}，而锁存器的输出 Q' 决定放电管 T_D 的状态。在外接电源 V_{CC} 和地后，当 5 脚不加控制电压，同时复位端 R'_D 无效时，分以下 3 种情况讨论：

（1）当 $v_{i1} < (2/3)V_{CC}$，$v_{i2} < (1/3)V_{CC}$ 时，$V_{C1} = 1$，$V_{C2} = 0$，因此 $Q = 1$，输出 v_O 为高电平；

（2）当 $v_{i1} > (2/3)V_{CC}$，$v_{i2} > (1/3)V_{CC}$ 时，$V_{C1} = 0$，$V_{C2} = 1$，因此 $Q = 0$，输出 v_O 为低电平；

（3）当 $v_{i1} < (2/3)V_{CC}$，$v_{i2} > (1/3)V_{CC}$ 时，$V_{C1} = 1$，$V_{C2} = 1$，因此 Q 保持，输出 v_O 保持不变。

由上述分析得到 555 定时器的功能表如表 8-2 所示。

表 8-2 555 定时器功能表

输 入			内部参数和状态				输 出
R'_D	v_{I1}	v_{I2}	V_{C1}	V_{C2}	Q	放电管 T	
0	×	×	×	×	×	导通	0
1	$< (2/3)V_{CC}$	$> (1/3)V_{CC}$	1	1	Q_0	保持	Q_0
1	$> (2/3)V_{CC}$	$< (1/3)V_{CC}$	0	0	1^*	截止	1^*
1	$< (2/3)V_{CC}$	$< (1/3)V_{CC}$	1	0	1	截止	1
1	$> (2/3)V_{CC}$	$> (1/3)V_{CC}$	0	1	0	导通	0

注：Q_0 表示原状态；1^* 表示不是定义的 1 状态。

8.2.1 施密特电路

施密特电路（Schmitt trigger）为脉冲整形电路。与普通门电路相比，施密特电路具有两个明显的特点：

（1）输入电压在上升过程中的转换电平（用 V_{T+} 表示）和下降过程中的转换电平（用 V_{T-}

表示)不同,即 $V_{T+} \neq V_{T-}$。而普通门电路上升过程和下降过程的转换电平均为阈值电压 V_{TH}。

若定义回差电压 $\Delta V_T = V_{T+} - V_{T-}$,则施密特电路的 $\Delta V_T \neq 0$,而普通门电路没有回差。

(2)在进行状态转换时,施密特电路内部伴随有正反馈的过程,所以转换速度很快(即 t_r 和 t_f 很小),能将任何周期性的波形转换成矩形波。

施密特电路可由基本门电路构成,如图 8-4 所示。将两级 CMOS 反相器级联起来,输入电压 v_1 经过电阻 R_1 接入,同时将输出电压 v_O 经过电阻 R_2 反馈到输入端,就构成了施密特电路。为了保证电路正常工作,要求电阻 $R_1 < R_2$。

图 8-4 由门电路构成的施密特电路

下面对施密特电路的工作原理和特性参数进行分析。由于 CMOS 反相器正常工作时输入电流为 0,所以根据电压叠加原理,v_A 的电位可表示为

$$v_A = \frac{R_2}{R_1 + R_2} v_I + \frac{R_1}{R_1 + R_2} v_O$$

由于 CMOS 反相器的阈值电压 $V_{TH} = (1/2)V_{CC}$,所以无论输入电压是上升过程还是下降过程,当 v_A 点的电位达到 V_{TH} 时,由于内部正反馈会导致施密特电路立即开始转换,这时正好对应于输入转换电压,由此可推导出 V_{T+} 和 V_{T-}。

(1)当输入电压 v_I 从 0 上升到 V_{CC} 的过程中,根据定义施密特电路应该在 $v_I = V_{T+}$ 时开始转换,这时对应 $v_A = V_{TH}$。

由于 $R_1 < R_2$,由反证法可推出:当 $v_I = 0$ 时,$v_O = 0$。故

$$\begin{cases} v_A = \dfrac{R_2}{R_1 + R_2} v_I + \dfrac{R_1}{R_1 + R_2} v_O \\ v_I = V_{T+} \\ v_A = V_{TH} \\ v_O = 0 \end{cases}$$

由上述公式可以推出

$$V_{T+} = \left(1 + \frac{R_1}{R_2}\right) V_{TH}$$

(2)当输入电压 v_I 从 V_{CC} 下降到 0 的过程中,根据定义施密特电路应在 $v_I = V_{T-}$ 时开始转换,这时对应 $v_A = V_{TH}$。

由(1)可知,当 $v_I = V_{CC}$ 时,$v_O = V_{CC}$。故

$$\begin{cases} v_A = \dfrac{R_2}{R_1 + R_2} v_I + \dfrac{R_1}{R_1 + R_2} v_O \\ v_I = V_{T-} \\ v_A = V_{TH} \\ v_O = V_{CC} = 2V_{TH} \end{cases}$$

由上式可以推出

$$V_{T-} = \left(1 - \frac{R_1}{R_2}\right) V_{TH}$$

因此回差电压

$$\Delta V_{\mathrm{T}} = V_{\mathrm{T}+} - V_{\mathrm{T}-} = 2\frac{R_1}{R_2}V_{\mathrm{TH}} = \frac{R_1}{R_2}V_{\mathrm{CC}}$$

从 $V_{\mathrm{T}+}$ 和 $V_{\mathrm{T}-}$ 的公式可以看出,施密特电路上升过程的转换电压 $V_{\mathrm{T}+}$ 和下降过程的转换电压 $V_{\mathrm{T}-}$ 与 R_1 和 R_2 的比值有关,同时还与电源电压 V_{CC} 有关。因此,在电源电压不变的情况下,合理地改变 R_1 和 R_2 的比值就可以调整 $V_{\mathrm{T}+}$、$V_{\mathrm{T}-}$ 和回差电压 ΔV_{T} 的大小。

施密特电路的传输特性曲线如图 8-5(a) 所示。由于 $v_{\mathrm{I}}=0$ 时 $v_{\mathrm{O}}=0$,故称输出 v_{O} 与 v_{I} 同相。若从 v'_{O} 输出,则其传输特性曲线如图 8-5(b) 所示。由于 $v_{\mathrm{I}}=0$ 时 $v_{\mathrm{O}}=V_{\mathrm{CC}}$,故称输出 v'_{O} 与 v_{I} 反相。施密特电路的图形符号如图 8-5(c) 所示。

图 8-5 施密特电路电压传输特性与图形符号

74HC14 为六施密特反相器,内部有 6 个反相输出的施密特电路,结构框图与引脚排列如图 8-6 所示。当 V_{DD} 取 4.5V 时,$V_{\mathrm{T}+} \approx 2.7\mathrm{V}$,$V_{\mathrm{T}-} \approx 1.8\mathrm{V}$。

施密特电路可以实现波形变换、脉冲整形和脉冲鉴幅等多种功能,如图 8-7 所示。图 8-7(a) 是用施密特反相器将正弦波变换成矩形波,图 8-7(b) 是用施密特反相器将带有振铃的矩形波整形成规整的矩形波,图 8-7(c) 用施密特反相器从一系列高、低不等的脉冲中将幅度大于 $V_{\mathrm{T}+}$ 的脉冲识别出来,可用于削除系统噪声。

图 8-6 74HC14 引脚图

(a) 波形变换　　　　(b) 脉冲整形　　　　(c) 脉冲鉴幅

图 8-7 施密特电路的应用

555 定时器很容易外接成施密特电路,如图 8-8 所示。在 8 脚接电源、1 脚接地、4 脚复位端接 V_{CC}、5 脚通过 $0.01\mu\mathrm{F}$ 的滤波电容接地的情况下,只要将 2 脚和 6 脚接到一起,以 2、6 端作为输入,以 3 端作为输出,就构成了施密特电路。

(a) 原理图　　　　　　　　　　　(b) 设计图

图 8-8　555 定时器接成施密特电路

555 定时器接成施密特电路的工作原理分析如下：当输入电压 v_I 从 0 上升到 V_{CC} 的过程中，由于比较器 C1 和 C2 的基准电压 V_{C1} 和 V_{C2} 分别为 $(2/3)V_{CC}$ 和 $(1/3)V_{CC}$，所以将输入电压 v_I 的上升过程划分为 3 段进行分析：

（1）当 v_I 小于 $(1/3)V_{CC}$ 时，$V_{C1}=1$，$V_{C2}=0$，因此锁存器 $Q=1$，输出电压 v_O 为高电平；

（2）当 v_I 上升至 $(1/3)V_{CC}\sim(2/3)V_{CC}$ 时，$V_{C1}=1$，$V_{C2}=1$，这时锁存器处于保持状态，输出电压继续保持高电平不变；

（3）当 v_I 上升到 $(2/3)V_{CC}$ 及以上时，$V_{C1}=0$，$V_{C2}=1$，因此锁存器 $Q=0$，输出电压跳变为低高电平。

经过上述分析可知，当输入电压 v_I 达到 $(2/3)V_{CC}$ 时，555 的输出电压由高电平跳为低电平，因此 $V_{T+}=(2/3)V_{CC}$。

同理，输入电压 v_I 从 V_{CC} 下降到 0 的过程也划分为 3 段分析：

（1）当 v_I 高于 $(2/3)V_{CC}$ 时，输出电压为低电平；

（2）当 v_I 下降至 $(1/3)V_{CC}\sim(2/3)V_{CC}$ 时，输出电压保持低电平不变；

（3）当 v_I 下降到 $(1/3)V_{CC}$ 及以下时，输出电压跳变为高电平。

因此 $V_{T-}=(1/3)V_{CC}$，回差电压 $\Delta V_T=(1/3)V_{CC}$，而且输出电压与输入电压反相。

8.2.2　单稳态电路

单稳态电路(monostable multivibrator)是只有一个稳定状态的脉冲整形电路，具有 3 个特点：

（1）在没有外部触发脉冲作用时，电路处于稳态；

（2）在外部触发脉冲的作用下，电路从稳态跳变到暂稳态，经过一段时间后会自动返回到稳态；

（3）在暂稳态维持的时间仅仅取决于电路的结构和参数，与触发脉冲无关。

单稳态电路有多种构成方式。由门电路构成的微分型单稳态电路结构如图 8-9 所示，其中 G_1

8.2.2a
微课视频

8.2.2b
微课视频

图 8-9　微分型单稳态电路

和 G_2 为 CMOS 门电路，R_d、C_d 为输入微分电路，用于鉴别触发脉冲，R、C 为微分定时电路，决定在暂稳态的维持时间。

下面对微分型单稳态电路的工作原理进行分析。

单稳态电路的工作过程可分为以下 4 个阶段：

（1）稳态阶段。

在没有触发脉冲时，电路处于稳态。由于电容的隔直作用，稳态时 $v_d=0$，$v_{I2}=1$，所以门电路的输出 $v_{O1}=1$，$v_O=0$。这时电容 C_d 和 C 上的电压为 $v_{Cd}=0$，$v_C=0$。

（2）触发。

当 v_I 从低电平跳变到 V_{DD} 时，由于电容 C_d 上的电压不能突变，所以在 v_I 上升瞬间将 v_d 点的电位由 0 拉升至电源电压 V_{DD}，因此 G_1 或非门的输出 $v_{O1}=0$。同样由于电容 C 上的电压不能突变，所以在 v_{O1} 跳变至低电平瞬间将 v_{I2} 点的电位拉低至 0，这时单稳态电路的输出 v_O 跳变至低电平，电路进入暂稳态。

（3）暂稳态阶段。

电路进入暂稳态后，电源 V_{DD} 经过电阻 R 开始对电容 C 进行充电。伴随着充电过程的进行，电容 C 两端电压增大，使 v_{I2} 点的电位下降。当 v_{I2} 下降到反相器 G_2 的阈值电压 V_{TH} 时，输出 v_O 跳变至低电平，电路返回稳态。

（4）恢复。

单稳态电路由暂稳态返回稳态瞬间电容 C 上的电压为 $(1/2)V_{DD}$，因此还需要恢复到初始稳态的 0。

恢复时间 t_{re} 为 v_{O1} 跳变为高电平后 v_{I2} 的电位由 $V_{DD}+0.7V$ 放电到 V_{DD} 所经过的时间。一般估算为

$$t_{re}=(3\sim5)(R+r_O)C$$

其中，r_O 为 G_1 或非门输出高电平时的输出电阻。

单稳态电路各点的工作波形如图 8-10 所示。

单稳态电路在暂稳态维持时间是由一阶 RC 电路将 v_{I2} 点的电位从 0 充到 CMOS 反相器阈值电压 V_{TH} 所花的时间。根据一阶电路的三要素公式

$$v_{I2}(t)=v_{I2}(\infty)+[v_{I2}(0)-v_{I2}(\infty)]e^{-t/\tau}$$

其中

$$\begin{cases} v_{I2}(0)=0 \\ v_{I2}(\infty)=V_{CC} \\ \tau=RC \end{cases}$$

设电路在暂稳态维持时间为 t_W。令 $v_{I2}(t)=V_{TH}=(1/2)V_{CC}$，代入到三要素公式

$$(1/2)V_{CC}=V_{CC}+[0-V_{CC}]e^{-t_W/RC}$$

从而求解得

$$t_W=RC\ln 2\approx 0.693RC$$

即单稳态电路在暂稳态的维持时间取决于电阻 R 和

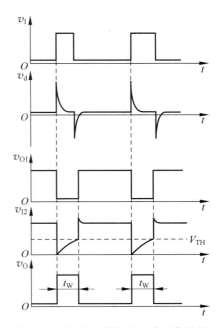

图 8-10 微分型单稳态电路工作波形

电容 C 的参数值。合理改变 R 或 C 的大小,就可以调整单稳态电路在暂稳态的维持时间。

单稳态电路也可以由 555 定时器构成,如图 8-11 所示。在 8 脚接电源、1 脚接地、4 脚接高电平、5 脚接 0.01μF 滤波电容的情况下,只需要将 6 脚和 7 脚接在一起,6、7 脚到电源接电阻 R、到地接电容 C 即可构成单稳态电路。2 脚为触发脉冲输入端,3 脚为输出端。

(a) 原理图   (b) 设计图

图 8-11　555 定时器接成单稳态电路

555 定时器接成单稳态电路的工作原理分析如下:

(1) 稳态时 v_I 为高电平,$V_{C2}=1$。设放电管稳态时截止,则电源 V_{CC} 经过电阻 R 向电容 C 充电,所以 v_C 为高电平使 $v_{C1}=0$,$Q=0$,$Q'=1$,因而放电管导通。因此假设稳态时放电管截止是不成立的,所以稳态时放电管是导通的,$v_C=0$,$v_{C1}=1$,$Q=0$,输出电压 v_O 为低电平。

(2) 当 v_I 从高电平跳变至低电平时,$v_{C2}=0$ 使 $Q=1$,放电管由导通转变为截止,输出 v_O 跳变为高电平,电路进入暂稳态。这时即使触发脉冲撤销,v_{C2} 恢复到高电平,但锁存器保持,电路维持暂稳态不变。

(3) 由于在暂稳态期间放电管截止,所以电源 V_{CC} 经过电阻 R 向电容 C 充电。随着充电过程的进行,v_C 点的电位越来越高。当 v_C 点的电位达到 $(2/3)V_{CC}$ 时,$v_{C1}=0$ 使 $Q=0$,$Q'=1$,电路返回稳态。图 8-12 是 v_I、v_O 和 v_C 点的工作波形。

由上述分析可知,单稳态电路在暂稳态的维持时间 t_W 取决于一阶 RC 电路将电容 C 的电压由 0 充到 $(2/3)V_{CC}$ 所花的时间。根据一阶电路的三要素公式

$$v_C(t)=v_C(\infty)+[v_C(0)-v_C(\infty)]e^{-t/\tau}$$

其中

$$\begin{cases} v_C(0)=0 \\ v_C(\infty)=V_{CC} \\ \tau=RC \\ v_C(t)=(2/3)V_{CC} \\ t=t_W \end{cases}$$

解得

$$t_W=RC\ln3\approx1.1RC$$

图 8-12　单稳态电路工作波形

通常电阻 R 的取值为几百欧姆到几兆欧姆,电容 C 的取值范围为几皮法到几百微法,所以暂稳态的维持时间 t_W 的范围为几微秒到几分钟。

单稳态电路应用广泛,集成单稳态电路分为不可重复触发和可重复触发两种类型。不可重复触发是指单稳态电路处于暂稳态期间再次触发无效,在暂稳态共维持 t_W 时间。可重复触发是指在单稳态电路处于暂态期间允许再次触发,最后一次触发后延时 t_W 后返回稳态。不可重复触发和可重复触发的单稳态触发器功能差异如图 8-13 所示,假设触发一次在暂稳态维持 2ms 时间。

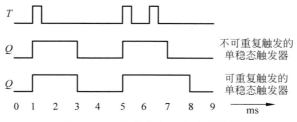

图 8-13 两种单稳态电路功能说明

74HC121 为不可重复触发的微分型单稳态器件,内部框图和引脚排列如图 8-14 所示。为了使用灵活方便,74HC121 提供了 3 个触发器输入端 A_1、A_2 和 B,两个互补输出端 v_O 和 v_O',其中 A_1 和 A_2 为下降沿触发输入端,B 为上升沿触发输入端。74HC121 的功能表如表 8-3 所示。

图 8-14 74HC121

表 8-3 74HC121 功能表

输　　　入			输　　　出	
A_1	A_2	B	v_O	v_O'
0	$\times$	1	0	1
$\times$	0	1	0	1
A_1	A_2	B	v_O	v_O'
$\times$	$\times$	0	0	1
1	1	$\times$	0	1
1	↘	1	⊓	⊔
↘	1	1	⊓	⊔

续表

输 入			输 出	
A_1	A_2	B	v_O	v_O'
⤵	⤵	1	⊓	⊔
0	×	⤴	⊓	⊔
×	0	⤴	⊓	⊔

由于 74HC121 内部为微分型单稳态电路,所以在触发脉冲的作用下,74HC121 在暂稳态维持的时间为

$$t_W = R_{ext}C_{ext}\ln 2 \approx 0.693 R_{ext}C_{ext}$$

其中,R_{ext} 和 C_{ext} 为外接电阻和外接电容。

通常外接电阻 R_{ext} 的取值在 $2\sim30\text{k}\Omega$ 之间,C_{ext} 的取值在 $10\text{pF}\sim10\mu\text{F}$ 之间,所以 t_W 的范围为 $20\text{ns}\sim200\text{ms}$。如果要求 t_W 较小,可以直接使用 74HC121 内部电阻 $R_{int}(=2\text{k}\Omega)$ 代替 R_{ext} 以简化电路设计。74HC121 的典型应用电路如图 8-15 所示。

(a) 使用外接电阻,下降沿触发　　　　(b) 使用内部电阻,上升沿触发

图 8-15　74HC121 典型应用电路

8.2.3
微课视频

8.2.3　多谐振荡器

多谐振荡器(astable multivibrator)没有稳态,只有两个暂稳态。当电路处于一个暂稳态时,经过一段时间会自行翻转到另一个暂稳态。两个暂稳态交替转换输出矩形波,所以多谐振荡器为脉冲产生电路。

多谐振荡器有多种实现形式。最简单的是由施密特反相器和一阶 RC 电路构成的,如图 8-16(a)所示。接通电源时,因电容 C 上没有电荷,所以 $v_I=0$,输出 v_O 为高电平。其后输出的高电平 V_{OH} 通过电阻 R 向电容 C 充电,方向如图 8-16(b)所示,使 v_I 点的电位逐渐上升。当 v_I 达到 V_{T+} 时,施密特反相器翻转,输出 v_O 跳变为低电平。于是,刚充到 V_{T+} 的电容电压开始通过电阻 R 和输出电阻 r_O 进行放电,方向如图 8-16(c)所示,使 v_I 点的电位逐渐下降。当 v_I 下降到 V_{T-} 时,施密特电路再次翻转,v_O 再次跳变为高电平,又开始对电容 C 充电。伴随着充电和放电过程的反复进行,施密特反相器周而复始翻转输出矩形波,

工作波形如图 8-17 所示。

(a) 电路原理图　　　　　(b) 充电过程，输出高电平　　　　(c) 放电过程，输出低电平

图 8-16　由施密特反相器构成的多谐振荡器

图 8-16 所示的多谐振荡器的振荡周期可由三要素公式推得。根据公式

$$v_I(t) = v_I(\infty) + [v_I(0) - v_I(\infty)]e^{-t/\tau}$$

充电时

$$\begin{cases} v_I(0) = V_{T-} \\ v_C(\infty) = V_{OH} \\ \tau = RC \\ v_C(t_1) = V_{T+} \end{cases}$$

放电时

$$\begin{cases} v_I(0) = V_{T+} \\ v_C(\infty) = V_{OL} \\ \tau = RC \\ v_C(t_2) = V_{T-} \end{cases}$$

图 8-17　多谐振荡器工作波形

对于 CMOS 门电路，$V_{OH} \approx V_{DD}$，$V_{OL} \approx 0$。若施密特反相器用 74HC14，当 V_{DD} 取 4.5V 时，$V_{T+} \approx 2.7V$，$V_{T-} \approx 1.8V$。将上述参数代入可推得振荡周期

$$T = t_1 + t_2 = RC\ln\frac{V_{DD} - V_{T-}}{V_{DD} - V_{T+}} + RC\ln\frac{V_{T+}}{V_{T-}} \approx 0.81RC$$

占空比

$$q = \frac{t_1}{T} = 50\%$$

图 8-16(a) 中的施密特电路也可以 555 定时器按图 8-8 所示的原理外接实现。由于 $V_{T+} = (2/3)V_{CC}$，$V_{T-} = (1/3)V_{CC}$，用 555 定时器接成施密特电路的振荡周期

$$T = t_1 + t_2 = RC\ln\frac{V_{DD} - V_{T-}}{V_{DD} - V_{T+}} + RC\ln\frac{V_{T+}}{V_{T-}} = 2RC\ln2 \approx 1.4RC$$

占空比

$$q = \frac{t_1}{T} = 50\%$$

图 8-16(a) 所示的多谐振荡器充电和放电过程都会影响施密特反相器的驱动能力，因此 555 定时器接成多谐振荡器时通常采用图 8-18 所示的改进电路，由电源充电，通过放电管放电。具体工作原理：刚接通电源时电容 C 上没有电荷，因此 $V_C = 0$，555 定时器输出为高

电平,这时放电管 T_D 截止,电源 V_{CC} 经过电阻 R_1 和 R_2 对电容 C 进行充电,使 V_C 逐渐上升。当 V_C 上升到 $(2/3)V_{CC}$ 时,555 定时器的输出翻转为低电平,放电管 T_D 导通,刚充到 $(2/3)V_{CC}$ 的电容电压开始通过 R_2、放电管 T_D 到地进行放电,因此 V_C 逐渐下降。当 V_C 下降到 $(1/3)V_{CC}$ 时,555 定时器输出再次翻转为高电平,放电管 T_D 截止,开始下一个周期的充电过程。如此周而复始,产生振荡。

图 8-18　用 555 定时器接成多谐振荡器

同样,根据一阶电路的三要素公式

$$v_C(t) = v_C(\infty) + [v_C(0) - v_C(\infty)]e^{-t/\tau}$$

充电时

$$\begin{cases} v_I(0) = (1/3)V_{CC} \\ v_C(\infty) = V_{CC} \\ \tau = (R_1 + R_2)C \\ v_C(t_1) = (2/3)V_{CC} \end{cases}$$

放电时

$$\begin{cases} v_I(0) = (1/3)V_{CC} \\ v_C(\infty) = 0 \\ \tau = R_2 C \\ v_C(t_2) = (1/3)V_{CC} \end{cases}$$

因此,振荡周期

$$T = t_1 + t_2 = (R_1 + R_2)C\ln2 + R_2 C\ln2$$
$$= (R_1 + 2R_2)C\ln2 \approx 0.693(R_1 + 2R_2)C$$

占空比

$$q = \frac{t_1}{T} = \frac{R_1 + R_2}{R_1 + 2R_2}$$

图 8-18 所示的多谐振荡器由于充电时间常数大,放电时间常数小,所以充电慢,放电快,因此占空比始终大于 50%。若想任意调整占空比,可采用图 8-19 所示的改进电路,利用

二极管的单向导电性选择充电和放电支路,通过 R_2 对电容 C 充电,通过 R_1 到地放电,因此充电时间常数为 R_2C,放电时间常数为 R_1C,改变 R_1(或 R_2)的值可以调整占空比。

　　基于一阶 RC 电路充放电原理实现的多谐振荡器容易受电源电压波动、外界干扰和温度变化等因素的影响,振荡频率的稳定度一般在 10^{-3} 数量级。若用作计时电路的时钟,则每天的计时误差约为 $24 \times 60 \times 60 \times 10^{-3}s=86.4$s,显然不能满足精度要求。

　　石英晶体是沿一定方向切割的石英晶片,受到机械应力作用时将产生与应力成正比的电场或电荷,反之受到电场作用时将产生与电场成正比的应变,这种效应称为压电效应。石英晶体具有优良的机械特性、电学特性和温度特性,通常用于制作谐振器、振荡器和滤波器等,在稳频和选频方面都有突出的优点。

　　石英晶体的符号和频率特性如图 8-20 所示。由图 8-20 可以看出,石英晶体在外加电压的频率为 f_0 时呈现的阻抗最小,所以将石英晶体接入多谐振荡器的反馈环路中后,频率为 f_0 的信号最容易通过,而其他频率的信号经过石英晶体时被衰减,因此接入石英晶体的多谐振荡器的振荡频率决取决于石英晶体的固有频率 f_0,与外接电阻和电容无关。

图 8-19　占空比可调的多谐振荡器　　　　图 8-20　石英晶体符号及频率特性

　　石英晶体的固有频率由晶体的结晶方向和外形尺寸决定,具有极高的频率稳定性,稳定度一般高达 $10^{-10} \sim 10^{-11}$。目前,有制成标准化和系列化的石英晶体产品出售,谐振频率一般在几十 kHz 至几十 MHz 之间。

　　CD4060 内部集成的 CMOS 门电路可与外接电阻、电容或石英晶体构成多谐振荡器,如图 8-21 所示。复位端为高电平时振荡被禁止,为低电平时振荡器正常工作,输出信号送至内部异步二进制计数器实现分频,输出多种频率信号。

(a) RC振荡器　　　　　　　　　(b) 石英晶体振荡器

图 8-21　CD4060 振荡电路

8.3 设计项目

555 定时器由于能够实现脉冲整形、延时与定时、信号产生和窗口比较等多种功能,所以在仪器仪表、电子测量以及控制等领域应用广泛。

设计一个音频脉冲信号产生电路,能够产生图 8-22 所示的周期性音频脉冲信号,音频信号的频率不限,脉冲的周期不限。

图 8-22 周期音频脉冲信号

设计过程:音频信号的频率为 20Hz～20kHz,其中语音信号的频率为 300～3400Hz,音乐信号的频率约为 40～4000Hz。本项目用 555 定时器设计一个音频振荡器,振荡频率选为 440Hz,即钢琴中央音符 A 的频率。

由于要求音频脉冲信号按"有-无-有-无"的规律发声,故用数字电路控制 555 定时器的复位端,输出为高电平时振荡器工作发声,输出低电平时振荡器停振无声。

若设计音频脉冲按"响 0.5s、停 0.5s"的规律发声,则取时钟频率为 2Hz,采用二进制计数器的状态输出控制音频振荡器的复位端即可实现。具体设计电路如图 8-23 所示。

图 8-23 音频脉冲信号产生电路参考设计图

本章小结

脉冲电路分为脉冲整形电路和脉冲产生电路两大类。施密特电路和单稳态电路属于脉冲整形电路,多谐振荡器则为脉冲产生电路。

施密特电路的特点是输入电压在上升过程中的转换阈值和在下降过程中的转换阈值不同,并且在转换过程伴随有正反馈过程,因而能够将任何周期性的波形整成脉冲序列。另外,还可以利用施密特电路转换阈值不同的特点实现开关消抖。

74HC14 是施密特反相器,内部集成有 6 个反相输出的施密特电路。

单稳态电路在外部触发脉冲的作用下能够输出等宽度的脉冲,可用于定时、延时和脉冲宽度的整形等方面。

74HC121/123 是集成单稳态器件,其中 74HC121 为不可重复触发的单稳态器件,基于微分型单稳态电路设计,而 74HC123 为可重复触发的单稳态器件,内部包含两个单稳态电路。

多谐振荡器加电后能够自动地输出脉冲序列,可用作数字脉冲源,为时序逻辑电路提供时钟脉冲。应用施密特反相器外接 RC 电路很容易构成多谐振荡器。

555 定时器是用途广泛的数模混合集成器件,通过不同的外接方法既可以构成施密特电路或者单稳态电路,还可以构成多谐振荡器,可用于简易仪器仪表、小型家电、玩具等电子产品中。

三要素法是分析单稳态电路和多谐振荡器性能参数的主要工具,只要确定了起始值、终了值和时间常数,即可计算一阶 RC 电路任意时刻的电压值,从而计算出电路的性能参数。

习题

8.1 用积分电路和施密特电路实现开关消抖电路如图题 8-1 所示。分析电路的工作原理,按图中所示参数计算从开关 S 按下到输出 RST_n 跳变为低电平的延迟时间。已知 $V_{CC}=4.5V$ 时,施密特反相器 74HC14 的 $V_{T+}\approx2.7V$,$V_{T-}\approx1.8V$,传输延迟时间忽略不计。

8.2 由 555 定时器构成的延时电路如图题 8-2 所示。S 是不带自锁功能的按钮开关,KA 是继电器,Y 为灯泡。当 v_O 为高电平时,继电器吸合,灯亮。当 v_O 为低电平时,继电器断开,灯灭。已知 $R_1=1M\Omega$,$C_1=10\mu F$,计算从按钮 S 按下到灯亮的延时时间。

图题 8-1 图题 8-2

8.3 由 555 定时器构成的锯齿波发生器如图题 8-3 所示,其中三极管 T 和电阻 R_1、R_2、R_e 构成恒流源电路,为电容 C 充电。分析该电路的工作原理,画出在触发脉冲 v_I 作用下,电容电压 v_C 及 555 输出电压 v_O 的波形图。当 $V_{CC}=12V$,$R_1=68k\Omega$,$R_2=22k\Omega$,$R_e=2k\Omega$,$C=10\mu F$ 时,计算输出锯齿波的宽度。

8.4 对于图 8-18 所示的多谐振荡电路,已知 $R_1=1k\Omega$,$R_2=8.2k\Omega$,$C=0.22\mu F$。试求振荡频率 f 和占空比 q。

8.5 图题 8-5 为占空比可调的多谐振荡器,其中 $R_W=R_{W1}+R_{W2}$,设二极管是理想的。分析电路的工作原理。当 $V_{CC}=12V$,$R_1=10k\Omega$,$R_2=10k\Omega$,$R_W=10k\Omega$,$C=10\mu F$ 时,计算振荡频率 f 和占空比 q 的变化范围。

图题 8-3　　　　　　　　　　　　图题 8-5

8.6　由两个 555 定时器 NE555 接成的延时报警电路如图题 8-6 所示。当开关 S 断开后,经过一定的延迟时间后,扬声器开始发出声音。如果在延迟时间内开关 S 重新闭合,则扬声器不会发声。按图中给定参数计算延迟时间和扬声器发出声音的频率。设图中 G_1 是 CMOS 反相器,输出的高、低电平分别为 $V_{OH} \approx 12V$,$V_{OL} \approx 0$。

图题 8-6

8.7　过压报警电路如图题 8-7 所示,当电压 V_x 超过一定值时,发光二极管 D 将闪烁发出报警信号。试分析电路的工作原理,并按图中给定参数计算发光二极管的闪烁频率。(提示:当晶体管 T 饱和时,555 定时器的 1 脚近似接地)。

图题 8-7

8.8 图题 8-8 是救护车扬声器发声电路。设 $V_{CC}=12V$ 时,555 定时器输出的高、低电平分别为 11V 和 0.2V,输出电阻小于 100Ω。按图中给定参数计算扬声器发声的高、低音的频率和相应的持续时间。

图题 8-8

8.9 图题 8-9 是由双 555 定时器 LM556 构成的频率可调而脉宽不变的矩形波发生器。分析电路的工作原理,解释二极管 D 在电路中的作用。当 $V_{CC}=12V$,$R_1=50k\Omega$,$R_2=10k\Omega$,$R_3=10k\Omega$,$R_5=10k\Omega$,$C_1=10\mu F$,$C_3=4.7\mu F$ 时,计算输出矩形波的频率变化范围和输出脉宽值。

图题 8-9

8.10 图题 8-10(a)为心律失常报警电路,图题 8-10(b)中 v_I 是经过放大后的心电信号,其幅值 $v_{Imax}=4V$。设 v_{O2} 初态为高电平。

(1) 对应 v_I 分别画出图中 v_{O1}、v_{O2}、v_O 三点的电压波形;

(2) 分析电路的组成并解释其工作原理。

8.11 某元件加工需要经过 3 道工序,要求这 3 道工序自动依次完成。第 1 道工序加工时间为 10s,第 2 道工序加工时间为 15s,第 3 道工序加工时间为 20s。试用单稳态电路设计该控制电路,输出 3 个信号顺序控制 3 道工序的加工时间。

*8.12 设计多种波形产生电路。具体要求如下:

(1) 使用 555 定时器,产生频率为 20~40kHz 连续可调的方波 I;

(2) 使用双 D 触发器 74HC74,产生频率为 5~10kHz 连续可调的方波 II;

(3) 使用运放电路,产生频率为 5~10kHz 连续可调的三角波;

(a) 心律失常报警电路

(b) 心电信号

图题 8-10

(4) 使用运放电路,产生频率为 30kHz 的正弦波(选做)。

画出设计图,标明设计参数并解释其工作原理。

*8.13 设计一个洗衣机定时控制器,工作模式如图题 8-13 所示。用 3 个发光二极管分别指示洗衣机正转、停止和反转工作状态,具体要求如下:

图题 8.13

(1) 洗涤时间在 1～99 分钟内由用户设定;

(2) 用两位数码管以倒计时方式显示洗涤剩余时间(以分钟为单位);

(3) 时间为 0 时控制洗衣机停止工作,同时发出音频信号提醒用户注意。

画出设计图,标明设计参数并说明其工作原理。

## 第 9 章

数模与模数转换器

在工业控制、通信以及电子测量等领域，为了提高系统的性能，普遍采用图 9-1 所示的数字化信息处理技术，即将传感器感知的物理量（温度、压力、位移等）先转换成数字信号，经过数字系统分析和处理后，再将输出的数字量还原为模拟量，以驱动执行部件控制生产过程对象。这样，就需要能将模拟信号与数字信号进行相互转换的器件。

图 9-1 模拟信号数字化处理结构框图

将模拟量转换成数字量的过程称为模数转换或 A/D 转换，相应地，能够完成模数转换的电路或器件被称为模数转换器或 A/D 转换器（analog to digital converter，ADC）。把数字量转换成模拟量的过程称为数模转换或 D/A 转换，能够完成数模转换的电路或器件称为数模转换器或 D/A 转换器（digital to analog converter，DAC）。

本章主要讲述常用 A/D 和 D/A 转换器的电路结构、转换原理及特性。由于 D/A 转换原理简单，而且部分 A/D 转换器中还要用到 D/A 转换器，因此先讲述 D/A 转换器，再讲述 A/D 转换器。

9.1 数模转换器

D/A 转换器包括权电阻网络、R-2R 梯形网络、权电流和开关树等多种电路形式。这些转换器的电路结构不同，性能特点特也不同。

本节主要讲述基本的权电阻网络 D/A 转换器和常用的 R-2R 梯形网络 D/A 转换器的结构、转换原理及典型应用。

9.1
微课视频

9.1.1 权电阻网络 DAC

对于无符号二进制数，不同数位的数码具有不同权值。权电阻网络（weighted resistor network）D/A 转换器采用不同阻值的电阻来实现这些权值。

4 位权电阻网络 D/A 转换器的原理如图 9-2 所示，其中 $d_3 d_2 d_1 d_0$ 为 4 位无符号二进制数，分别控制着 S_3、S_2、S_1 和 S_0 4 个电子开关。当数码 d_i($i=3\sim0$)为 1 时，对应的开关 S_i 切换到参考电压源 V_{REF}，为 0 时切换到地。与 4 位二进制数从高位到低位相对应的限流电阻分别取 R、$2R$、$4R$ 和 $8R$，因此，不同数位的数码由于限流电阻的不同而产生不同的电流，从而对总电流 i_Σ 的贡献不同。运放及其负反馈电阻则实现电流到电压的转换。

图 9-2　4 位权电阻网络 D/A 转换器原理电路

设 4 位二进制数 $d_3 d_2 d_1 d_0$ 从高位到低位产生的电流分别用 I_3、I_2、I_1 和 I_0 表示，则

$$\begin{cases} I_3 = \dfrac{V_{\text{REF}}}{R} d_3 \\[2mm] I_2 = \dfrac{V_{\text{REF}}}{2R} d_2 \\[2mm] I_1 = \dfrac{V_{\text{REF}}}{4R} d_1 \\[2mm] I_0 = \dfrac{V_{\text{REF}}}{8R} d_0 \end{cases}$$

因此，流向运放的总电流

$$i_\Sigma = I_3 + I_2 + I_1 + I_0 = \frac{V_{\text{REF}}}{8R}(8d_3 + 4d_2 + 2d_1 + d_0)$$

其中，$8d_3 + 4d_2 + 2d_1 + d_0$ 恰好代表了 4 位二进制数 $d_3 d_2 d_1 d_0$ 的数值大小。若将 $d_3 d_2 d_1 d_0$ 的数值大小用 D_n 表示，则 D/A 转换器的输出电压可表示为

$$v_O = -R_f \cdot i_\Sigma = -\frac{R}{2} \cdot \frac{V_{\text{REF}}}{8R} D_n = -\frac{V_{\text{REF}}}{2^4} D_n$$

即该电路能够将 4 位二进制数 $d_3 d_2 d_1 d_0$ 转换成与其数值大小 D_n 成正比的模拟量 v_O。

一般地，对于 n 位权电阻网络 D/A 转换器，当反馈电阻取 $R/2$ 时，其输出电压可表示为

$$v_O = -\frac{V_{\text{REF}}}{2^n} D_n$$

权电阻网络 D/A 转换原理简单，易于实现，并且按照图 9-2 所示的权电阻网络 D/A 转换原理，很容易扩展为多位 D/A 转换器。但随着位数的增多，电阻的种类越来越多，电阻的差值越来越大，不利于集成 D/A 转换器的制造，因此权电阻网络 D/A 转换器一般作为原理电路应用。在实际应用中，用计数器配合权电阻网络可以直接实现 D/A 转换。

【例 9-1】　利用 74HC161 和 4 位权电阻网络 D/A 转换器设计的锯齿波发生器电路如图 9-3 所示。分析电路的工作原理。设时钟脉冲 $DCLK$ 的频率为 1kHz，计算输出锯齿波的频率和最大幅度。设电源电压 $V_{DD}=5V$，74HC161 的 $V_{OH} \approx V_{DD}$，$V_{OL} \approx 0$。

图 9-3　锯齿波产生电路

分析：74HC161 在时钟脉冲 $DCLK$ 的作用下依次输出 0000～1111 这 16 个数值，然后通过 4 位权电阻网络 D/A 转换器转换为模拟电压输出，输出的波形如图 9-4 所示。

图 9-4　例 9-1 输出波形图

当 $DCLK$ 取 1kHz 时，每 16 个时钟脉冲输出一个锯齿波，因此锯齿波的周期为

$$T = 16T_{CLK} = 16 \times (1/1000) = 16\text{ms}$$

因此，输出锯齿波的频率为

$$f = 1/T = 62.5\text{Hz}$$

当计数器的状态 $Q_3 Q_2 Q_1 Q_0 = 1111$ 时，锯齿波的幅度最大，为

$$V_{max} = -V_{OH}(R_f/R_3 \times Q_3 + R_f/R_2 \times Q_2 + R_f/R_1 \times Q_1 + R_f/R_0 \times Q_0)$$
$$= -5 \times (1 + 1/2 + 1/4 + 1/8) = -9.375\text{V}$$

思考与练习

9-1　应用计数器和 4 位权电阻网络设计三角波发生器，画出设计图。若时钟频率为 1kHz，分析输出三角波的频率和幅度。

9.1.2　梯形电阻网络 DAC

梯形电阻网络（ladder resistor network）D/A 转换器只使用 R 和 $2R$ 两种规格的电阻即可实现任意位数的 D/A 转换器。

4 位梯形电阻网格 D/A 转换器的原理如图 9-5 所示，4 位无符号二进制数 $d_3 d_2 d_1 d_0$

分别控制着 S_3、S_2、S_1 和 S_0 四个电子开关,当数码为 1 时开关切换到右边将 $2R$ 电阻下端接到运放的反向输入端,为 0 时开关切换到左边将 $2R$ 电阻下端接地。

图 9-5 4 位梯形网络 D/A 转换器电路结构

由于运放通过反馈电阻引入了深负反馈,因此运放的两个输入端虚短,所以无论开关切换到左边还是右边,电阻 $2R$ 下端的电位均为 0,故梯形电阻网络的等效电路如图 9-6 所示。

图 9-6 梯形网络等效电路

梯形电阻网络具有明显的特点。从图 9-6 中的 A、B、C 和 D 点左侧分别向右看,网络的等效阻抗始终为 R,所以参考电压源 V_{REF} 产生的总电流

$$I = \frac{V_{REF}}{R}$$

梯形电阻网络中 A、B、C 和 D 点的两条支路阻抗均为 $2R$,所以电流每向右流过一个节点,支路的电流都分为一半,所以从左向右流过 $2R$ 电阻的电流依次为 $I/2$、$I/4$、$I/8$ 和 $I/16$,如图 9-6 中所示,从而产生出不同权值的电流。

由于数码为 1 时开关切换到右边接运放的反向输入端,电阻网络产生的权电流对流过反馈电阻的电流 i_Σ 有贡献,为 0 时开关切换到左边接地对 i_Σ 没有贡献,因此流过反馈电阻 R 的总电流

$$i_\Sigma = (I/2)d_3 + (I/4)d_2 + (I/8)d_1 + (I/16)d_0$$
$$= (I/16)(8d_3 + 4d_2 + 2d_1 + d_0)$$
$$= (I/16)D_n$$

故 D/A 转换器的输出电压

$$v_O = -R_F \cdot i_\Sigma = -R \cdot \frac{D_n}{16} \cdot I$$
$$= -R \cdot \frac{D_n}{16} \cdot \frac{V_{REF}}{R}$$
$$= -\frac{V_{REF}}{2^4}D_n$$

所以能够将二进制数 $d_3d_2d_1d_0$ 转换成与其数码大小 D_n 成正比的模拟量 v_O。

梯形电阻网络 D/A 转换器只使用了两种规格的电阻,而且结构规整,便于集成电路制造,所以梯形电阻网络是目前集成 D/A 转换器的主流结构。

DAC0832 为 8 位 D/A 转换器,内部逻辑框图如图 9-7 所示,由 8 位输入寄存器、8 位 DAC 寄存器和 8 位梯形电阻网络 D/A 转换器 3 部分组成。DAC0832 采用双缓冲结构,其中 8 位输入寄存器由 ILE、CS'、WR_1' 控制,8 位 DAC 寄存器由 WR_2'、$XFER'$ 控制,可设置为双缓冲、单缓冲或直通 3 种工作模式。当 ILE、CS' 和 WR_1' 均有效时,锁存允许信号 LE_1' 无效,外部待转换的二进制数 $DI_7 \sim DI_0$ 通过输入寄存器到达 DAC 寄存器的输入端。当 WR_2' 和 $XFER'$ 均有效时,锁存允许信号 LE_2' 无效,$DI_7 \sim DI_0$ 再通过 DAC 寄存器到达 D/A 转换器的输入端,实现 D/A 转换。

图 9-7　DAC0832 内部结构框图

DAC0832 为电流输出型 DAC,需要通过电流-电压转换电路将输出电流转换成输出电压,典型应用电路如图 9-8 所示。由微控制器输出的 8 位待转换数据 $DI_7 \sim DI_0$ 在 ILE、CS'、WR_1'、WR_2'、$XFER'$ 控制信号的作用下,通过 DAC0832 内部 R-2R 梯形电阻网络和外接运放转换为模拟电压 v_O。

图 9-8　DAC0832 应用电路

10 位 D/A 转换器 AD7520 的内部结构如图 9-9 所示,由梯形电阻网络、电子开关和反馈电阻 R 组成。AD7520 同样为电流输出型 DAC,需要通过外接运放才能将电流转换为电压输出。

图 9-9　10 位 D/A 转换器 AD7520

9.1.3　D/A 转换器的性能指标

转换精度和转换速度是衡量 D/A 转换准确度和实时性的两项指标。不同场合对 D/A 转换器的转换精度和速度的要求有所不同。

1. 转换精度

转换精度用分辨率和转换误差两项指标来描述。

分辨率定义为 D/A 转换器能够输出的最小模拟电压(对应输入数字量只有最低数值位为 1 时)与最大模拟电压(对应输入数字量所有数值位全为 1 时)的比值,反映 D/A 转换器理论上可以达到的转换精度。

n 位 D/A 转换器的分辨率为 $1/(2^n-1)$。选用时 DAC 的位数 n 应满足分辨率要求。

实际 D/A 转换器因内部电阻值的误差、电子开关的导通压降与导通内阻以及运放的非线性因素等影响,输出电压并不一定完全与输入的数字量成正比,会存在一定的误差。把 D/A 转换器的实际输出特性与理想输出特性之间的最大偏差定义为转换误差,如图 9-10 所示,图中虚线表示 D/A 转换器的理想输出特性,实线表示 D/A 转换器的实际输出特性,Δv_O 为转换误差。

另外,D/A 转换的精度还受外部因素影响。当外界温度变化、电源电压波动或电磁干扰时,同样会产生转换误差。

2. 转换速度

转换速度由建立时间 t_{set} 定义,用来衡量 D/A 转换速度的快慢。D/A 转换器输入数字量从全 0 跳变为全 1 时开始,到输出电压稳定在满量程(full scale range,FSR)的 $(\pm 1/2)$LSB(least significant bit,最低有效位)范围内为止的时间称为建立时间,如图 9-11 所示。

图 9-10 转换误差的定义

图 9-11 建立时间 t_{set} 的定义

总体来说,DAC 的成本随着分辨率和转换速度的提高而增加,在实际应用中,需要根据系统的要求来决定 DAC 的转换精度和转换速度。

DAC 的应用非常广泛。当数字系统需要输出模拟电压或电流以驱动模拟器件时,就需要使用 DAC 进行转换。在工业控制领域,计算机输出的数字量通过 DAC 转换为模拟信号,用来调节任何需要控制的物理量,如电机的转速、加热炉的温度等。在自动检测领域,通过数字系统来产生测试所需要的模拟激励信号,再将被测电路输出的模拟量通过 ADC 转换为数字量,送入计算机进行存储、显示和分析。

【例 9-2】 用数字系统控制电机转速的原理电路如图 9-12 所示,将 DAC 输出 $0 \sim 2\text{mA}$ 的模拟电流信号放大后控制电机的转速在 $0 \sim 1000\text{r/min}$ 之间变化。如果希望控制电机转速的分辨率小于 2r/min,则需要采用几位 DAC?

图 9-12 例 9-2 图

分析:转速范围为 $0 \sim 1000\text{r/min}$,分辨率小于 2r/min,所以 DAC 最少应有 $1000/2 + 1 = 501$ 个取值。因为 $2^9 = 512 > 501$,因此至少需要采用 9 位 D/A 转换器。

9.2 模数转换器

A/D 转换用于将模拟量转换为数字量,一般需要经过采样、保持、量化与编码 4 个过程。相应地,A/D 转换器由采样-保持电路和量化与编码电路两个模块组成,如图 9-13 所示。

9.2
微课视频

图 9-13 A/D 转换原理

根据量化与编码的原理不同,将 A/D 转换器分为直接型和间接型两大类。

直接型 A/D 转换器将模拟量直接转换成数字量,分为并联比较型和反馈比较型两种类型,其中反馈比较型又有计数器型和逐次渐近型两种实现方案。

间接型 A/D 转换器先将模拟量转换成某种中间物理量,再将中间量对应成数字量,分为电压-时间(V-T)型和电压-频率(V-F)型两种类型。

本节主要讲述采样-保持电路的结构与工作原理,并联比较型、反馈比较型以及双积分型 3 种量化与编码电路的结构与工作原理。

9.2.1 采样-保持电路

采样是将时间连续、幅值连续的模拟信号转换为时间离散、幅值连续的采样信号,如图 9-14 所示。为了能正确地用采样信号表示原模拟信号,采样必须要有足够高的频率。

图 9-14 模拟信号的采样

信号与系统中证明,为了能够从采样信号中恢复出原来的模拟信号,采样信号的频率 f_s 必须满足

$$f_s \geqslant 2f_{\max}$$

其中,$f_{\max}$ 为模拟信号的最高频率。在实际应用中,一般取

$$f_s = (2.5 \sim 4)f_{\max}$$

以有利于后续低通滤波器的设计。

采样-保持电路的核心为比例积分电路,如图 9-15 所示,其中 MOS 管 T 为采样开关,受采样信号 v_L 的控制。

采样-保持电路的工作过程可以划分为两个阶段。

(1) 采样阶段。

v_L 为高电平时,T 导通,采样-保持电路开始采样。

设积分器的初始电压为 0,则采样开始后积分器的输出电压

$$v_O = -\frac{1}{RC}\int_0^t v_I \mathrm{d}t$$

因此,随着采样过程的进行,积分器输出电压的

图 9-15 采样-保持电路

绝对值增大。受到比例电路的限制,采样-保持电路的输出电压最高可以达到

$$v_O = -\frac{R_F}{R_I}v_I$$

若取 $R_F = R_I$,则采样过程结束时,采样-保持电路的输出电压

$$v_O = -v_I$$

(2)保持阶段。

当 v_L 由高电平跳变为低电平后,MOS 管 T 断开。由于运放的输入电阻趋于无穷大,因此采样过程积累到保持电容 C_H 上的电荷没有放电回路,所以输出电压 v_O 保持不变,在量化与编码期间保持恒定。

9.2.2　量化与编码电路

量化与编码电路是 A/D 转换器的核心。量化是将采样信号的幅度划分成多个电平量级。编码是对每一电平量级分配唯一的二进制码。

若需要将幅度为 0~1V 的模拟电压量化为 3 位二进制码,有表 9-1 所示的两种方案。

表 9-1　划分量化电平的两种方案

第一种方案			第二种方案		
输入电压	二进制编码	表示的模拟电压	输入电压	二进制编码	表示的模拟电压
7/8~1V	111	7/8V	13/15~1V	111	14/15V
6/8~7/8V	110	6/8V	11/15~13/15V	110	12/15V
5/8~6/8V	101	5/8V	9/15~11/15V	101	10/15V
4/8~5/8V	100	4/8V	7/15~9/15V	100	8/15V
3/8~4/8V	011	3/8V	5/15~7/15V	011	6/15V
2/8~3/8V	010	2/8V	3/15~5/15V	010	4/15V
1/8~2/8V	001	1/8V	1/15~3/15V	001	2/15V
0~1/8V	000	0V	0~1/15V	000	0V
量化误差为 1/8V			量化误差为 1/15V		

第一种方案将 0~1V 划分为 8 个等区间,然后将 0~1/8V 认为是 0V,编码成 000;将 1/8~2/8V 认为是 1/8V,编码成 001;将 2/8~3/8V 认为是 2/8V,编码成 010;依次类推,将 7/8~1V 认为是 7/8V,编码成 111。这种方法和计算机语言中截断取整的方法相似,即使输入电压小于但非常接近于 2/8V,也被当作 1/8V,编码为 001,因此最大量化误差为 1/8V。

第二种方案将 0~1V 的信号划分为 8 个不等的区间,如表 9-1 所示,然后将 0~1/15V 认为是 0V,编码成 000;将 1/15~3/15V 认为是 2/15V,编码成 001;将 3/15~5/15V 认为是 4/15V,编码成 010;依次类推,将 13/15~1V 认为是 14/15V,编码成 111。这种方案和计算机语言中舍入取整的方法相似,最大量化误差为 1/15V。由于这种方案量化误差小,所以通常都采用这种方案进行量化。

1. 并联比较型

在中学化学实验中有时会用到图 9-16 所示的量杯,用来测量液体的体积。将液体到入

量杯,根据量杯上的刻度和液面的位置即可测出液体的体积。

并联比较型 A/D 转换的原理与量杯测体积的原理类似。图 9-17 是 3 位并联比较型 A/D 转换器量化与编码电路原理图,将待转换的模拟电压 v_I 同时加到 7 个比较器的同相输入端,与内部 8 个串联电阻构成的分压网络确定的参考电压$(13/15)V_{REF}$、$(11/15)V_{REF}$、$(9/15)V_{REF}$、$(7/15)V_{REF}$、$(5/15)V_{REF}$、$(3/15)V_{REF}$ 和$(1/15)V_{REF}$ 进行比较。这些参考电压值相当于量杯上的刻度。若 v_I 的幅度大于某个参考电压,则相应的比较器输出为 1,否则输出为 0。例如,v_I 的幅度在$(3/15)V_{REF}$～$(5/15)V_{REF}$ 之间时,比较器输出为 0000011;v_I 的幅度在$(9/15)V_{REF}$～$(11/15)V_{REF}$ 范围内时,比较器输出为 0011111。因此,同时经过 7 个比较器的比较,即刻将采样信号 v_I 的幅度量化成数字量。

图 9-16　量杯　　　　　　　　图 9-17　3 位并联比较型量化与编码电路

由于比较器输出的数字量并不是二进制格式,因此再经过 8 线-3 线优先编码器转换为二进制数输出。编码器的真值表如表 9-2 所示。

表 9-2　图 9-17 电路编码器的真值表

输入模拟电压 v_I	7 个比较器的输出							编码器的输出		
	C_7	C_6	C_5	C_4	C_3	C_2	C_1	d_2	d_1	d_0
$0 \sim (1/15)V_{REF}$	0	0	0	0	0	0	0	0	0	0
$(1/15)V_{REF} \sim (3/15)V_{REF}$	0	0	0	0	0	0	1	0	0	1
$(3/15)V_{REF} \sim (5/15)V_{REF}$	0	0	0	0	0	1	1	0	1	0
$(5/15)V_{REF} \sim (7/15)V_{REF}$	0	0	0	0	1	1	1	0	1	1

续表

输入模拟电压 v_I	7个比较器的输出							编码器的输出		
	C_7	C_6	C_5	C_4	C_3	C_2	C_1	d_2	d_1	d_0
$(7/15)V_{REF} \sim (9/15)V_{REF}$	0	0	0	1	1	1	1	1	0	0
$(9/15)V_{REF} \sim (11/15)V_{REF}$	0	0	1	1	1	1	1	1	0	1
$(11/15)V_{REF} \sim (13/15)V_{REF}$	0	1	1	1	1	1	1	1	1	0
$(13/15)V_{REF} \sim V_{REF}$	1	1	1	1	1	1	1	1	1	1

并联比较型 A/D 转换器只需要一次比较,就可以将模拟量转换为数字量,是目前所有 A/D 转换器中速度最快的,每秒可以转换千万次以上。但从图 9-17 可以看到,3 位 A/D 转换就用了 7 个比较器、7 个寄存器和 8 线-3 线优先编码器。若要将模拟量转换成 8 位二进制数,则需要使用 255 个比较器、255 个寄存器和 256 线-8 线优先编码器,所以并联比较型 A/D 转换器的成本很高。

2. 反馈比较型 ADC

在中学物理实验中,有时会用到图 9-18 所示的天平,用于称量物体的重量。将待测物体放入左边的托盘,右边托盘中放入砝码,观察天平是否平衡,若不平衡则继续放入或调整砝码,直到天平平衡为止,计算放入砝码的总重量即为重物的重量。曹冲称象就是采用这种反馈比较原理。

图 9-18 天平称重物

反馈比较型 A/D 转换器有两种实现方案。第一种为计数型,原理框图如图 9-19 所示。这种方案相当于天平的每个砝码重量都一样,一次放入一个,直到天平平衡为止。具体转换过程是:初始化时先将计数器清零。转换控制信号 v_L 跳变为高电平时转换开始。若 $v_I \neq$

图 9-19 计数型 A/D 转换器原理框图

0,则 $v_B = 1$,脉冲源通过与门 G 为计数器提供时钟脉冲。在时钟脉冲的作用下,DAC 转换器的输出电压 v_O 随着计数器不断计数而增长。当 $v_O = v_I$ 时,$v_B = 0$,与门 G 关闭,计数器因为没有时钟而处于保持状态。v_L 跳变为低电平后转换结束,计数器中的数字量即为转换结果,通过输出寄存器输出。

计数型 A/D 转换器原理简单,易于实现,但效率不高。n 位计数型 A/D 转换器的转换周期为 $(2^n - 1)T_{clk}$,其中 T_{clk} 为脉冲源的周期。

第二种方案为逐次渐近型,原理框图如图 9-20 所示。这种方案相当于天平砝码的权值各不相同。先放入最重的砝码,观察一下天平是否平衡。不平衡时需要判断哪边重,若重物重则保留这个砝码,若重物轻则去掉这个砝码。继续放入次重的砝码观察天平是否平衡来确定次重砝码的取舍,然后依次放入其他砝码进行比较,直到比较完最轻的砝码为止。

图 9-20　逐次渐近型 A/D 转换器原理框图

逐次渐近型 A/D 转换器具体的转换过程如下：初始化时先将逐次渐近寄存器清零；转换控制信号 v_L 跳变为高电平时转换开始；在控制逻辑的作用下,第一个时钟先将逐次渐近寄存器的最高位置 1,形成的数字量"10…0"经 D/A 转换后送入比较器 C 与 v_I 进行比较；第二个时钟时将逐次渐近寄存器的次高位置 1,同时根据第一次的比较结果决定最高位的取舍——若 $v_O < v_I$ 说明数字量小,则保留最高位,否则清除最高位；将新形成的数字量经 D/A 转换后再与 v_I 进行比较——若 $v_O < v_I$,则次高位在第 3 个时钟时保留,否则被清除；重复置 1 和比较,直至处理完逐次渐近寄存器的最低位；v_L 跳变为低电平后转换结束,逐次渐近寄存器中的数字量即为转换结果。

逐次渐近型 A/D 转换器的转换效率远高于计数型。对于 8 位 A/D 转换器,从最高位到最低位每位的权值依次为 128、64、32、16、8、4、2 和 1。将逐次渐近寄存器清零后,经过 8 次置 1 和比较即可得到转换结果,再加上一个脉冲用于输出,所以逐次渐近型 A/D 转换器只需要 10 个时钟脉冲即可完成一次转换,而 8 位计数型 A/D 转换器则需要 255 个时钟脉冲。一般地,n 位逐次渐近型 A/D 转换器转换一次需要 $n + 2$ 个时钟脉冲。

ADC0809 是 8 位 A/D 转换器,内部结构框图如图 9-21 所示,由 8 路模拟开关、地址锁存与译码器、逐次渐近型 A/D 转换器和三态输出锁存缓冲器组成。$IN_0 \sim IN_7$ 为 8 条模拟量输入通道,$ADDC \sim ADDA$ 为 3 位地址。ALE 为地址锁存允许信号,高电平有效。当 ALE 为高电平时,地址锁存与译码器将 3 位地址 $ADDC$、$ADDB$、$ADDA$ 锁定,经译码后选定待转换通道。$START$ 为转换启动信号,上升沿时将内部寄存器清零,下降沿时启动转换。EOC 为转换结束标志信号,为高电平时表示转换结束,否则表示"正在转换中"。OE

为输出允许信号,为高电平时输出转换完成的数字量 $D_7 \sim D_0$,为低电平时输出数据线呈高阻状态。CLK 为时钟脉冲,通常取时钟频率为 640kHz。$V_{\text{REF}(+)}$、$V_{\text{REF}(-)}$ 为参考电压输入端。

图 9-21 ADC0809 结构框图

ADC0809 能对 8 路模拟量进行分时转换,工作时序如图 9-22 所示。ALE 和 $SATRT$ 通常由一个信号控制,上升沿时锁存地址并将逐次渐近寄存器清零,下降沿时启动转换。转换开始后 EOC 跳变为低电平表示"正在转换中",转换完成后 EOC 自动返回高电平,表示转换已经结束。这时控制 OE 为高电平,转换完成的数字量出现在数据总线 $D_7 \sim D_0$ 上,供微控制器读取。

图 9-22 ADC0809 工作时序

思考与练习

9-2 在 A/D 转换过程中,取样-保持电路的作用是什么?

9-3 量化有哪两种方案,量化误差各为多少?

9-4 并联比较型 A/D 转换器是否需要外加取样保持电路?试分析说明。

3. 双积分型 ADC

双积分型 A/D 转换器为 V-T 型,其基本原理是先将输入电压转换成与其幅值成正比的时间间隔,然后再将时间间隔对应成数字量。

　　双积分型 A/D 转换器的原理框图如图 9-23 所示,由电子开关、积分器、比较器和控制逻辑等部件组成。具体的转换过程如下:初始化时将开关 S_0 闭合使积分器清零;转换开始时断开 S_0 并将开关 S_1 切换到待转换的模拟信号 v_I,积分器从零开始对输入电压 v_I 进行固定时长为 T_1 的正向积分过程,然后再将开关 S_1 切换到与 v_I 极性相反的基准电压$-V_{REF}$进行反向积分,直到积分器的输出返回 0 时为止。

图 9-23　双积分型 A/D 转换器原理框图

　　由于正向积分时间为 T_1,所以完成正向积分后积分器的输出电压为

$$v_O = -\frac{1}{RC}\int_0^{T_1} v_I \mathrm{d}t = -\frac{T_1}{RC}v_I$$

　　设反向积分时间为 T_2,则

$$-\frac{T_1}{RC}v_I + \left(-\frac{1}{RC}\int_0^{T_2}(-V_{REF})\mathrm{d}t\right) = 0$$

由上式解得

$$T_2 = \frac{T_1}{V_{REF}}v_I$$

　　由上式看出,反向积分时间 T_2 与输入电压 v_I 成正比。v_I 越大,反向积分时间 T_2 越长。若在反向积分时间 T_2 内通过计数器对固定频率的时钟源 CLK 进行计数,T_2 越长,则计数值越大,如图 9-24 所示。由于计数值与 T_2 成正比,而 T_2 与输入电压 v_I 成正比,所以计数值自然也与输入电压 v_I 成正比,从而将输入模拟电压 v_I 转换成与之成正比的数字量,实现了 A/D 转换。

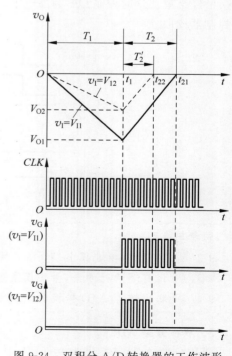

图 9-24　双积分 A/D 转换器的工作波形

积分器对输入信号的平均值响应,对均值为 0 的随机噪声信号具有很强的抑制能力,所以双积分型 A/D 转换器的突出优点是抗干扰能力强。另外,积分结果与 R、C 的具体数值无关,因此双积分型 A/D 转换器对积分元件 R、C 的精度要求不高,故稳定性好。

双积分型 A/D 转换器需要经过正向积分和反向积分才能完成一次转换,所以速度慢,属于低速型 A/D 转换器,转换时间一般在几十毫秒到几百毫秒范围内,即每秒只能完成几次到几十次转换。在工业控制以及仪器仪表等的应用场合,毫秒级的转换速度完全能够满足应用要求,所以双积分型 A/D 转换器以其抗干扰性能强、工作稳定性好的特点被广泛应用。

ICL7107 是 $3\frac{1}{2}$ 位(输出 BCD 码范围为 0000～1999,相当于 11 位二进制)双积分型 A/D 转换器,内含有七段译码器、显示驱动器、参考源和时钟。ICL7107 只需用 10 个左右的无源元件和 LED 数码管就可以构成高性能的仪器仪表,其典型应用电路如图 9-25 所示。

图 9-25 ICL7107 典型应用电路

ICL7135 是 $4\frac{1}{2}$ 位(输出 BCD 码范围为 00000～19999,相当于 14 位二进制)双积分型 A/D 转换器,只要外加译码器、数码管、驱动器以及电阻、电容等元件,就可组成一个满量程为 2V 的高精度数字电压表。具体应用电路可参考器件手册。

9.2.3 A/D 转换器的性能指标

转换精度和转换速度是衡量 A/D 转换器性能的两项主要指标。不同的应用场合应选用相适应的 A/D 转换器,以满足对转换精度和转换速度的不同需求。

1. 转换精度

转换精度用分辨率和转换误差两项指标来描述。

分辨率表示 A/D 转换器对输入信号的分辨能力。从理论上讲,n 位 A/D 转换器应该能够区分出 2^n 个不同等级的输入电压,或者说,能够区分出的最小输入电压为满量程电压的 $1/2^n$。当最大输入电压一定时,A/D 转换器输出位数越多,分辨率越高。对于 8 位 A/D 转换器,输入信号在 0～5V 范围内时,能够区分出的最小输入电压为 $5V/2^8 \approx 19.5\text{mV}$。

转换误差表示 A/D 转换器实际输出的数字量和理论上输出数字量之间的差值,通常以最低有效位的倍数表示。例如,"相对误差≤±LSB/2"表明实际输出的数字量和理论上输出数字量之间的误差小于最低有效位的半个字。

2. 转换时间

转换时间是指 A/D 转换器从转换控制信号有效开始,到输出端得到稳定的数字信号所经过的时间。

A/D 转换器的转换时间与量化与编码电路的类型有关,不同类型的转换器转换速度差异很大。并联比较型的转换速度最高,8 位 A/D 转换器的时间可以达到 50ns 以内;逐次渐近型 A/D 转换器的转换速度次之,转换时间在 $1 \sim 100\mu s$ 之间,但电路成本远低于并联比较型,是目前广泛应用的 A/D 转换器产品;双积分 A/D 转换器的转换速度最慢,转换时间大都在几十毫秒至几百毫秒范围内,满足仪表与检测领域的需要。

在实际应用中,需要从精度要求、输入模拟量的范围以及输入信号的极性等方面综合考虑选用 A/D 转换器。

思考与练习

9-5 应用 A/D 转换器进行模数转换时应注意哪些主要问题?

9-6 某同学用满量程为 5V 的 A/D 转换器对幅值为 0.5V 的模拟信号进行转换。你认为是否合适? 应该怎么做?

9.3 设计项目

A/D 转换器和 D/A 转换器是模拟世界与数字系统之间的桥梁。有了 ADC 和 DAC,就可以处理模数混合系统的设计问题。

9.3.1 可编程增益放大器设计

放大电路一般需要根据输入信号的大小来调整增益,以防止放大倍数过大导致输出信号失真,或者因放大倍数过小而导致分辨率降低的问题。可编程增益放大器是用数字量来控制增益的放大电路。

设计任务:设计一个增益可控的放大电路,能够对峰值为 10mV、频率为 1000Hz 的音频小信号进行放大。电路设有 UP 和 DOWN 两个键,按 UP 键时增益步进增加,按 DOWN 键时增益步进减小。要求放大电路的增益范围为 $0 \sim 996$,步进为 3.9,增益误差小于±5%。

设计过程:可控增益放大电路有多种设计方案,如下面 3 种。

(1) 选用集成可控增益放大器(如 AD603)实现;

(2) 采用基本放大电路,通过电子开关切换电阻而改换增益;

(3) 基于 D/A 转换器设计。

这 3 种方法各有特点:

(1) 采用集成可控增益放大器设计方便,但成本高,并且容易自激,因此对电路布局和制板工艺要求很高;

（2）当要求步进小、增益变化范围大时，采用电子开关切换电路非常复杂；

（3）基于 D/A 转换器设计容易实现数字控制，适应性强，步进由 D/A 转换器的位数确定。

综上所述，第 3 种方案最符合设计要求。

采用 D/A 转换器实现可控增益放大电路的总体设计方案如图 9-26 所示。

图 9-26　可控增益放大器总体设计方案

由于 D/A 转换器的输出电压与数字量和参考电压 V_{ERF} 的大小有关，V_{REF} 越大则输出电压的变化范围越大。由于输入信号的峰值只有 10mV，需要将输入信号放大 1000 倍再送至 D/A 转换器作为参考电压 V_{ERF}，由输入数字量控制其增益。

DAC0832 为 8 位 D/A 转换器，因此

$$v_O = -\frac{V_{REF}}{256}D_n$$

因 $V_{REF} = 1000v_I$，所以

$$v_O = -\frac{1000v_I}{256}D_n$$

所以该电路的放大倍数

$$A_v = \frac{v_O}{v_I} = -\frac{1000}{256}D_n = -3.90625D_n$$

用两片 74HC193 级联构成 8 位二进制加/减计数器，输出作为 DAC0832 的输入数字量 $D_7 \sim D_0$，有 0～255 共 256 种取值，对应放大电路的增益分别为 0,3.9,7.8,11.7,…,992.2 和 996.1。根据上述方案，可得图 9-27 所示的整体设计图。

可编程增益放大电路的实际增益与运放的性能、电阻和电容等元件的参数以及电路板的布局与布线有关，实际性能以测量为准。

9.3.2　数控直流稳压电源设计

直流稳压电源是基本的电子产品，为电子系统提供直流电源，分为线性稳压电源和开关电源两大类。

设计任务：设计一个数控直流稳压电源。电源设有 UP 和 DOWN 两个键，按 UP 键时输出电压步进增加，按 DOWN 键时输出电压步进减小。具体要求如下：

（1）输出电压的范围为 0～9.9V，步进为 0.1V；

（2）输出电压的误差≤±0.05V；

（3）用数码管显示设定输出电压值；

（4）最大输出电流≥1A。

设计过程：要求电源输出电压共有 100 种取值，而且输出电压可增可减，因此用一百进

图 9-27　可控增益放大电路参考设计图

制加/减计数器作为主控电路,然后通过 D/A 转换器将十位和个位的数字量转换成相应的模拟电压值,然后根据权值叠加成 0∼9.9V 的控制电压,去控制直流稳压电源输出 0∼9.9V 电压,故总体设计方案如图 9-28 所示。

图 9-28　数控稳压电源总体设计方案

　　具体设计方案:用两个 74HC192 级联实现一百进制加/减计数器,通过显示译码器 CD4511 驱动数码管显示设定的电压值。8 位 D/A 转换器选用 DAC0832,设置为直通模式,用于将数字量转换成模拟电压。由于 D/A 转换器的输出电压

$$v_O = -\frac{V_{REF}}{256}D_n$$

取 $D_n = x_3 x_2 x_1 x_0 0000$ 时,

$$v_O = -\frac{V_{REF}}{16}(x_3 x_2 x_1 x_0)$$

若取 $V_{REF} = 16V$,

$$v_O = -(x_3 x_2 x_1 x_0)$$

故可以将数字 $0\sim9$ 转换成 $0\sim9\mathrm{V}$。

加法器基于运算放大器设计。设计十位数的加法增益为 -1，个位数的加法增益为 -0.1，可叠加出 $0\sim9.9\mathrm{V}$ 的控制电压。

用加法器的输出信号控制直流稳压电源，采用小功率三极管复合中功率三极管（如 TIP41，最大输出电流为 6A）或大功率三极管（如 2N3055，最大输出电流为 15A）作为调整管，在散热完善的情况下，完全可以满足最大输出电流 1A 的要求。

数控稳压电源的整体设计原理如图 9-29 所示。

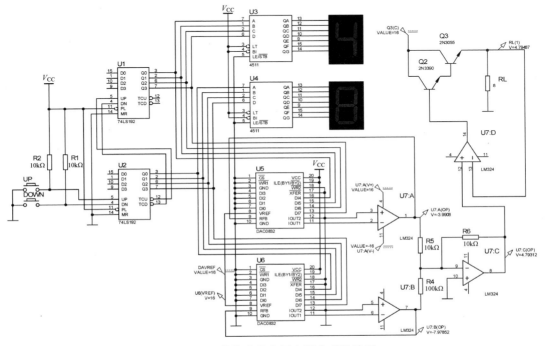

图 9-29　数控直流稳压电源参考设计图

数控直流电源的输出电压与运放的性能、电阻和电容等元件的参数偏差以及电路板的布局与布线有关，以实际测量为准。

9.3.3　温度测量电路设计

温度是工业生产测量与控制的基本测量参数。

设计任务：设计一个温度测量与显示系统，要求被测温度范围 $0\sim99℃$，精度不低于 $1℃$。

设计过程：温度测量可采用电子电路或单片机系统等多种方式实现。基于电子电路的温度测量与显示系统总体框图如图 9-30 所示。

图 9-30　测温电路系统框图

温度传感器有模拟温度传感器和数字温度传感器两大类,其中模拟温度传感器又有绝对温度传感器、摄氏温度传感器和用于工业现场测量高温的热电偶等多种类型。

本设计要求测量温度的范围不大,精度高求也不高,同时考虑后续电路设计方便,因此选用摄氏温度传感器 LM35,测量温度范围为 $-55 \sim 150\,℃$,测量误差为 $\pm 0.5\,℃$。

LM35 输出电压与温度的关系为

$$V_{\mathrm{out}} = 10(\mathrm{mV/℃}) \times T(℃)$$

当测温范围为 $0 \sim 100\,℃$ 时,LM35 的输出电压对应为 $0 \sim 1000\mathrm{mV}$。为了提高测量精度,通过信号调理电路将温度传感器输出的电压信号放大 5 倍,达到 ADC0809 输入电压的满量程范围。同时为了减小调理电路对温度传感器电路的影响,采用输入阻抗极高的同相放大电路进行放大。

ADC0809 的输入电压为 $0 \sim 5\mathrm{V}$ 时,其输出数字量 D 为 $0 \sim 255$,而相应的温度 T 应对应为 $0 \sim 100\,℃$,故采用公式

$$T = (D/255) \times 100$$

将数字量映射成温度值,并通过公式

$$(\text{BCD 码})十位 = T/10 \quad (符号“/”表示取整)$$
$$(\text{BCD 码})个位 = T\%10 \quad (符号“\%”表示取余数)$$

转换为 BCD 码显示。

用上述公式建立"数字量 D-BCD 温度值"映射文件,加载至 256×8 位 ROM 中,实现转换与显示。生成映射文件的 C 程序参考如下:

```
# include < math. h >
# include < stdio. h >
void main(void)
 {
   unsigned int AD_dat;
   unsigned char Temp_dat;
   unsigned char BCD_s,BCD_g,BCD_dat;
   FILE * fp;
   fp = fopen("Trom256x8.bin","w");
   for (AD_dat = 0;AD_dat < 256;AD_dat++)
     {
     Temp_dat = (AD_dat * 100)/255;
     BCD_s = Temp_dat/10; BCD_g = Temp_dat % 10;
     BCD_dat = BCD_s << 4 + BCD_g;
     fputc(BCD_dat,fp);
     }
   fclose(fp);
 }
```

温度测量的整体设计如图 9-31 所示,图中的 START 按键用于启动 A/D 转换。

图 9-31　温度测量电路参考设计图

本章小结

A/D 转换器和 D/A 转换器是连通模拟世界和数字世界的桥梁。A/D 转换器用于将模拟信号转换为数字信号,而 D/A 转换器用于将数字信号还原为模拟信号。

D/A 转换器根据实现原理的不同,分为权电阻网络 D/A 转换器、梯形电阻网络 D/A 转换器和开关树等多种类型。权电阻网络 D/A 转换器原理简单,但随着转换位数的增多,权电阻的差值越来越大,不利于集成电路的制造,因此通常作为原理电路应用。梯形电阻网络 D/A 转换器只使用 R 和 $2R$ 两种电阻就可以实现任意位数的 D/A 转换,而且网络结构规整,便于集成电路制造,是目前集成 D/A 转换器的主流结构。

DAC0832 为集成 8 位电流输出型 D/A 转换器,需要外接运放将电流转换为电压输出,可接成直通、单缓冲和双缓冲三种工作模式。AD7520 为 10 位电流输出型 D/A 转换器,同样需要外接运放将电流转换为电压输出。

在实际应用中,选用 D/A 转换器时需要从转换精度和转换速度等方面综合考虑。

A/D 转换的原理相对复杂,需要通过采样、保持、量化和编码四个过程才能将模拟量转换为数字量。根据量化与编码的原理不同,将 A/D 转换器分为直接型和间接型两大类。

直接型 A/D 转换器将模拟量直接转换成数字量,分为并联比较型和反馈比较型两种类型,其中反馈比较型又有计数器型和逐次渐近型两种实现方案。

间接型 A/D 转换器先将模拟量转换成某种中间物理量,再将中间量对应成数字量,分为电压-时间(V-T)型和电压-频率(V-F)型两种类型。

A/D 转换器的转换速度与量化与编码电路的类型有关,不同类型的转换器转换速度差异很大。并联比较型的转换速度最高,8 位 A/D 转换器的转换时间可以达到 50ns 以内;逐次渐近型 A/D 转换器的转换速度次之,转换时间通常在 $1\sim100\mu s$ 之间;双积分 A/D 转换器的转换速度最慢,转换时间在几十毫秒至几百毫秒范围内,满足仪表与检测领域的需要。

逐次渐近型 A/D 转换器具有较高的工作速度,而且电路成本远低于并联比较型,是目前 A/D 转换器的主流产品。

ADC0809 是集成 8 位逐次渐近型 A/D 转换器,能够对 8 路模拟量进行分时转换,输出 8 位数字量。ICL7107 是三位半双积分型 A/D 转换器,能够将模拟量直接转换为 BCD 码输出,驱动四位数码管显示转换结果。

在实际应用中,选用 A/D 转换器时需要从转换精度和转换速度、成本、输入模拟量的范围和极性等方面综合考虑。

习题

9.1 对于 4 位权电阻网络 D/A 转换器,当输入 $D_3D_2D_1D_0 = 1100$ 时输出电压 $v_O = 1.5V$,计算 D/A 转换器输出电压的变化范围。

9.2 若要求 D/A 转换器的最小分辨电压为 2mV,最大满刻度输出电压为 5V,计算 D/A 转换器输入二进制数字量的位数。

9.3 已知 10 位 D/A 转换器的最大满刻度输出电压为 5V,计算该 D/A 转换器的最小分辨电压和分辨率。

9.4 对于 10 位 D/A 转换器 AD7520,若要求输入数字量为 $(200)_{16}$ 时输出电压 $V_O = 5V$,则 V_{REF} 应取多少?

9.5 由 10 位二进制加/减计数器和 AD7520 构成的阶梯波发生器如图题 9-5 所示,分别画出加法计数和减法计数时 D/A 转换器的输出波形(设 $S = 0$ 时为加法计数; $S = 1$ 时为减法计数)。若时钟频率 CLK 为 1MHz, $V_{REF} = -8V$,计算输出阶梯波的周期。

图题 9-5

9.6 对于 4 位逐次比较型 A/D 转换器,设 $V_{REF} = 10V$,输入电压 $v_I = 8.26V$,列出在时钟脉冲作用下比较器输出电压 V_B 的数值并计算最终转换结果。

9.7 对于 8 位逐次渐进式 A/D 转换器,已知时钟频率为 1MHz,则完成一次转换所需要多长时间? 若要求完成转换时间小于 $100\mu s$,问时钟频率最低应取多少?

9.8 图题 9-8 所示电路是用 D/A 转换器 AD7520 和运算放大器构成的可控增益放大器,其电压放大倍数 $A_V = v_O/v_I$ 由输入的数字量 $D(d_9d_8\cdots d_0)$ 来设定。写出放大倍数 A_V 的计算公式,并说明 A_V 的取值范围。

*9.9 根据计数型 A/D 转换器的工作原理,设计一个 8 位 A/D 转换器,能够将 $0\sim5V$ 的直流电压信号转换为 8 位二进制数,要求转换误差小于 $\pm 1LSB$。

*9.10 设计简易数控稳压电源。电源设有"电压增"(UP)和"电压减"(DOWN)两个键,按 UP 键时输出电压步进增加,按 DOWN 键时步进减小。要求输出电压范围为 5~

图题 9-8

12V,步进为1V,输出电流大于1A。画出设计图,并说明其工作原理。

*9.11 设计简易数控电流源。电流源设有"电流增"(UP)和"电流减"(DOWN)两个键,按UP键时输出电流步进增加,按DOWN键时输出电流步进减小,要求输出电流范围为100～800mA,步进为100mA。画出设计图,并说明其工作原理。

数字设计新技术

数字系统设计需要 3 类器件：存储器、微处理器和逻辑器件。存储器用于存储数据和程序代码等信息；微处理器用于数值运算、信号处理和控制等任务；逻辑器件则用于完成逻辑运算、逻辑接口以及时序与控制等功能。

逻辑器件可分为固定逻辑器件和可编程逻辑器件两大类。固定逻辑器件一旦制造完成，其功能是固定不变的，如 74LS、74HC 系列这类中、小规模集成器件。可编程逻辑器件按标准器件生产，但其逻辑功能可以根据用户的需要进行定义，以完成更为复杂的系统功能。

随着半导体工艺进入纳米时代，可编程逻辑器件无论在容量上还是在速度上均有大幅度地提高，同时内嵌了微处理器、数字信号处理器、乘法器等功能模块，这使得基于可编程逻辑器件的数字系统设计无论在体积、速度、功耗还是设计的灵活性、系统的易构性方面有着传统的基于中、小规模集成器件设计无可比拟的优点，实现了高速性与灵活性的完美结合，逐渐成为嵌入式系统、数字通信系统和数字信号处理设计的主流。

登高才能望远。本篇首先介绍 EDA 技术的基本概念、实现要素以及硬件描述语言，然后重点讲述常用数字逻辑电路的描述、有限状态设计方法以及设计示例。

## 第 10 章

EDA 技术基础

EDA(electronic design automation,电子设计自动化)是 20 世纪 90 年代初发展起来的、以可编程逻辑器件(programmable logic device,PLD)为实现载体、以硬件描述语言(hardware description language,HDL)为主要设计手段、以 EDA 软件为设计平台、以 ASIC(application specific integrated circuits,专用集成电路)或 SOC(system on-chip,片上系统)为目标器件,面向数字系统设计和集成电路设计的一门新技术。

应用 EDA 技术,设计者可以从概念或者算法开始,用 HDL 描述模块功能,然后由 EDA 软件自动完成编译、逻辑化简、逻辑综合和优化,以及针对特定目标器件的逻辑映射和编程下载,直至实现整个电子系统。

可编程逻辑器件通过软件方式设计和修改硬件的功能,具有可反复编程和在线可重构的特性,极大地提高了数字系统设计的灵活性,有利于产品原型设计和系统升级。

10.1 EDA 技术综述

应用 EDA 技术涉及硬件(PLD)、软件(EDA 设计平台)和语言(HDL)3 个方面,其中 PLD 是电路实现的载体,EDA 软件是设计平台,HDL 是描述设计思想的主要工具。

10.1.1 PLD 的发展历史

可编程逻辑器件产生于 20 世纪 70 年代,最初用于替代种类繁多的中、小规模数字器件以简化系统设计。在此后 40 多年的发展历程中,可编程逻辑器件从 PROM、EPROM、E^2PROM、PAL、GAL、EPLD 发展到目前广泛应用的 CPLD 和 FPGA,在结构、工艺、功耗、规模以及工作速度等方面都得到了重大的发展。发展历程大致可分为以下 4 个阶段。

第一阶段从 20 世纪 70 年代初到中期。这一阶段的 PLD 主要有 PROM、EPROM 和 E^2PROM 3 种。由于结构和规模方面的限制,这些器件只能够实现一些简单的逻辑功能。

第二阶段从 20 世纪 70 年代中期到 80 年代中期。在此期间出现了结构上复杂一些的 PAL 和 GAL 器件,正式命名为 PLD。这些器件的内部主要由"与阵列"和"或阵列"组成,同时内部集成有触发器,能够实现较为复杂的数字系统。

第三阶段从 20 世纪 80 年代中期到 90 年代末。这一阶段推出的 CPLD/FPGA 在制造工艺和性能上取得了长足的发展,达到了 $0.18\mu m$ 工艺以及数百万门的规模。其中 FPGA

具有体系结构灵活、集成度高以及编程灵活等优点,成为产品原型设计的首选。

第四阶段从 20 世纪 90 年代末至今。伴随着半导体制造工艺水平达到纳米级,PLD 的密度大幅度提高,出现百万门至上千万门的 FPGA。目前,许多 FPGA 都内嵌了硬件乘法器、DSP 或硬核处理器,不但超越了 ASIC(application-special integrated circuit,专用集成电路)的规模和性能,同时也超越了传统意义上 FPGA 的概念,能够支持软件设计与硬件实现的完美结合,使可编程逻辑器件的应用范围扩展至系统级,出现了 SOPC(system on a programmable-chip,可编程片上系统)、All Programmable 等新概念。

FPGA 能将 ASIC 集成度高的优点和可编程逻辑器件使用灵活、重构方便的优点结合在一起,特别适合于样品研制或小批量产品开发,使产品能以最快的速度上市,而且容易转向由 ASIC 实现,因此使开发风险大为降低,成为现代高层次系统设计的实现载体。

10.1.2 硬件描述语言

硬件描述语言是从高级语言发展而来,用形式化方法来描述数字电路和系统的硬件结构及行为的计算机语言。采用硬件描述语言描述数字电路的优点如下:

(1) 设计细节由计算机完成,从而减少了设计工作量,缩短了设计周期;

(2) 硬件描述与实现工艺无关,因而代码重用(code reuse)率比传统的原理图设计方法高。

硬件描述语言的发展至今已有 30 多年的历史,已成功地应用于电子系统设计的建模、仿真验证和综合等各个阶段。自 20 世纪 80 年代以来,曾出现过多种硬件描述语言。大浪淘沙,目前应用比较广泛的有 Verilog HDL、VHDL 以及 SystemVerilog。

Verilog HDL 是从 C 语言发展而来的硬件描述语言,具有广泛的设计群体。1995 年,IEEE(美国电气和电子工程师协会)制定了 Verilog HDL 的 IEEE 1364—1995 标准。2000年 IEEE 公布的 Verilog HDL 1364—2001 标准大幅度地提高了系统级可综合性能。2005年 IEEE 制定硬件描述语言 Verilog 的标准 IEEE 1364—2005,解决了一些定义不清的问题并纠正了一些错误。

SystemVerilog(IEEE STD 1800)进一步扩展了 Verilog HDL 语言的功能,提高了硬件设计、规范、仿真和确认的效率,特别是提高了大型门电路、基于 IP 和高密度总线芯片的设计效率。SystemVerilog 1800 标准是以 Accellera 标准组织的 SystemVerilog 3.1a 硬件语言为基础的,这使得 Verilog HDL 保持了其在芯片设计领域中的主导地位,而且设计语言更加强大、简明,使得工程师可以应付更加复杂的半导体设计。

10.1.3 EDA 工具软件

EDA 工具软件很多,功能各异,应用的对象与范围也不相同。大致可分两大类:第一类是 PLD 厂商针对自己公司产品提供的集成开发环境(integrated development environment,IDE),第二类是第三方专业 EDA 公司提供的仿真、综合及时序分析工具软件。

集成开发环境的主要特点是功能全集成化,可以完成从设计输入、编辑、编译与综合、仿真、布局布线以及编程与配置等开发流程的所有工作。目前,使用广泛的集成开发环境有 Altera 公司的 Quartus Ⅱ 和 Xilinx 公司的 ISE 及支持 All Programmable 概念的新版软件 Vivado。

仿真软件用于对设计代码进行测试,以检查设计的正确性,包括布局布线前的功能仿真和布局布线后包含了门电路延时、布线延时等信息的时序仿真。Modelsim 是 Mentor 公司开发的、当今广泛应用的专业仿真软件,不仅支持 VHDL 和 Verilog 混合仿真,还能够对代码进行调试,而且仿真速度比集成开发环境中自带的仿真工具更快。

综合软件用于对设计输入进行逻辑分析、综合和优化,将高级的设计描述转换成CPLD/FPGA 或 ASIC 的网表文件,著名的有 Synplicity 公司的 Synplify Pro、Mentor 公司的 Examplar 和 Synopsys 公司的 FPGA Compiler Ⅱ 等。

10.2 Verilog HDL

Verilog HDL 是从 C 语言发展而来的,是目前广泛使用的硬件描述语言之一。

本节讲述 Verilog HDL(以下简称 Verilog)的基本结构、建模方式和语法规则,以及层次化设计方法。

10.2.1 Verilog 基本结构

模块是 Verilog HDL 的基本单元,由模块定义、端口类型说明、数据类型说明和功能描述等多个部分构成。

模块的语法格式如下:

```
module   模块名(端口列表);            //模块定义
  input   输入端口列表;               //端口类型说明
  output   输出端口列表;
  inout   双向端口列表;
  wire   信号名,信号名,…;            //数据类型说明
  reg   信号名,信号名,…;
  //功能描述
  assign   输出信号名 = 表达式;        //数据流描述
  always 语句;                       //行为描述
  调用模块名 例化模块名(端口列表);      //结构描述
endmodule
```

1. 模块定义

模块定义包括模块名和 I/O 端口列表两部分,由关键词 module 开始,以关键词endmodule 结束。

模块定义的语法格式为

```
module模块名(端口名 1, 端口名 2, …);
   …
   endmodule
```

模块名是模块唯一的标识,端口列表用于描述模块对外的连接端口。例如,

```
module mux2to1 (a,b,sel,y);
   …
   endmodule
```

声明模块名为 mux2to1,对外共有 a,b,sel 和 y 共 4 个端口。

在设计时,建议一个模块用一个文件,并且文件名和模块同名。

2. 端口类型说明

Verilog 支持 input、output 和 inout 3 种端口类型。其中 input 定义输入口,表示模块从外界读取数据的接口;output 定义输出口,表示模块往外界送出数据的接口;inout 定义双向口,支持数据的输入或输出。

端口类型说明的语法格式为

```
input [msb:lsb]  端口名 x1,端口名 x2,… ;
output [msb:lsb]  端口名 y1,端口名 y2,… ;
inout [msb:lsb]  端口名 z1,端口名 z2,… ;
```

格式中 msb 和 lsb 用于定义端口的位宽,缺省时默认为 1 位。

【例 10-1】 4 选 1 数据选择器端口的描述。

```
module mux4to1(D0,D1,D2,D3,A,Y);
  input D0,D1,D2,D3;
  input [1:0] A;
  output Y;
  …
endmodule
```

端口类型也可以在模块定义中直接说明。如上述代码也可以写为

```
module mux4to1(input D0,
               input D1,
               input D2,
               input D3,
               input [1:0] A,
               output Y );
  …
endmodule
```

3. 数据类型说明

数据类型说明用于定义线网或变量的数据类型。其语法格式为

```
wire [msb:lsb] 线网名 1,线网名 2,… ;
reg [msb:lsb] 变量名 1,变量名 2,… ;
```

其中 wire 表示线网类型,reg 表示寄存器变量。例如,

```
wire tmp;                          //定义 tmp 为线网
reg [7:0] Q;                       //定义 Q 为 8 位寄存器变量
```

4. 功能描述

功能描述用于定义模块的功能或结构。Verilog 有 3 种方法描述模块的功能。

1) 用连续赋值语句描述

连续赋值语句是描述组合逻辑电路的基本方法,通过在关键词 assign 后加逻辑表达式的方式描述电路的逻辑功能。例如:

```
assign y1 = ～(a & b);                        //描述二输入与非门
assign y2 = D0&(～A0)|D1&A0;                   //描述 2 选 1 数据选择器
```

2）用过程语句描述

always 过程语句是 Verilog 中最具有特色的语句,既可以用于描述组合电路,也可以用于描述时序电路。always 是反复执行的,块语句内部可以用 if-else、case 等高级语句来描述逻辑功能。例如,用 always 语句描述带有异步清零功能的 D 触发器:

```
always @(posedge clk or negedge rd_n)
  begin
    if (!rd_n) q <= 1'b0;                    //rd_n 低电平有效
      else q <= d;
  end
```

3）调用实例元件

实例元件是指 Verilog 中内置的门级或开关级元件(简称为基元),或者是用户自定义的功能模块。

调用实例元件就是调用基元或模块来定义模块的结构。

调用实例元件的语法格式为

调用模块名 实例元件名(端口列表);

例如,

```
and my_and (y,a,b,c);                        //调用基元 and,描述三输入与门 my_and
```

10.2.2 3 种描述方法

模块表示电路实体,既可以是简单的门电路,也可以是整个数字系统。功能描述是模块的核心,Verilog 支持行为描述、数据流描述和结构描述 3 种描述方式,并且支持分层次描述。

1. 行为描述

行为描述(behavioral coding)是用行为语句描述模块的逻辑功能,以过程语句为基本单位,由一个或多个过程语句组成。

always 和 initial 是两种基本的过程语句。initial 只执行一次,而 always 反复执行。

1）initial 语句

initial 语句无触发条件,从 0 时刻开始只执行一次。其语法格式为

```
initial
  begin
    块内变量说明;
    时序控制 1 行为语句 1;
    …
    时序控制 n 行为语句 n;
  end
```

当模块中存在两个以上的 initial 语句时,则同时从 0 时刻开始执行。initial 语句用于

仿真时定义测试模块的初始波形。

2）always 语句

always 语句有两种过程状态：执行状态和等待状态。一旦满足敏感的条件，always 语句即进入执行状态；执行完毕后自动返回，进入等待状态。always 语句的语法格式为

```
always @(敏感事件列表)
  begin [:块名]
    块内变量说明;
    [时序控制 1]行为语句 1;
    …
    [时序控制 n]行为语句 n;
  end
```

其中敏感事件列表示触发 always 语句执行的条件，有多个敏感条件时要使用关键词"or"将条件结合起来。至少有一个条件成立时，即启动执行语言块。

【例 10-2】 过程语句应用示例。

```
module clk_gen(clk1,clk2);
  output clk1,clk2;
  reg clk1,clk2;
  initial
    begin
      clk1 = 0;
      clk2 = 0;
    end
  always
    #50 clk1 = ~clk1;
  always
    #100 clk2 = ~clk2;
endmodule
```

用 always 语句设计组合逻辑电路时，在赋值表达式右端所有参与赋值的信号都必须在"敏感事件列表"中列出。如果存在没有列出的信号，则在综合时隐含为未列出的信号产生锁存器。这是因为未列出信号的变化不会立即引起所赋值变量的变化，而必须保持到敏感列表中的信号变化时才能赋值，所以相当于引入了一个锁存器，把信号的变化暂存起来，待敏感事件列表中的信号变化时再起作用。

3）块语句

块语句也称为语句块，是将两条或两条以上的语句组合在一起，形式上如同一条语句。块语句有顺序块语句和并行块语句两类。

顺序块语句是按语句书写顺序执行的语句块，由关键词 begin-end 定义。例如，

```
begin
  reg_b = reg_a;
  reg_c = reg_b;
end
```

并行块语句由关键词 fork-join 定义。

4) 时序控制

Verilog HDL 提供延迟控制和事件控制两种时序控制方法。

延迟控制用于定义从开始遇到语句到真正执行该语句时的等待时间。延时控制用于仿真,在综合时所有的延时将被忽略。

延时控制有外部模式和内部模式两种,其语法格式为

外部模式: <延时控制>寄存器变量 ＝ 表达式;
内部模式: 寄存器变量 ＝ <延时控制>表达式

例如,

```
initial
  begin
    #10 clk = ~clk;
  end
```

事件控制是把发生事件作为语句的执行条件,分为边沿触发事件和电平敏感事件两类。

边沿触发事件是指在敏感信号发生沿跳变时执行块语句,分为上升沿触发(用关键词 posedge 描述)和下降沿触发(用关键词 negedge 描述)两种。边沿触发事件的语法格式为

第一种: @(边沿触发事件)块语句;
第二种: @(边沿触发事件 1 or … or 边沿触发事件 n)块语句;

【**例 10-3**】　4 位二进制计数器的描述。

```
module counter(clk,q);
  input clk;
  output [3:0] q;
  reg [3:0] q;
  always @(posedge clk)
    begin
      q <= q + 1'b1;
    end
endmodule
```

电平敏感事件是指当敏感信号的电平发生变化时启动执行块语句。其语法格式为

第一种: @(电平敏感事件)语句块;
第二种: @(电平敏感事件 1 or … or 电平敏感事件 n)块语句;

例如,

```
always @ (a or b or c)
  begin
    …
  end
```

其中,只要 a、b、c 任意一个为高电平时,begin-end 中的语句就会被执行。

电平敏感事件中的关键词 or 可以用“,”代替,即 @(a,b,c)与 @(a or b or c)描述等效。

5) 高级程序语句

Verilog HDL 是在 C 语言基础上发展起来的,保留了 C 语言的特点。Verilog 中的高级程序语句与 C 语言中的语句一样,用于控制代码的流向,包括条件语句、分支语句和循环语句 3 大类。

(1) 条件语句。

条件语句根据条件表达式的真假判断执行的操作。Verilog 提供了 3 种形式的条件语句: 简单 if 语句、if-else 语句和 if-else if-else 语句。

简单 if 语句的语法格式为

```
if (条件表达式) 块语句;
```

如果条件表达式为真(非 0 值),则执行块语句,否则跳过块语句,继续执行后面的程序。

由于简单 if 语句未指出条件为假时执行的操作,隐含为保持功能,因而会综合出时序电路。

【例 10-4】 D 锁存器的描述。

```
module d_latch(clk,d,q);
   input clk,d;
   output reg q;
   always @(clk,d)
     begin
       if (clk) q <= d;
     end
endmodule
```

例 10-4 中的模块在 clk 为高电平时,输出 q 随输入信号 d 变化而变化。由于没有说明 clk 为低电平时的情况,所以在 clk 为低电平时不执行任何操作,默认 q 将保持原值,因此将综合出 D 锁存器。

if-else 语句的语法格式为

```
if(条件表达式)块语句 1;
   else 块语句 2;
```

如果条件表达式为真时,执行块语句 1,否则执行块语句 2。

【例 10-5】 2 选 1 数据选择器的描述。

```
module mux2to1 (y,a,b,sel);
   input a,b,sel;
   output reg y;
   always @(sel or a or b)
     begin
       if (!sel) y = a;
         else y = b;
     end
endmodule
```

如果 if-else 语句在逻辑上是完善的,会综合出组合电路,如例 10-5 所示。如果在逻辑上不完善,同样会综合出时序电路。例如,

```
input dir;
inout a,b;
reg atmp,btmp;
assign a = atmp;
assign b = btmp;
always @ (dir or a or b)
  begin
    if (dir) atmp = b;        //没有说明 dir = 1 时 btmp 的情况,因此 btmp 将保持原值
    else btmp = a;            //没有说明 dir = 0 时 atmp 的情况,因此 atmp 将保持原值
  end
```

if-else if-else 语句常用于多路选择控制。其语法格式为

```
if(条件表达式 1)块语句 1;
  else if(条件表达式 2)块语句 2;
    …
  else if (条件表达式 n)块语句 n;
    else 块语句 n + 1;
```

对于 if-else if-else 语句,如果条件表达式 1 为真则执行块语句 1,否则依次判断条件表达式 2 至条件表达式 n,若为真则执行相应的块语句。当所有的条件均不满足时,才执行块语句 $n+1$。

if-else if-else 语句条件隐含着优先级的关系。

【例 10-6】　4 线-2 线优先编码器的描述。

```
module prior_encoder(a,b,c,d,y);
  input a,b,c,d;
  output [1:0] y;
  reg [1:0]y;
  always @ (a or b or c or d)
   begin
     if (d)        y = 2'b11;
     else if (c) y = 2'b10;
     else if (b) y = 2'b01;
     else          y = 2'b00;
   end
endmodule
```

（2）分支语句。

case 语句用于多路分支,相当于 C 语言中的 switch 语句。其语法格式为

```
case(表达式)
    列出值 1: 语句块 1;
    列出值 2: 语句块 2;
      ⋮
    列出值 n: 语句块 n;
    [default: 语句块 n + 1; ]    //"[ ]"表示可选项
endcase
```

当表达式的值与某个列出值相等时则执行相应的语句块。若条件表达式的值与所有列出值都不相等时,才执行 default 后面的语句块 n＋1。

【**例 10-7**】 用 case 语句描述 2 线-4 线译码器。

```
module decoder2_4(en,a,y);
  input en;
  input [1:0] a;
  output [3:0] y;
  reg [3:0] y;
  always @(a or en)
    if (en)
     case (a)
       2'b00: y = 4'b0001;
       2'b01: y = 4'b0010;
       2'b10: y = 4'b0100;
       2'b11: y = 4'b1000;
       default: y = 4'b0000;
     endcase
    else
       y = 4'b0000;
endmodule
```

需要强调的是:

① case 语句中的每个列出值必须互不相同,否则会出现矛盾现象。

② 当 case 语句里的列出值没有涵盖表达式所有可能的取值时,需要带有 default 项,否则和简单 if 语句一样隐含综合出锁存器。建议使用 case 语句最好带有 default 项,这样可使逻辑更加明确,同时可增加代码的可读性。

③ case 语句中的各分支是并行的,没有优先级的区别,不像 if-else if-else 语句是按照书写的顺序依次判断的,隐含有优先级。如果设计时不需要考虑优先级的话,用 case 语句结构清晰,而且占用的硬件资源更少。

除了 case 语句外,还有两种形式的分支语句:casez-endcase 和 casex-endcase。casez 语句用来处理不考虑 z 的比较过程,出现在 casez 条件表达式和列出值中的 z 被认为是无关位,在比较时被忽略(不进行比较)。casex 语句用来处理不考虑 x 和 z 的比较过程,出现在条件表达式和取值中的 x 和 z 都被认为是无关位。表 10-1 列出了 case、casez 和 casex 的真值表。

表 10-1　case、casez、casex 真值表

case	0	1	x	z	casez	0	1	x	z	casex	0	1	x	z
0	1	0	0	0	0	1	0	0	1	0	1	0	1	1
1	0	1	0	0	1	0	1	0	1	1	0	1	1	1
x	0	0	1	0	x	0	0	1	1	x	1	1	1	1
z	0	0	0	1	z	1	1	1	1	z	1	1	1	1

在 Verilog 中可用字符"?"来代替字符 x 和 z,表示无关位。

【**例 10-8**】 用 casez 语句描述 4 线-2 线优先编码器。

```
module prior_encoder(a,b,c,d,y);
  input a,b,c,d;
```

```
    output [1:0] y;
    reg [1:0]y;
    always @ (a or b or c or d)
      begin
        casez({a,b,c,d})
          4'b1???: y = 2b11;
          4'b01??: y = 2b10;
          4'b001?: y = 2b01;
          4'b0001: y = 2b00;
      endcase
endmodule
```

（3）循环语句。

Verilog 支持 4 种循环语句：for 语句、while 语句、repeat 语句和 forever 语句，其中 for 语句、while 语句的作用和用法与 C 语言相同。

for 语句的语法格式为

for(循环初值表达式 1；循环控制条件表达式 2；增量表达式 3)块语句；

【例 10-9】　用移位累加方法实现乘法器。

```
module multi(result,op_a,op_b);
    parameter size = 8;                                  //8 位
    input [size:1] op_a,op_b;                            //被乘数与乘数
    output [2 * size:1] result;                          //乘法结果
    reg [2 * size:1] result;
    integer i;                                           //循环变量
    always @(op_a or op_b)
    begin
        result = 0;
        for(i = 1;i < = size;i = i + 1)
            if(op_b[i]) result = result + (op_a <<(i - 1));   //移位累加
    end
endmodule
```

while 语句在循环控制条件表达式为真时，反复执行块语句，直到条件假为止。如果条件表达式在初次判断时就不为真（包括 0、x 或 z），那么循环次数为 0。

while 循环的语法格式为

while(循环控制条件表达式) 块语句；

例如，用 while 语句也可以实现移位累加式乘法器：

```
reg [2 * size:1] atmp;                               //定义内部变量
reg [size:1] btmp,i;                                 //定义内部变量和循环变量
always@(op_a,op_b)
    begin
        result = 0;
        atmp = {(size{1'b0}),op_a};                  //位扩展
        btmp = op_b;
        while(i > 0)
```

```
        begin
          if (btmp[1]) result = result + atmp;            //累加
            i = i − 1;                                     //循环变量减1
            atmp = atmp << 1;                              //左移一位
            btmp = btmp >> 1;                              //右移一位
        end
      end
```

repeat 语句按照循环控制条件表达式指定的次数重复循环执行块语句,循环次数在执行语句前已经确定。如果循环控制条件表达式的值不确定(为 x 或 z)时,则执行次数为 0。

repeat 语句的语法格式为

repeat (循环控制条件表达式) 块语句;

同样,用 repeat 语句也可以实现移位累加式乘法器:

```
reg [2 * size:1] atmp;
reg [size:1] btmp;
always@(op_a, op_b)
  begin
    result = 0;
    atmp = op_a;
    btmp = op_b;
    repeat (size)                                        //循环次数为 size
      begin
        if (btmp[1]) result = result + atmp;
        atmp = atmp << 1;
        btmp = btmp >> 1;
      end
  end
```

forever 语句没有条件,永远反复执行。forever 语句不可综合,只用在 initial 过程语句中,用于产生周期性波形。

forever 语句的语法格式为

```
forever
  begin
  …
  end
```

例如,

```
initial
  begin                                                 //生成 3 位二进制码
    a2 = 0; a1 = 0; a0 = 0;
    forever #40 a2 = ~a2;
    forever #20 a1 = ~a1;
    forever #10 a0 = ~a0;
  end
```

2. 数据流描述

数据流描述(dataflow coding)通常采用连续赋值语句(assign)描述模块的功能,用于描述组合逻辑电路。

连续赋值语句的语法格式为

assign [延迟控制] 变量 ＝ 表达式;

连续赋值语句的赋值过程是,当右边表达式发生变化时立即反映到左边变量。延迟控制定义了右边表达式的值发生变化时到赋给左边变量之间的延迟时间,缺省时默认为 0。

连续赋值语句用于对线网类变量进行赋值,不能对寄存器类变量进行赋值,所以不能出现在过程语句中。

【例 10-10】　2 选 1 数据选择器的数据流描述。

```
module mux2to1(y,a,b,sel);
    input a,b,sel;
    output y;
    assign y = (～sel & a)|(sel & b);
    endmodule
```

3. 结构描述

结构描述(structural coding)类似于原理图设计,将模块与模块、模块与基元之间的连接关系转换成文字表达。

Verilog 中内置了 26 个基本元件(习惯上称为基元),包括逻辑门、三态门、上拉电阻和下拉电阻、MOS 开关和双向开关。这些基元可以分为如下几类:

(1) 多输入门: and, nand, or, nor, xor, xnor;

(2) 多输出门: buf, not;

(3) 三态门: bufif0, bufif1, notif0, notif1;

(4) 上拉电阻/下拉电阻: pullup, pulldown;

(5) MOS 开关: cmos, nmos, pmos, rcmos, rnmos, rpmos;

(6) 双向开关: tran, tranif0, tranif1, rtran, rtranif0, rtranif1。

调用这些基元的语法格式为

基元名 [实例名](端口 1, 端口 2, …, 端口 n);

其中基元名为 26 个基元之一,实例名是基元的调用名(可选)。端口 $1 \sim n$ 表示输入/输出口,不同基元的输入/输出口的数量和书写顺序不同。

1) 多输入门

多输入门有一个或多个输入,但只有一个输出。Verilog 中内置了与、与非、或、或非、异或和同或 6 种多输入门,调用的语法格式为

多输入门名 [实例名] (输出, 输入 1, 输入 2, …, 输入 n);

2) 多输出门

多输出门有缓冲器(buf)和反相器(not)两种类型,共同特点是只有一个输入,而可以有一个或多个输出。调用的语法格式为

多输出门名 [实例名] (输出 1, 输出 2, …, 输出 n, 输入);

【**例 10-11**】 2 选 1 数据选择器的结构描述。

2 选 1 数据选择器的逻辑图如图 10-1 所示,利用 Verilog 基元的结构描述代码如下:

```
module mux2to1(y,a,b,sel);
  output y;
  input a,b,sel;
  not (sel_n,sel);
  and (a1,a,sel_n);
  and (b1,b,sel);
  or (y,a1,b1);
endmodule
```

【**例 10-12**】 全加器的结构描述。

全加器的逻辑图如图 10-2 所示,利用 Verilog 基元描述全加器的代码如下:

```
module FullAdder(a,b,ci,sum,co);
  input a,b,ci;
  output sum,co;
  wire a,b,ci,sum,co,n1,n2,n3;
  xor (n1,a,b);
  xor (sum,n1,ci);
  and (n2,a,b);
  and (n3,n1,ci);
  or (co,n2,n3);
endmodule
```

图 10-1　2 选 1 数据选择器逻辑图

图 10-2　全加器逻辑图

3) 三态门

三态门用于对三态驱动器或三态反相器进行描述。Verilog 中内置了两种三态驱动器 bufif0 和 bufif1 以及两种三态反相器 notif0 和 notif1,其中 1 表示三态控制端高电平有效,0 表示三态控制端低电平有效。

三态门有输入、输出和三态控制 3 个端口,调用的语法格式为

三态门名 [实例名](输出, 输入, 三态控制);

4) 混合描述

Verilog HDL 支持 3 种描述方式的混合使用。模块中允许同时使用过程语句、连续赋值语句和实例化语句,而且支持相互包含。

【**例 10-13**】 全加器的混合描述。

```
module FullAdder(A,B,Cin,Sum,Cout);
```

```
    input A,B,Cin;
    output Sum,Cout;
    reg Cout;
    wire XS;
    xor U1(XS,A,B);                        //结构描述
    always @ ( A or B or Cin )             //行为描述
        begin
           Cout = A & Cin + B & Cin + A & B;
        end
    assign Sum = XS ^ Cin;                 //数据流描述
endmodule
```

10.2.3　层次化设计方法

设计复杂数字系统时，通常需要从顶层开始，对设计方案进行逐层分解。在电路设计的任一层次，硬件都可以分解为一些模块，然后将这些模块再分解成更低层次的模块，直到可以实现为止。也可以将低层次的元器件或模块相互连接组成高层次的模块，直到顶层为止，完成整个数字系统设计。

层次化设计是大型数字系统设计的主要方法，而模块调用是 Verilog HDL 层次化设计的基本方法。模块可以调用其他模块，被调用的模块称为子模块。

调用子模块的语法格式为

子模块名　　例化名(端口关联声明);

其中端口关联声明用于说明子模块的端口与例化元件端口的连接关系，有"位置关联方式"和"名称关联方式"两种方式。

位置关联方式不需要写出子模块定义时的端口名称，只需要把例化元件的端口按子模块定义时的端口顺序排列就能和子模块的端口关联。位置关联方式的格式如下：

(端口 1,端口 2,…, 端口 n);

名称关联方式直接指出子模块的输入/输出口与例化元件端口的连接关系，与模块端口排列顺序无关。名称关联方式的语法格式为

(.子模块端口 1(端口), .子模块端口 2(端口)…, .子模块端口 n(端口));

调用子模块时，端口表达式为空表示端口悬空。例如，

DFF dff1(.Q(Q), Qbar( ), .Din(D), .Preset( ), .Clock(CLK));

其中子模块的输出端口 Qbar 和输入端口 Preset 的括号里是空的，表示这两个端口悬空未连接。又如，

DFF dff2(Q, ,D, , CLK);

表示调用 DFF 时，DFF 的第 2 个端口和第 4 个端口未连接。

【例 10-14】　用层次化方法设计 4 位加法器。

多位加法器可以由多个全加器通过串行进位方式连接构成，4 位加法器的实现方案如图 10-3 所示。

图 10-3　4 位串行进位加法器

全加器的结构化描述见例 10-12。调用全加器实现 4 位加法器的代码如下:

```
module adder4bits (A,B,S,CO);
  input [3:0] A,B;
  output [3:0] S;
  output CO;
  wire C1,C2,C3;
  FullAdder u1(A[0],B[0],0,S[0] ,C1);
  FullAdder u2(A[1],B[1],C1,S[1],C2);
  FullAdder u3(A[2],B[2],C2,S[2],C3);
  FullAdder u4(A[3],B[3],C3,S[3],CO);
endmodule
```

10.3　Verilog HDL 语法

10.3.1　基本语法

1. 空白符与注释

空白符(white space)在 Verilog 中起分隔作用,包括空格、Tab 键、换行符和换页符。和 C 语言一样,在行中适当插入空白符,可以增加代码的可阅读性。

注释(comments)分单行注释和多行注释两种。单行注释以"//"开始到行尾结束。多行注释以"/ ＊"开始,以"＊/"结束。注意多行注释不允许嵌套。

2. 逻辑值与常量表示

1) 逻辑值

Verilog HDL 中的变量共有 4 种取值,含义如表 10-2 所示,其中 x 和 z 是不区分大小写,也就是说,值 1x0z 和 1X0Z 是等价的。

在输入或逻辑表达式中,字符 z 通常被解释为 x。

表 10-2　Verilog HDL 中的 4 种逻辑值

逻　辑　值	含　　义	逻　辑　值	含　　义
0	逻辑 0、逻辑假	x 或 X	未知(不确定的值)
1	逻辑 1、逻辑真	z 或 Z	高阻状态

2) 常量

值不变的量称为常量。Verilog 支持 3 种类型的常量:整数常量、实数常量和字型串。

整数(integer)常量的定义格式为

<±><位宽>'<基数符号><数值>

其中,"<±>"表示整数的正负,为正时可以省略;位宽为十进制数,定义该整数用二进制数表示时的位数;基数符号是定义数值的表示形式,可为 b 或 B(binary,二进制)、o 或 O(八进制,octal)、d 或 D(decimal,十进制)和 x 或 X(hexadecimal,十六进制);数值为基数符号确定的数字序列。例如,

```
4 'b1001              //4 位二进制数,数值为 1001
5 'd23                //5 位二进制数,数值为十进制数 23
3 'b01x               //3 位二进制数,最末位为不确定值
12 'hz                //12 位二进制数,每位均为 z
-8 'd6                //8 位二进制数,值为 -6(用补码表示)
```

当基数符号缺省时,默认为十进制。当位宽缺省时,则按常量的实际值确定位数。例如,

```
659                   //十进制数 659,实际位宽为 10
'h837ff               //十六进制数 837ff,位宽为 20
```

实数(real)常量用于表示延时、仿真时间等物理参数,用十进制或科学计数法表示。例如,

```
1.0                   //十进制数 1.0
3.1415926             //十进制表示
123.45e2              //科学计数法,值为 12345(e 也可以用大写表示)
1.2e-2                //科学计数法,值为 0.012
```

下画线"_"可以添加在常量中以提高数据的可阅读性。例如,16'b0001001101111111 可书写成 16'b0001_0011_0111_1111。

字符串(strings)定义为双引号内的字符序列。在表达式和赋值语句中,字符串是用 ASCII 码序列表示。例如,

```
reg [12 * 8:1] strvar;
initial
  begin
    strvar = "Hello World!";
  end
```

在 Verilog 中,字符串保存在 reg 类型的变量中。如果变量的宽度大于字符串的宽度,则 Verilog 默认用 0 来填充左边的空余位;若变量的宽度小于字符串的宽度,则自动截去字符串最左边的位。注意字符串不能分成多行书写。

3) 标识符与关键词

标识符(identifier)是用户定义的,用来表示端口、线网或变量、参数或模块的名称。标识符应符合以下规范:

(1) 由字母、数字、$ 和_(下画线)组成;

(2) 以字母或下画线开头,中间可以使用下画线,但不能连续使用下画线,也不能以下

画线结束；

（3）长度小于 1024。

以下是正确标识符的示例：

```
Clk_100M
WR_n
_CE
P1_2
```

和 C 语言一样，Verilog 中的标识符是区分大小写的。例如，MAX、Max 和 max 是 3 种不同的标识符。

Verilog HDL 预定义了一系列保留标识符，称为关键词（keywords），仅用于表示特定的含义，如 module、input、reg、always 和 case 等。在编写代码时，用户定义的标识符不能和关键词相同。注意 Verilog HDL 中的关键词都是小写的。

10.3.2 数据类型

数据类型（data type）用于对硬件电路中的信号连线和寄存器等物理量进行描述。Verilog HDL 有线网和变量两种数据类型。

1. 线网类型

线网类型（net type）表示硬件电路中元器件间的物理连线。线网变量定义的语法格式为

线网类型 [msb:lsb] 线网名 1,线网名 2, …, 线网名 n;

其中，线网类型是指线网的具体类型；msb 和 lsb 是用于定义线网范围的常量表达式，缺省时默认为 1 位。

wire 和 tri（三态）是最常见的两种线网类型。wire 类型定义硬件电路中的信号连线，是最常见的线网类型；tri 则用于描述多个驱动源驱动同一线网（总线结构）的线网类型。

线网的取值由驱动源决定。当没有驱动源驱动线网时，线网的默认值为 x。有多个驱动源驱动同一个线网变量时，线网的取值由表 10-3 决定。

表 10-3　wire 和 tri 真值表

wire/tri	0	1	x	z
0	0	x	x	0
1	x	1	x	1
x	x	x	x	x
z	0	1	x	z

例如：

```
wire [3:1] a, b;
tri [ 3:1 ] y;
assign y = a & b;
```

y 有两个驱动源：a 和 b。y 的取值由两个驱动源表达式的值按表 10-3 中所示的关系决定。

若 a 的值为 01x，b 的值为 11z，则 y 的值是 x1x。

2. 变量类型

变量类型（variable type）表示抽象的数据存储单元，只能在过程语句（always 或 initial）中被赋值，并且其值保持到下一次赋值时为止。变量类型的默认值为 x。

变量类型有 reg、integer、time、real 和 realtime 5 种子类型。

reg 用于定义寄存器变量，表示抽象的数据存储单元。寄存器变量定义的语法格式为

reg [msb: lsb] 变量名 1，变量名 2，…，变量名 n；

其中，msb 和 lsb 用于定义寄存器变量位宽的常量表达式，缺省时默认为 1。例如：

```
reg [3:0] q;                    //q 为 4 位寄存器变量
reg tmp;                        //tmp 为 1 位寄存器变量
reg [1:32] reg_A, reg_B, reg_C; //32 位寄存器变量
```

寄存器变量的取值通常被解释为无符号数，例如：

```
reg [3:0] tmp;
...
tmp = -2;                       //tmp 的值为 1110(-2 的补码)
tmp = 5;                        //tmp 的值为 0101
```

整数变量可用于存储有符号数。整数变量定义的语法格式为

integer 变量名 1，变量名 2，…，变量名 n [msb:lsb]；

其中，msb 和 lsb 用于定义整数变量位宽的常量表达式，缺省时默认为 32 位。例如：

```
integer A, B, C;                //32 位整数变量
integer Stat [3:6];             //4 位整数变量
```

整数变量能作为矢量进行访问。例如，对于上述定义的 32 位整数 B，使用 B[6] 或 B[20:10] 是允许的。

3. 标量与矢量

在 Verilog 中，位宽为 1 位称为标量，位宽大于 1 位的称为矢量。

对矢量进行说明时，矢量范围用括在中括号内的一对整数表示，中间用冒号隔开。例如：

```
reg [7:0] reg_a;                //8 位寄存器变量
wire [7:0] bus_a, bus_b;        //8 位线网
wire a, b;                      //1 位线网
reg c, d, e;                    //1 位寄存器变量
```

可按位或部分位赋值的矢量称为标量类矢量，用关键词 scalared 表示，相当于多个 1 位标量的集合，是使用最多的一类矢量。不能按位或部分位赋值的矢量称为矢量类矢量，用关键词 vectored 表示。例如：

```
reg scalared [7:0] reg_a;       //reg_a 被定义成标量类变量
wire vectored [15:0] bus16;     //bus16 被定义成矢量类线网
```

标量类矢量的说明可以省略，没有关键词 scalared 或 vectored 的矢量均将被解释成标

量类矢量。

4. 存储器

存储器是由寄存器变量组成的数组。存储器定义的格式如下:

```
reg [n-1:0] 存储器名 [m-1:0];
```

其中,[n−1:0]定义存储单元的位宽,[m−1:0]定义存储单元的个数。例如:

```
reg [15:0] memo [7:0];
```

定义 memo 每个单元存 16 位数据,共有 8 个单元。

注意存储器和变量类型的定义和用法不同。一个由 n 个 1 位变量构成的存储器不同于一个 n 位变量,例如:

```
reg [n-1: 0] rega;              //说明 rega 是一个 n 位变量
reg memb [n-1: 0];             //说明 memb 共有 n 个存储单元,每个单元存储 1 位数据
```

10.3.3 参数定义

为了提高代码的可读性和可维护性,Verilog 允许使用参数定义语句定义常量,用标识符来代替常量值。

参数定义的格式如下:

```
parameter  参数名 1 = 常量表达式 1,参数名 2 = 常量表达式 2, … ;
```

例如,

```
parameter msb = 7, lsb = 0;      //定义参数 msb 和 lsb
parameter delay = 10;            //定义参数 delay
…
reg [msb:lsb] reg_a;             //使用参数 msb 和 lsb
and #delay (x, y, z);            //使用参数 delay
```

10.3.4 操作符

Verilog 中的操作符按功能可分为 10 类:算术操作符、赋值操作符、关系操作符、等式操作符、逻辑操作符、条件操作符、位操作符、移位操作符、位拼接操作符和缩位操作符。

1. 算术操作符

算术操作符有以下 6 种:

+　　加法

−　　减法

*　　乘法

/　　整除

%　　取余

**　　幂运算

整除的结果为整数。在取余操作时,结果的符号和第一个操作数的符号保持一致。

例如:

12.5/3：结果为 4；

12%4：余数为 0；

—15%2：结果取第一个数的符号，余数为—1；

13/—3：结果取第一个数的符号，余数为 1。

注意在进行算术操作时，只要有一个操作数为 x 或 z，则运算结果为 x。

2. 赋值操作符

赋值分为连续赋值和过程赋值两类。

1）连续赋值

连续赋值只能对线网进行赋值，而不能对变量进行赋值，其语法格式为

assign　[♯延时量]线网名 = 赋值表达式;

例如，

```
wire a;
assign a = 1'b1;
```

线网一旦被连续赋值语句赋值之后，只要右端表达式中任一个操作数取值的变化就会立即引起被赋值变量的更新操作。

2）过程赋值

在过程语句内部的赋值称为过程赋值。过程赋值只能对变量进行赋值，而不能对线网进行赋值。经过赋值后，这些变量的值将保持不变，直到下一次更新为止。

过程赋值的语法格式为

<被赋值变量><赋值操作符><赋值表达式>

其中，赋值操作符分为"="或"<="两种，分别代表了阻塞赋值（blocking assignment）和非阻塞（non-blocking assignment）赋值。

阻塞赋值是指在前一条赋值结束之前，后一条语句被阻塞，不能执行。非阻塞赋值语句同时执行，不受前面语句执行的影响。

非阻塞式赋值提供了在语句块内实现并行操作的方法。由于阻塞赋值语句与非阻塞赋值语句在功能上存在差异，因此正确地区分和使用这两种赋值语句非常重要。

下面通过示例说明阻塞式与非阻塞式赋值方式的差异。

【例 10-15】 阻塞赋值示例。

```
module blocking(din,clk,reg_a,reg_b);
input din,clk;
output reg_a,reg_b;
reg reg_a,reg_b;
always @(posedge clk)
  begin
    reg_a = din;
    reg_b = reg_a;
  end
endmodule
```

对于阻塞赋值方式，在时钟脉冲 *clk* 上升沿到来时，首先执行赋值语句"reg_a＝din"，寄

存器变量 reg_a 得到了 din 的值,再执行赋值语句"reg_b＝reg_a",寄存器变量 reg_b 得到 reg_a 的值,所以执行完后 reg_b 和 reg_a 都得到了 din 的值,因此综合出两个并联的 D 触发器,如图 10-4 所示。

图 10-4　阻塞式赋值综合结果

【例 10-16】　非阻塞赋值示例。

```
module non_blocking(din,clk,reg_a,reg_b);
  input din,clk;
  output reg_a,reg_b;
  reg reg_a,reg_b;
  always @(posedge clk)
    begin
      reg_a <= din;
      reg_b <= reg_a;
    end
endmodule
```

对于非阻塞赋值方式,在时钟脉冲 clk 上升沿到来时,赋值语句"reg_a <= din"和"reg_b <= reg_a"同时执行,寄存器变量 reg_a 得到 din 的值,寄存器变量 reg_b 得到 reg_a 原来的值,因此综合出两位移位寄存器,图 10-5 所示。

图 10-5　非阻塞式赋值综合结果

　　一般来说,设计组合逻辑电路时使用阻塞赋值,设计时序逻辑电路时使用非阻塞赋值。需要同时描述时序逻辑和组合逻辑时,组合逻辑部分和时序逻辑应分开进行处理,使用两个 always 语句,一个处理时序逻辑,一个处理组合逻辑,或者改用连续赋值语句或用结构描述处理组合逻辑部分。不能在同一个过程语句中同时使用阻塞和非阻塞赋值。

3．关系操作符

关系操作符用于判断两个操作数的大小。如果操作数之间的关系为真时返回值为 1，为假时返回值为 0。关系操作符共有以下 4 种：

> 　　大于

>= 　　大于或等于

< 　　小于

<= 　　小于或等于

所有的关系操作符具有相同的优先级，但低于算术操作符的优先级。在关系操作符中，若操作数中包含有 x 或 z，则结果为 x。

4．等式操作符

等式操作符用于判断两个操作数是否相等。结果为真时返回值为 1，为假时返回值为 0。等式操作符共有以下 4 种：

== 　　相等

!= 　　不相等

=== 　　全等

!== 　　不全等

操作符"=="和"!="称为逻辑等式操作符，比较时，值 x 和 z 具有通常的物理含义，若操作数中包含 x 或 z，则逻辑相等的比较结果为 x。操作符"==="和"!=="称为 case 等式操作符，可以比较含有 x 和 z 的操作数，比较时，不考虑 x 和 z 的物理含义，严格按字符值进行比较，结果非 0 即 1。例如，设

```
a = 4'b10x0
b = 4'b10x0
```

则（a==b）的比较结果为 x，而（a===b）的比较结果为 1。

表 10-4 为逻辑等式操作符和 case 等式操作符的比较关系表。case 等式操作符用于 case 表达式的判别，在模块的功能仿真中有着广泛的应用，但不可综合，所以只能在编写测试文件中使用。

表 10-4　逻辑等式及 case 等式操作符真值表

逻辑等式操作符					case 等式操作符				
===	0	1	x	z	==	0	1	x	z
0	1	0	x	x	0	1	0	0	0
1	0	1	x	x	1	0	1	0	0
x	x	x	x	x	x	0	0	1	0
z	x	x	x	x	z	0	0	0	1

5．逻辑操作符

逻辑操作符有以下 3 种：

&& 　　逻辑与

|| 　　逻辑或

! 　　逻辑非

逻辑操作符对逻辑 0 和逻辑 1 进行操作,结果为 0 或者 1,真值表如表 10-5 所示。

表 10-5　逻辑操作真值表

a	b	!a	!b	a&&b	a‖b
0	0	1	1	0	0
0	1	1	0	0	1
1	0	0	1	0	1
1	1	0	0	1	1

若操作数为矢量,非 0 矢量被当作 1 进行处理。例如,

```
a = 1'b0110
b = 1'b1000
```

则$(a\&\&b)$的结果为 1,$(a‖b)$的结果也为 1。

若操作数中存在 x 或 z,当逻辑操作结果是未定时,结果为 x。例如,

```
1'b0 && 1'bx    结果为 0
1'b1 ‖ 1'bx     结果为 1
!x              结果为 x
```

6. 条件操作符

条件操作符根据条件表达式的值从两个表达式中选择其一,语法格式为

(条件表达式)? 表达式 1：表达式 2

表示若条件表达式为真,则返回表达式 1 的值,否则返回表达式 2 的值。

条件操作符可以很方便地描述 2 选 1 数据选择器:

```
wire y;
assign y = (sel == 1) ? a : b;
```

条件操作符可以嵌套使用,实现多路选择。例如,

```
wire [1:0] s;
assign s = (a >= 2 ) ? 1 : (a < 0) ? 2 : 0;
```

即当 $a \geqslant 2$ 时,$s=1$; 当 $a<0$ 时,$s=2$;其他,则 $s=0$。

7. 位操作符

位操作符共有 7 种:

&　　与

‖　　或

~　　非

^　　异或

^~　　同或

~&　　与非

~‖　　或非

位操作是对变量的每一位进行操作。例如,$s1\&s2$ 的含义是将 s1 和 s2 的对应位相与。

如果两个操作数的长度不相等,将会对较短的数高位补零,然后进行对应位操作,输出结果的长度与位宽较长的操作数长度保持一致。例如,当 s1 = 4'b1001,ce1 = 4'0111,ce2 = 6'b011101 时,s2 = ~s1 = 4'b0110,var = ce1 & ce2 = 6'b000101。

位操作符与逻辑操作符的主要区别是逻辑操作中的变量与函数的取值均为 1 位,而位操作中变量与函数的取值既可以为 1 位,也可以多位。

8. 移位操作符

移位操作符用于将操作符左侧的操作数向左或向右移位,移位的次数由操作符右侧的位数决定。

移位操作符共有 4 种:

    <<   逻辑左移

    >>   逻辑右移

    <<<   算术左移

    >>>   算术右移

移位操作符的语法格式为

    <操作数><移位操作符><位数>

例如,"data << n"的含义是将操作数 data 向左移 n 位,"data >> n"的含义是将操作数 data 向右移 n 位。逻辑移位所移出的空位用 0 来填补。对于算术移位,左移所移出的空位用 0 来填补;右移时,无符号操作数所移出的空位用 0 来填补,有符号操作数所移出的空位用符号位来填补。

在实际应用中,经常用移位数操作的组合来计算乘法运算,以简化电路设计。例如要实现 $d \times 20$,因为 $20 = 2^4 + 2^2$,所以可以通过 $d << 4 + d << 2$ 来实现。

9. 拼接操作符

拼接操作符"{}"用于将两个或以上的线网或变量拼接起来,形成一个整体。例如,若 a,b,c 的位宽均为 1 位,则

    {a,b,c}

表示将 3 个 1 位的线网或变量拼接为一个 3 位的线网或变量。

在工程实际中,拼接操作应用广泛。例如,用拼接操作符实现移位操作:

```
reg [15:0] shift_reg;
shift_reg [15:0] <= {shift_reg [14:0], data_in};    //左移
shift_reg [15:0] <= {data_in,shift_reg [15:1]};     //右移
```

使用拼接操作符时,每个线网或变量都必须有明确的位数。

10. 缩位操作符

缩位操作符是对单个操作数上的所有位进行操作,结果返回一位数。具体运算过程:首先将操作数的第一位和第二位进行位操作,然后再将运算结果和第 3 位进行位操作,依次类推直至最后一位。例如,

```
reg [3:0] d;
reg y1,y2;
```

```
y1 = &d;          //缩位与,y1 = d[3]& d[2] & d[1]& d[0]
y2 = |d;          //缩位或,y2 = d[3]| d[2] | d[1]| d[0]
```

10.4　测试激励文件

Verilog HDL 不仅提供了设计建模的能力,而且提供了对测试激励信号的描述能力。激励信号可用 initial 语句和 always 语句产生,仿真结果作为线网数据存储。仿真验证就是通过过程语句产生相应的激励信号,将仿真结果与期望的响应比较以检测设计正确性的过程。

【例 10-17】 4 选 1 数据选择器仿真测试。

(1) 4 选 1 数据选择器描述文件 MUX41a.v。

```verilog
module MUX41a(a,b,c,d,s1,s0,y);
  input a,b,c,d;
  input s1,s0;
  output y;
  reg y;
  always @(a,b,c,d,s1,s0,y)
    begin
      case ({s1,s0})
        2'b00: y = a;
        2'b01: y = b;
        2'b10: y = c;
        2'b11: y = d;
        default: y = a;
      endcase
    end
endmodule
```

(2) 测试激励文件 MUX41a.vt。

```verilog
timescale 10ns/ 1ns
module MUX41a_tb();
  reg a;                        //测试输入信号定义为 reg 型
  reg b;
  reg c;
  reg s0;
  reg s1;
  wire y;                       //测试输出信号定义为 wire 型
  MUX41a u1 (.a(a),.b(b),.c(c),.d(d),.s0(s0),.s1(s1),.y(y));  //例化
  initial
    begin                       //设置激励信号初始
      s1 = 0; s0 = 0;
      a = 0; b = 0;c = 0; d = 0;
    end
  initial
    $ monitor("y = % b",y);
  always #50 s0 = ~s0;          //设置地址信号波形
```

```
always #100 s1 = ~s1;
always #1 a = ~a;                      //设置4路输入数据波形
always #2 b = ~b;
always #3 c = ~c;
always #4 d = ~d;
endmodule
```

【例 10-18】 计数器的描述与仿真测试。

（1）4 位二进制计数器描述文件 cnt4b. v。

```
module cnt4b(clk,rst,q);
    output[3:0] q;
    input rst,clk;
    reg [3:0] q;
    always @(posedge clk)
     begin
       if (rst) q <= 0;              //同步复位,高电平有效
         else q <= q + 1'b1;          //计数
     end
endmodule
```

（2）测试激励文件 cnt4b. vt。

```
`timescale 10ns/1ns
 module cnt4_tb();
    reg clk,rst;                      //输入信号定义为 reg 型
    wire [3:0] q;                     //输出信号定义为 wire 型
    parameter DELY = 100;
    cnt4b mycount (clk,rst,q);        //结构描述
    always #(DELY/2) clk = ~clk;      //产生时钟波形
    initial
      begin                           //定义输入信号
        clk = 0;
        rst = 0;
        #DELY rst = 1;
        #DELY rst = 0;
        #(DELY * 20) $finish;
      end
    initial                           //定义结果显示格式
      $monitor($time,"clk = %b rst = %bq = %d",clk,rst,q);
endmodule
```

本章小结

　　EDA 技术是以可编程逻辑器件（PLD）为实现载体、以硬件描述语言（HDL）为主要设计手段、以 EDA 软件为设计平台、以 ASIC 或 SOC 为目标器件,面向数字系统设计和集成电路设计的一门新技术。

　　应用 EDA 技术涉及 PLD、EDA 软件和 HDL 三个方面,其中 PLD 是实现载体,EDA 软件是设计平台,HDL 是描述设计思想的主要工具。

目前,可编程逻辑器件分为基于"与一或"阵列的 CPLD 和基于查找表结构有 FPGA 两大类。其中 FPGA 能将 ASIC 集成度高的优点和可编程逻辑器件使用灵活、重构方便的优点结合在一起,特别适合于样品研制或小批量产品开发,使产品能以最快的速度上市,而且容易转向由 ASIC 实现,因此开发风险大为降低,成为现代高层次系统设计的实现载体。

EDA 软件大致可分两大类:第一类是 PLD 厂商针对自己公司产品提供的集成开发环境,第二类是第三方专业 EDA 公司提供的仿真、综合以及时序分析工具软件。

硬件描述语言是从高级语言发展而来的,用形式化方法来描述数字电路和系统的硬件结构和行为的计算机语言。采用硬件描述语言描述数字电路的优点是:(1)设计细节由计算机完成,从而减少了设计工作量,缩短了设计周期;(2)硬件描述与实现工艺无关,因而代码重用率比传统的原理图设计方法高。

Verilog HDL 由 C 语言发展而来,是目前广泛使用的硬件描述语言之一。模块是 Verilog HDL 的基本单元,由模块定义、端口类型说明、数据类型说明和功能描述等多个部分构成。其中功能描述是模块的核心,Verilog HDL 支持行为描述、数据流描述和结构描述三种描述方式,并且支持分层次描述。

习题

10.1　Verilog HDL 中为线网和变量定义了哪几种基本取值? 4 位变量共有多少种取值组合?

10.2　Verilog HDL 定义了哪几类数据类型? 在连续赋值语句中,被赋值的对象应该定义为什么数据类型? 在过程赋值语句中,被赋值的对象必须定义为什么数据类型?

10.3　模块有哪几种建模方式?

10.4　数据流描述方式采用什么语句进行描述? 具体的语法格式是什么?

10.5　行为描述方式采用什么语句描述模块的功能? 具体的语法是什么? 被赋值的对象必须定义为什么数据类型?

10.6　在结构化建模方式中,.A(A)的两个 A 具体含义是什么?

10.7　用 Verilog 语句定义以下线网、变量或常数:

(1) 名为 Qtmp 的 8 位寄存器变量,并赋值为 -2;

(2) 名为 Xbits 的 16 位整数变量;

(3) 定义参数 S1、S2、S3 和 S4,取值分别为 4'b0001、4'b0010、4'b0100 和 4'b1000;

(4) 名为 sindat_mem,容量为 1024×10 位的存储器;

(5) 名为 DataBus 的 16 位数据总线。

10.8　在 Verilog HDL 中,哪些操作符的结果是 1 位的?

10.9　比较逻辑操作符与位操作符,说明其共同点和应用差异。

10.10　已知半加器的真值表、逻辑函数表达式和逻辑图分别如图题 10-10(a)～(c)所示,分别用行为描述、数据流描述和结构描述三种方法描述半加器。

A B	S CO
0 0	0 0
0 1	1 0
1 0	1 0
1 1	0 1

(a) 真值表

$$\begin{cases} S=A'B|AB'=A\oplus B \\ CO=AB \end{cases}$$

(b) 逻辑函数式

(c) 逻辑图

图题　10-10

第 11 章

常用数字器件的描述

本章对数字电路中常用器件进行逻辑描述,包括基本门电路、组合逻辑器件和时序逻辑器件。

11.1 组合器件的描述

常用的组合逻辑电路除基本逻辑门外,有编码器、译码器、数据选择器、数据比较器、三态门和奇偶校验器等多种类型。

11.1.1 基本逻辑门

逻辑代数中定义了与、或、非、与非、或非、异或和同或共七种运算,相应地,Verilog HDL 中定义了实现七种逻辑关系的基元,例化这些基元就可以描述门电路。同时,应用 Verilog HDL 中的逻辑运算符或者位操作符也可以很方便地描述门电路。因此,基本逻辑门既可以应用行为描述方式直接定义门电路的逻辑功能,也可以应用数据流描述方式描述指定门电路输出与输入之间的逻辑关系,还可以应用结构描述方式通过例化基元进行描述。

【例 11-1】 基本逻辑门的描述。

应用数据流描述时,用连续赋值语句 assign 和逻辑运算符/位操作符实现。

```
module Basic_Gates (a, b, Yand, Yor, Ynot, Ynand, Ynor, Yxor, Ynxor);
    // 端口描述
    input a, b;
    output Yand, Yor, Ynot, Ynand, Ynor, Yxor, Ynxor;
    // 数据流描述,应用位操作符
    assign Yand = a & b;
    assign Yor = a | b;
    assign Ynot = ～a;
    assign Ynand = ～( a & b);
    assign Ynor = ～(a | b);
    assign Yxor = a ^ b;
    assign Ynxor = ～(a ^ b);
endmodule
```

11.1.2　编码器

编码器有 4 线-2 线、8 线-3 线、16 线-4 线等多种类型。74HC148 为常用的 8 线-3 线优先编码器,用于将 8 个高/低电平信号编成 3 位二进制代码。

Verilog 中的条件语句 if-else if-else 和分支语句 casex-casez 本身隐含有优先级的概念,都可以用于描述优先编码器。

【例 11-2】　用条件语句描述 74HC148。

```
module HC148a(S_n, I_n, Y_n, YS_n, YEX_n);
    //端口说明
    input S_n;                              //控制端,低电平有效
    input [7:0] I_n;                        //输入端,低电平有效
    output [2:0] Y_n;                       //编码输出,低电平有效
    output YS_n;                            //无编码输出指示,低电平有效
    output YEX_n;                           //有编码输出指示,低电平有效
    reg [2:0] Y_n;
    reg YS_n;
    reg YEX_n;
    //行为描述
    always @(S_n, I_n)                      //当控制信号或输入信号发生变化时
      if (!S_n)                            //控制信号有效时
        if (I_n[7] == 1'b0)
          begin  Y_n = 3'b000;  YS_n = 1'b1;  YEX_n = 1'b0;  end
        else if (I_n[6] == 1'b0)
          begin  Y_n = 3'b001;  YS_n = 1'b1;  YEX_n = 1'b0;  end
        else if (I_n[5] == 1'b0)
          begin  Y_n = 3'b010;  YS_n = 1'b1;  YEX_n = 1'b0;  end
        else if (I_n[4] == 1'b0)
          begin  Y_n = 3'b011;  YS_n = 1'b1;  YEX_n = 1'b0;  end
        else if (I_n[3] == 1'b0)
          begin  Y_n = 3'b100;  YS_n = 1'b1;  YEX_n = 1'b0;  end
        else if (I_n[2] == 1'b0)
          begin  Y_n = 3'b101;  YS_n = 1'b1;  YEX_n = 1'b0;    end
        else if (I_n[1] == 1'b0)
          begin  Y_n = 3'b110;  YS_n = 1'b1;  YEX_n = 1'b0;  end
        else if (I_n[0] == 1'b0)
          begin  Y_n = 3'b111;  YS_n = 1'b1;  YEX_n = 1'b0;  end
        else                               //无编码信号输入时
          begin  Y_n = 3'b111;  YS_n = 1'b0;  YEX_n = 1'b1;  end
      else                                 //控制信号无效时
        begin   Y_n = 3'b111;  YS_n = 1'b1;  YEX_n = 1'b1;  end
endmodule
```

【例 11-3】　用分支语句描述 74HC148。

```
module HC148b( S_n, I_n, Y_n, YS_n, YEX_n);
    input S_n;                             //器件使能端,低电平有效
    input [7:0] I_n;                       //输入
    output [2:0] Y_n;                      //编码表出
    output YS_n;                           //YS_n 表示无编码信号输入,低电平有效
    output YEX_n;                          //YEX_n 表示有编码信号输入,低电平有效
    reg  [2:0] Y_n;
```

```
reg  YS_n;
reg YEX_n;
//行为描述
always @(S_n,I_n)
  if  (!S_n)
    casex (I_n)
      8'b0???????:
          begin Y_n = 3'b000;  YS_n = 1'b1;  YEX_n = 1'b0;  end
      8'b10??????:
          begin Y_n = 3'b001;  YS_n = 1'b1;  YEX_n = 1'b0;  end
      8'b110?????:
          begin Y_n = 3'b010;  YS_n = 1'b1;  YEX_n = 1'b0;  end
      8'b1110????:
          begin Y_n = 3'b011;  YS_n = 1'b1;  YEX_n = 1'b0;  end
      8'b11110???:
          begin Y_n = 3'b100;  YS_n = 1'b1;  YEX_n = 1'b0;  end
      8'b111110??:
          begin Y_n = 3'b101;  YS_n = 1'b1;  YEX_n = 1'b0;  end
      8'b1111110?:
          begin Y_n = 3'b110;  YS_n = 1'b1;  YEX_n = 1'b0;  end
      8'b11111110:
          begin Y_n = 3'b111;  YS_n = 1'b1;  YEX_n = 1'b0;  end
      8'b11111111:
          begin Y_n = 3'b111;  YS_n = 1'b0;  YEX_n = 1'b1;  end
    endcase
  else
    begin Y_n = 3'b111;  YS_n = 1'b1;   YEX_n = 1'b1;  end
endmodule
```

11.1.3 译码器

译码器用于将代码翻译为高、低电平信号。74HC138 是常用的二进制译码器,用于将 3 位二进制代码翻译成 8 个高、低电平信号。

译码器可以采用行为描述、数据流描述和结构描述等多种方式描述。

【例 11-4】 用行为描述方式描述译码器。

```
module HC138(s1,s2_n,s3_n,a,y_n);
  input s1,s2_n,s3_n;
  input [2:0] a;
  output [7:0] y_n;
  reg [7:0] y_n;
  wire s;
  assign s = s1&(~s2_n)&(~s3_n);
  //行为描述
  always @(s,a)
  if (s)
    case (a)
      3'b000: y_n = 8'b11111110;
      3'b001: y_n = 8'b11111101;
      3'b010: y_n = 8'b11111011;
```

```
      3'b011: y_n = 8'b11110111;
      3'b100: y_n = 8'b11101111;
      3'b101: y_n = 8'b11011111;
      3'b110: y_n = 8'b10111111;
      3'b111: y_n = 8'b01111111;
      default: y_n = 8'b11111111;
    endcase
  else
    y_n = 8'b11111111;
endmodule
```

显示译码器是特殊的译码器,用于将 BCD 或二进制码译成七段码,以驱动半导体数码
管。CD4511 是常用的 BCD 显示译码器,具有灯测试、灭灯和锁存 3 种附加功能,输出高电
平有效。

【例 11-5】　CD4511 逻辑描述。

```
module CD4511(LE,BI_n,LT_n,D,SEG7);
  input LE,BI_n,LT_n;
  input [3:0] D;
  output [6:0] SEG7;
  reg [6:0] SEG7;
  always @(LE,BI_n,LT_n,D)
  if (!LT_n)                          //灯测试信号有效时
    SEG7 <= 7'b1111111;               //SEG7: gfedcba
    else if (!BI_n)                   //灭灯输入有效时
      SEG7 <= 7'b0000000;
    else if (!LE)                     //锁存信号无效时
      case (D)                        //dcba
        4'b0000: SEG7 <= 7'b0111111;  //显示 0
        4'b0001: SEG7 <= 7'b0000110;  //显示 1
        4'b0010: SEG7 <= 7'b1011011;  //显示 2
        4'b0011: SEG7 <= 7'b1001111;  //显示 3
        4'b0100: SEG7 <= 7'b1100110;  //显示 4
        4'b0101: SEG7 <= 7'b1101101;  //显示 5
        4'b0110: SEG7 <= 7'b1111100;  //显示 6
        4'b0111: SEG7 <= 7'b0000111;  //显示 7
        4'b1000: SEG7 <= 7'b1111111;  //显示 8
        4'b1001: SEG7 <= 7'b1100111;  //显示 9
        default: SEG7 <= 7'b0000000;  //不显示
      endcase
endmodule
```

11.1.4　数据选择器

数据选择器是在地址信号的作用下,从多路输入数据中选择其中一路数据输出,有 2 选
1、4 选 1、8 选 1 等多种类型。

74HC151 为常用的 8 选 1 数据选择器,具有互补型输出。

【例 11-6】　74HC151 逻辑描述。

```
module HC151(s_n,a,d,y,w_n);
  input s_n;
```

```
    input [2:0] a;
    input [7:0] d;
    output y,w_n;
    reg y;
    assign w_n = ~y;
    always @(s_n,a,d)
      begin
        if (!s_n)
          case (a)
            3'b000: y = d[0];
            3'b001: y = d[1];
            3'b010: y = d[2];
            3'b011: y = d[3];
            3'b100: y = d[4];
            3'b101: y = d[5];
            3'b110: y = d[6];
            3'b111: y = d[7];
            default: y = d[0];
          endcase
        else
          y = 1'b0;
      end
    endmodule
```

用 EDA 技术设计数字电路时,不受具体器件的限制,可以描述任何需要的功能电路。

【**例 11-7**】 设计 4 位 4 选 1 数据选择器,用于从 4 路 4 位信号中选择其中 1 路输出。

```
module MUX4b4to1(s_n,a,d0,d1,d2,d3,y);
  input s_n;
  input [1:0] a;
  input [3:0] d0,d1,d2,d3;                //4 位 4 路数据
  output [3:0] y;
  reg [3:0] y;
  always @(s_n,a,d0,d1,d2,d3)
   begin
     if (!s_n)
       case (a)
         2'b00: y = d0;
         2'b01: y = d1;
         2'b10: y = d2;
         2'b11: y = d3;
         default: y = d0;
       endcase
     else
       y = 4'b0;
   end
endmodule
```

11.1.5 数值比较器

数值比较器用于比较数值的大小,有一位比较器和多位比较器之分。

74HC85 是 4 位数值比较器,用于比较两个 4 位二进制数码的大小。考虑到功能扩展方便,74HC85 还附加有 3 个来自低位比较结果的输入端。

【例 11-8】　*74HC85 逻辑描述。*

```
module HC85(a, b, Ia_gt_b, Ia_eq_b, Ia_lt_b, ya_gt_b, ya_eq_b, ya_lt_b);
  input [3:0] a, b;
  input Ia_gt_b, Ia_eq_b, Ia_lt_b;
  output ya_gt_b, ya_eq_b, ya_lt_b;
  reg ya_gt_b, ya_eq_b, ya_lt_b;
  //gt = greater than, eq = equal, lt = less than.
  wire [2:0] Iin;
  assign Iin = {Ia_gt_b, Ia_eq_b, Ia_lt_b};    //并置
  always @(a, b, Iin)
    if (a > b)
      begin ya_gt_b = 1'b1; ya_eq_b = 1'b0; ya_lt_b = 1'b0; end
    else if (a < b)
      begin ya_gt_b = 1'b0; ya_eq_b = 1'b0; ya_lt_b = 1'b1; end
    else if (Iin == 3'b100)
      begin ya_gt_b = 1'b1; ya_eq_b = 1'b0; ya_lt_b = 1'b0; end
    else if (Iin == 3'b001)
      begin ya_gt_b = 1'b0; ya_eq_b = 1'b0; ya_lt_b = 1'b1; end
    else
      begin ya_gt_b = 1'b0; ya_eq_b = 1'b1; ya_lt_b = 1'b0; end
endmodule
```

11.1.6　三态缓冲器

三态缓冲器用于总线驱动或双向数据总线的构建,有三态反相器和三态驱动器两种类型。三态缓冲器的输出有低电平、高电平和高阻三种状态。

74HC240/244 是双 4 位三态缓冲器,74HC240 为三态反相器,74HC244 为三态驱动器。74HC240/244 的功能表如表 11-1 所示。

表 11-1　74HC240/244 功能表

输　　入		输　　出	
G'	A	74HC240	74HC244
0	0	1	0
0	1	0	1
1	0	z	z
1	1	z	z

【例 11-9】　*74HC244 逻辑描述。*

```
module HC244(g1_n, a1, y1, g2_n, a2, y2);
  input g1_n, g2_n;
  input [3:0] a1, a2;
  output [3:0] y1, y2;
  assign y1 = (!g1_n)? a1 : 4'bz;              //第一组
  assign y2 = (!g2_n)? a2 : 4'bz;              //第二组
endmodule
```

74HC245 为 8 位双向缓冲驱动器,功能如表 11-2 所示。

表 11-2   74HC245 功能表

输　　　入		输入/输出	
OE'	DIR	A_n	B_n
0	0	$A = B$	输入
0	0	输入	$B = A$
1	x	z	z

【例 11-10】　74HC245 逻辑描述。

```
module HC245(a,b,dir,oe_n);
  inout [7:0] a,b;
  input dir,oe_n;
  reg [7:0] a,b;
  always @(oe_n,dir,a,b)
    if (!oe_n)
      if (dir == 1'b0)
        begin  a = b;   b = 8'bz;   end
      else
        begin  b = a;   a = 8'bz;   end
    else
      begin  a = 8'bz;   b = 8'bz;   end
endmodule
```

11.1.7　奇偶校验器

奇偶校验是数字系统中最基本的检错方法,分为奇校验和偶校验两种。奇偶校验码既可以用软件产生,也可以用硬件实现。

【例 11-11】　8 位奇偶校验器的逻辑描述。

```
module parity_check(din,y_odd,y_even);
  input [7:0] din;                    //数据输入
  output y_odd,y_even;                //奇校验输出端,偶校验输出端
  assign y_odd = ~^din;               //奇校验输出
  assign y_even = ^din;               //偶校验输出
endmodule
```

11.2　时序器件的描述

时序逻辑电路是任一时刻的输出不但与当时的输入信号有关,而且与电路的状态也有关系。时序逻辑器件主要有寄存器和计数器两大类,两者均以存储电路为核心。

11.2.1　锁存器与触发器

锁存器与触发器是两种基本的存储电路。锁存器在时钟脉冲的有效电平期间工作,触发器在时钟脉冲的有效沿工作。为了使用起来灵活方便,商品化的锁存器/触发器一般都提供附加的复位端和置位端,分为异步和同步两类。

异步复位/置位与时钟脉冲无关。当复位/置位信号有效时立即将锁存器/触发器置为

0 或 1。

异步置位/复位用 always 语句实现时，需要将复位/置位信号列入 always 语句的敏感事件列表中，当复位/置位有效时就能立即执行指定的操作。

【例 11-12】　$\frac{1}{2}$74HC74 功能描述。

```
module HC74(clk,rd_n,sd_n,d,q);
   input clk,rd_n,sd_n,d;
   output reg q;
   always @(posedge clk or negedge rd_n or negedge sd_n)
     if (!rd_n)
       q <= 1'b0;
     else if (!sd_n)
       q <= 1'b1;
     else
       q <= d;
endmodule
```

【例 11-13】　$\frac{1}{2}$74HC112 功能描述。

```
module HC112(clk,rd_n,sd_n,j,k,q);
   input clk,rd_n,sd_n,j,k;
   output reg q;
   always @(posedge clk or negedge rd_n or negedge sd_n)
     if (!rd_n)
       q <= 1'b0;
     else if (!sd_n)
       q <= 1'b1;
     else
       case ({j,k})
         2'b00: q <= q;              //保持
         2'b01: q <= 1'b0;           //置 0
         2'b10: q <= 1'b1;           //置 1
         2'b11: q <= ~q;             //翻转
       endcase
endmodule
```

同步复位/置位只有当时钟脉冲的有效沿到来时才能使触发器复位或置位。同步复位/置位用 always 语句实现时，always 语句只对时钟脉冲的有效沿敏感，然后在 always 内部语句块中检测置位/复位是否有效。例如，同步复位 D 触发器的功能描述如下：

```
module dff_sync_reset(clk,rst_n,d,q);
   input clk,rst_n,d;
   output reg q;
   always @(posedge clk)
     if (!rst_n)
       q <= 1'b0;
     else
       q <= d;
endmodule
```

74HC573 是 8 位三态寄存器，内部由 D 锁存器构成，用于数据或地址信号的锁定。

【例 11-14】 74HC573 功能描述。

```
module HC573(D,LE,OE_n,Q);
   input [7:0] D;
   input LE,OE_n;
   output [7:0] Q;
   reg [7:0] Q;
   reg Qtmp;
   always @(D,LE)
     if (LE)
       Qtmp <= D;
   always @(OE_n)
     if (!OE_n)
       Q = Qtmp;
     else
       Q = 8'bz;
endmodule
```

74HC574 是 8 位三态寄存器,内部由 D 触发器构成。与 74HC573 的作用类似,用于数据或地址信号的锁定。

【例 11-15】 74HC574 功能描述。

```
module HC374(D,Clk,OE_n,Q);
   input [7:0] D;
   input Clk,OE_n;
   output [7:0] Q;
   reg [7:0] Q;
   reg Qtmp;
   always @(posedge Clk)
     Qtmp <= D;
   always @(OE_n)
     if (!OE_n)
       Q = Qtmp;
     else
       Q = 8'bz;
endmodule
```

74HC194 是 4 位双向移位寄存器,具有异步复位,同步左移、右移、并行输入和保持功能。

【例 11-16】 74HC194 功能描述。

```
module HC194(clk,Rd_n,s,d,dil,dir,q);
   input clk,Rd_n,dil,dir;
   input [0:3] d;
   input [0:1] s;
   output [0:3] q;
   reg [0:3] q;
   always @(posedge clk or negedge Rd_n)
     if (!Rd_n)
       q <= 4'b0000;
     else
       case (s)
         2'b00: q <= q;                    //保持
```

```
2'b01: q[0:3]<= {q[1:3],dil};          //左移
2'b10: q[0:3]<= {dir,q[0:2]};          //右移
2'b11: q <= d;                         //并行输入
default: q <= q;
endcase
endmodule
```

11.2.2　计数器

计数器是应用最广泛的时序逻辑器件,分为同步计数器和异步计数器两大类。根据计数容量又可分为二进制、十进制和其他进制计数器,根据计数方式又可分加法、减法和加/减计数器3种类型。

HC160/162为同步十进制计数器,HC161/163为同步十六进制计数器。HC160/161与HC162/163引脚排列完全相同,所不同的是,前两者为异步复位,后两者为同步复位。

【例11-17】　74HC160功能描述。

```
module HC160(CLK,Rd_n,LD_n,EP,ET,D,Q,CO);
   input CLK;
   input Rd_n,LD_n,EP,ET;
   input [3:0] D;
   output reg [3:0] Q;
   output reg CO;

   always @ (posedge CLK or negedge Rd_n)       //计数逻辑
     if (!Rd_n)
       Q <= 4'b0000;
     else if (!LD_n)
       Q <= D;
     else if (EP & ET)
       if (Q == 4'b1001)
         Q <= 4'b0000;
       else
         Q <= Q + 1'b1;

   always @ (Q,ET)                               //进位逻辑
     if  ((Q == 4'b1001) & ET)
       CO = 1'b1;
     else
       CO = 1'b0;
endmodule
```

【例11-18】　74HC163功能描述。

```
module HC163(CLK,CLR_n,LD_n,EP,ET,D,Q,CO);
   input CLK,CLR_n,LD_n,EP,ET;
   input [3:0] D;
   output reg [3:0] Q;
   output reg CO;

   always @ (posedge CLK)
     if (!CLR_n)                                 //同步复位
       Q <= 4'b0000;
```

```
       else if (!LD_n)
         Q < = D;
       else if (EP & ET)
         Q < = Q + 1'b1;

    always @(Q, ET)
       if   ((Q == 4'b1111) & ET)
         CO = 1'b1;
       else
         CO = 1'b0;
  endmodule
```

　　加/减计数器在时钟脉冲下既能实现加法计数,也能实现减法计数,分为单时钟和双时钟两种。单时钟加/减计数器的计数方式由加/减控制端控制,双时钟加/减计数器则采用不同的时钟输入控制加法计数或减法计数。

　　74HC191 是单时钟十六进制加/减计数器,U'/D 是计数控制端,当 $U'/D = 0$ 时实现加法计数,$U'/D = 1$ 时实现减法计数。

【例 11-19】 74HC191 功能描述。

```
module HC191(clk, S_n, LD_n, UnD, D, Q);
    input clk, S_n, LD_n, UnD;
    input [3:0] D;
    output reg [3:0] Q;
    always @(posedge clk or negedge LD_n)
      if (!LD_n)
        Q < = D;
      else if (!S_n)
        if (!UnD)
          Q < = Q + 1'b1;
        else
          Q < = Q - 1'b1;
    endmodule
```

11.2.3　分频器

　　分频器是用于降低信号的频率。设分频器输入时钟信号 clk 的频率为 f_{clk},分频输出信号的频率为 f_{fpout},则 N 分频器的输出信号 fp_out 与时钟脉冲 clk 的频率关系为

$$f_{fpout} = f_{clk}/N$$

　　分频器有偶分频器和奇分频器两种基本类型。偶分频器的分频系数 N 为偶数,其实现原理:将待分频的信号作为计数器的时钟触发计数器计数,当计数值从 0 计到 $N/2 - 1$ 时,分频输出信号翻转,同时将计数器清零,下一个时钟到来时重新开始计数。如此循环反复,可以实现任意偶数分频。

【例 11-20】 偶分频器功能描述。

```
module fp_even(clk, rst_n, fp_out);
    input clk, rst_n;
    output fp_out;
```

```
    reg   fp_out;
    reg [3:0] count;                                //n 位计数器,容量根据分频倍数进行调整
    parameter N = 10;                               //分频系数 N,计数器容量应满足 2ⁿ≥(N/2)
    always @ (posedge clk)
      if (!rst_n)
        begin   count <= 1'b0; fp_out <= 1'b0;   end
      else
        if ( count < N/2 - 1)
          count <= count + 1'b1;
        else
          begin   count <= 1'b0; fp_out <= ~fp_out;   end
  endmodule
```

奇分频器的分频系数 N 为奇数,实现要相对复杂一些。对于占空比为 50% 的奇分频器,具体的实现方法如下:将待分频的信号作为计数器的时钟,在时钟脉冲的上升沿和下降沿同时进行 N 进制计数,当计数值从 0 计到 $(N-1)/2$ 时分频输出信号翻转,然后再计 $(N-1)/2$ 个时钟分频输出信号再次翻转,分别得到一个占空比非 50% 的分频信号,将两个分频输出信号相或,可得到占空比为 50% 的奇分频信号。

【例 11-21】　奇分频器功能描述。

```
module fp_odd(clk, rst_n, fp_out);
  input clk, rst_n;
  output fp_out;
  reg [3:0] count1, count2;                         //内部计数器,容量根据分频倍数进行调整
  reg clk1, clk2;
  parameter N = 11;                                 //分频系数 N,计数器容量应满足 2ⁿ > N
  assign fp_out = clk1 | clk2;
  always @(posedge clk)
    if (!rst_n)
      begin   count1 <= 1'b0;  clk1 <= 1'b0;   end
    else
      if (count1 < (N-1))
        begin
          count1 <= count1 + 1'b1;
          if (count1 == (N-1)/2)  clk1 <= ~clk1;
        end
      else
        begin   clk1 <= ~clk1;  count1 <= 1'b0;   end

  always @ (negedge clk)
    if (!rst_n)
      begin   count2 <= 1'b0;  clk2 <= 1'b0;   end
    else if (count2 < (N-1))
      begin
        count2 <= count2 + 1'b1;
        if (count2 == (N-1)/2)  clk2 <= ~clk2;
      end
    else
      begin   clk2 <= ~clk2;  count2 <= 1'b0;   end
endmodule
```

11.2.4 双口 RAM

存储器分为 RAM 和 ROM 两类，RAM 为时序电路，ROM 为组合电路。在 Verilog 中，ROM 一般采用 FPGA 中的 RAM 块实现，只需要预先将数据存入 RAM 块中即可。

图 11-1 双向 RAM 框图

存储器可以看作是存储单元的集合，在 Verilog 中由寄存器数组描述。

双口是指 RAM 的读操作和写操作在不同的端口进行，框图如图 11-1 所示，其中 clock 为时钟端，wren 为写控制端，wraddr 为写地址端，rdaddr 为读地址端，data 为数据输入端，q 为数据输出端。

【例 11-22】 16×8 双口 RAM 功能描述。

```
module dpram16x8 (clock,wren,wraddr,rdaddr,data,q);
   parameter WIDTH = 8, DEPTH = 16, ADDR = 4;
   input clock;
   input wren;
   input [ADDR − 1:0] wraddr,rdaddr;
   input [WIDTH − 1:0] data;
   output [WIDTH − 1:0] q;

   reg [WIDTH − 1:0] mem_data [DEPTH − 1:0];        //定义存储器

   always @(posedge clock)                         //写过程
      if (wren)
        mem_data[wraddr]<= data;
   assign q = mem_data[rdaddr];                     //读操作
endmodule
```

11.3 设计项目

基于 FPGA 设计数字系统，不再受具体器件功能与性能的限制，可以根据需要定制单元电路。同时，由于 FPGA 的高速性和易构性，基于 FPGA 设计的数字系统与传统的基于 ASIC 设计的系统有着无可比拟的优点。

11.3.1 100MHz 频率计设计

集成计数器 74HC160 从时钟到输出的典型传输延迟时间约为 18ns，最高工作速度只能达到 43MHz，无法对 100MHz 的频率信号进行计数。目前，FPGA 的传输延迟时间普遍小于 8ns，因此工作速度很容易达到 100MHz。

100MHz 频率计的总体设计方案与 6.7.2 节中的方案相同，只是模块在 EDA 软件中设计，用 FPGA 实现。具体设计方法：对 100MHz 以下信号进行测频需要用 8 位 BCD 码计数器，在 EDA 软件直接调用 8 个 74160 计数器级联实现（见图 11-2），然后封装成计数器模块（cnt10p8x1）以便在顶层设计模块中调用。

图 11-2　8 位 BCD 码计数器

8 位 BCD 码计数器共有 32 位输出,因此需要设计一个 32 位锁存器,在主控模块的控制下锁存计数结果,供译码显示电路使用。锁存器的设计代码如下:

```
module latch32 ( en,                           //锁存使能信号
              din,                             //数据输入
              dout                             //数据输出
              );
    input en;
    input [31:0] din;
    output [31:0] dout;
    reg [31:0] dout;
    always @(en,din)
      if (en == 1'b1) dout <= din;
endmodule
```

显示译码器 CD4511 按本章例 11-5 所示代码设计,然后用结构描述方式构成 8 位数码管译码模块电路,再封装成模块以便在顶层设计中调用。具体代码如下:

```
module SEG7_LUT_8 (oSEG0, oSEG1, oSEG2, oSEG3, oSEG4, oSEG5, oSEG6, oSEG7,
                iDIG);
    input[31:0]  iDIG;
    output [6:0]   oSEG0, oSEG1, oSEG2, oSEG3, oSEG4, oSEG5, oSEG6, oSEG7;
    //结构描述
    CD4511   u0   (oSEG0, iDIG[3:0]);
    CD4511   u1   (oSEG1, iDIG[7:4]);
    CD4511   u2   (oSEG2, iDIG[11:8]);
    CD4511   u3   (oSEG3, iDIG[15:12]);
    CD4511   u4   (oSEG4, iDIG[19:16]);
    CD4511   u5   (oSEG5, iDIG[23:20]);
    CD4511   u6   (oSEG6, iDIG[27:24]);
    CD4511   u7   (oSEG7, iDIG[31:28]);
endmodule
```

主控电路不再需要用集成计数器附加门电路构成,可以直接根据功能要求进行描述,然后封装成模块以便在顶层设计中调用。具体代码如下:

```
module ftctrl(clk, clr_n, cl, le);
    input clk;                                 //8Hz
    output clr_n;
    reg clr_n;
    output cl;
    reg cl;
    output le;
    reg le;
    reg [3:0] q;
    always @(posedge clk)
      begin
        if (q >= 4'b1001)
          q <= 4'b0000;
        else
          q <= q + 1'b1;
```

```
        end
    always @(q)
      begin
       case (q)
         4'b0000: begin clr_n = 1'b0; cl = 0; le = 1; end
         4'b0001: begin clr_n = 1'b1; cl = 1; le = 1; end
         4'b0010: begin clr_n = 1'b1; cl = 1; le = 1; end
         4'b0011: begin clr_n = 1'b1; cl = 1; le = 1; end
         4'b0100: begin clr_n = 1'b1; cl = 1; le = 1; end
         4'b0101: begin clr_n = 1'b1; cl = 1; le = 1; end
         4'b0110: begin clr_n = 1'b1; cl = 1; le = 1; end
         4'b0111: begin clr_n = 1'b1; cl = 1; le = 1; end
         4'b1000: begin clr_n = 1'b1; cl = 1; le = 1; end
         4'b1001: begin clr_n = 1'b1; cl = 0; le = 0; end
         default: begin clr_n = 1'b1; cl = 0; le = 1; end
       endcase
     end
endmodule
```

其中,clr_n 为计数器清零信号,cl 为闸门控制信号,le 为显示控制信号。

顶层模块采用原理图方法描述,整体设计如图 11-3 所示,其中分频模块 fpdiv 用于将开发板提供的 50MHz 晶振信号分频为 8Hz,作为主控电路 ftctrl 的时钟脉冲。

11.3.2　正弦波信号源设计

基于集成器件设计 DDS 信号源时,仍然会受到芯片性能的限制,难以实现高速度和高分辨率。基于 EDA 技术设计时,相位累加器可直接应用 Verilog 代码描述,正弦波 ROM 可直接调用 ROM 模块实现,而不必拘泥于具体器件。

为了节约有限的 FPGA 存储资源,本方案只存储 1/4 周期的正弦波,再利用正弦波波形的对称性,恢复出完整的正弦波形。

相位累位器设计代码如下:

```
module padder_addr ( clk, fword, addrout, datinv );
  input clk;
  input [14:0] fword;                  //15 位控制字输入
  output reg [14:0] addrout;
  output reg datinv;                   //数据反相标志
  reg [16:0] qq;                       //15 + 2 位相位控制字
  always @ (posedge clk)               // 时序过程,相位累加
    qq <= qq + fword;
  always @ (qq)                        // 组合过程,定义输出
    case (qq[16:15])
      2'b00: begin addrout[14:0] =  qq[14:0]; datinv = 0; end
      2'b01: begin addrout[14:0] = ~qq[14:0]; datinv = 0; end
      2'b10: begin addrout[14:0] =  qq[14:0]; datinv = 1; end
      2'b11: begin addrout[14:0] = ~qq[14:0]; datinv = 1; end
      default: begin addrout[14:0] = qq[14:0]; datinv = 0; end
    endcase
endmodule
```

图 11-3 顶层设计图

正弦波 ROM 可以直接定制 ROM 模块实现,容量为 32K×10 位,存储 1/4 周期正弦波采样值。正弦波采样程序(C 语言)如下:

```
# include < math. h>
# define PI 3.1415926
void main(void)
 {
    unsigned int dat;
    float x;
    unsigned int i;
    for (i = 0;i < 32768;i++)                  //采样 1/4 正弦波, 2^15 = 32768
      {
        x = sin(2 * PI/131072 * i);            //2^17 = 131072
        dat = ((x + 1)/2 * 1023);
        printf(" % d : % d; \n",i,dat);
        }
    }
```

由于只存储了 1/4 正弦波,所以需要在相位累加器和输出数据控制代码的共同作用下,恢复成一个完整的正弦波。输出正弦数据控制代码如下:

```
module datainv (
    din,
    datflag,
    dout
    );
    input [9:0] din;
    input datflag;
    output [9:0] dout;
    assign dout = (datflag? ~din : din);
endmodule
```

DDS 整体设计如图 11-4 所示,外接 10 位 D/A 转换器即可输出正弦波。当相位累加器的时钟频率可取 128kHz 时,输出正弦波的频率范围为 1Hz～32kHz,分频率为 1Hz。

11.3.3 VGA 彩格控制电路设计

VGA(video graphics array)是 IBM 推出的视频显示标准接口,具有分辨率高、显示速率快和色彩丰富等优点,目前仍广泛应用于使用 VGA 显卡的计算机、笔记本电脑、投影仪和液晶电视等电子产品。VGA 采用 D-SUB 15 接口,如图 11-5 所示。

VGA 主要有 5 个信号:行同步信号和场同步信号,以及红、绿、蓝三基色模拟信号。要能正确地显示图像,必须提供精确的行同步和场同步信号。

行、场同步信号的时序如图 11-6 所示,均分为前沿、同步头、后沿和显示 4 个段,不同的是行同步信号以像素(pixel)为单位,而场同步信号则以行(line)为单位。同步脉冲头低电平有效,b、c 和 d 段时则为高电平,c 段时显示三基色信号,其余时段则处于消隐状态。

对于分辨率为 640×480、刷新频率为 60Hz 的图像来说,每行的总像素点为 800 个,其中有效像素为 c 段的 640 个,每场的总行数为 525 行,其中有效行数为 c 段的 480 行,如表 11-3 所示。

图 11-4　正弦波信号源顶层设计图

图 11-5　VGA 接口

(a) 行时序图

(b) 场时序图

图 11-6　VGA 标准参考时序图

表 11-3　640×480(60Hz)模式行、场同步信号参数值

显 示 模 式	行同步信号(pixels)				
640×480 60Hz	a 段	b 段	c 段	d 段	总行数
	96	48	640	16	800
显 示 模 式	场同步信号(lines)				
640×480 60Hz	a 段	b 段	c 段	d 段	总行数
	3	32	480	10	525

　　设计任务：设计一个 VGA 显示控制器，能够在 640×480(60Hz)模式下显示 8×8 彩格图像。

　　设计过程：VGA 显示设计与 VGA 硬件电路有关。若 VGA 接口电路如图 11-7 所示，用 Cyclone Ⅲ系列 FPGA 输出 4 位红、绿、蓝三基色数字信号，通过权电阻网络转换为模拟信号，提供给 VGA 接口输出。

图 11-7   VGA 接口电路

VGA 彩格显示控制 Verilog 代码如下：

```
module VGA_Pattern (
    OSC_50,                                         //板载 50MHz 晶振信号
    VGA_HS,                                         //行同步信号
    VGA_VS,                                         //场同步信号
    VGA_R,                                          //红色分量,4 位
    VGA_G,                                          //绿色分量,4 位
    VGA_B                                           //蓝色分量,4 位
    );
    input   OSC_50;
    output reg   VGA_HS;
    output reg   VGA_VS;
    output reg [3:0]  VGA_R;
    output reg [3:0]  VGA_G;
    output reg [3:0]  VGA_B;
//640×480 行参数值(pixels)
    parameter   H_FRONT = 16;                       //d 段,前沿
    parameter   H_SYNC = 96;                        //a 段,同步头
    parameter   H_BACK = 48;                        //b 段,后沿
    parameter   H_ACT = 640;                        //c 段,显示段
    parameter   H_BLANK = H_FRONT + H_SYNC + H_BACK;
    parameter   H_TOTAL = H_FRONT + H_SYNC + H_BACK + H_ACT;
//640×480 场参数值 (lines)
```

```
parameter   V_FRONT = 10;
parameter   V_SYNC = 3;
parameter   V_BACK = 32;
parameter   V_ACT = 480;
parameter   V_BLANK = V_FRONT + V_SYNC + V_BACK;
parameter   V_TOTAL = V_FRONT + V_SYNC + V_BACK + V_ACT;
//信号及变量定义
reg VGA_CLK;                                    //VGA 时钟,640×480@60Hz 时应为 25MHz
reg [10:0]   H_Cont;                            //行计数器
reg [10:0]   V_Cont;                            //列计数器
reg [10:0]   X;                                 //行坐标
reg [10:0]   Y;                                 //列坐标
//用板载晶振二分频产生 25MHz VGA 时钟
always @(posedge OSC_50)
    VGA_CLK = ~VGA_CLK;
//行处理过程
always@(posedge VGA_CLK)
  begin
    if(H_Cont < H_TOTAL)                        //行计数器
      H_Cont <= H_Cont + 1'b1;
    else
      H_Cont <= 0;
    if(H_Cont == H_FRONT - 1)                   //生成行同步信号 VGA_HS
      VGA_HS <= 1'b0;
    if(H_Cont == H_FRONT + H_SYNC - 1)
      VGA_HS <= 1'b1;
    if(H_Cont >= H_BLANK)                       //计算行像素坐标
      X <= H_Cont - H_BLANK;
    else
      X <= 0;
  end
//场处理过程
always@(posedge VGA_HS)
 begin
    if(V_Cont < V_TOTAL)                        //场计数器
      V_Cont <= V_Cont + 1'b1;
     else
      V_Cont <= 0;
    if(V_Cont == V_FRONT - 1)                   //生成场同步信号
      VGA_VS <= 1'b0;
    if(V_Cont == V_FRONT + V_SYNC - 1)
      VGA_VS <= 1'b1;
    if(V_Cont >= V_BLANK)                       //计算场(行数)坐标
      Y <= V_Cont - V_BLANK;
    else
      Y <= 0;
    end
//彩格图像生成
always@(posedge VGA_CLK)
begin
  VGA_R <= (Y < 120)              ? 4 :        //红色分量定义
```

```
                         (Y> = 120 && Y< 240)        ?   8   :
                         (Y> = 240 && Y< 360)        ?   12  :
                                                         15;
             VGA_G < = (X< 80)                       ?   2   :      //绿色分量定义
                         (X> = 80 && X< 160)         ?   4   :
                         (X> = 160 && X< 240)        ?   6   :
                         (X> = 240 && X< 320)        ?   8   :
                         (X> = 320 && X< 400)        ?   10  :
                         (X> = 400 && X< 480)        ?   12  :
                         (X> = 480 && X< 560)        ?   14  :
                                                         15;
             VGA_B < = (Y< 60)                       ?   15  :      //蓝色分量定义
                         (Y> = 60 && Y< 120)         ?   14  :
                         (Y> = 120 && Y< 180)        ?   12  :
                         (Y> = 180 && Y< 240)        ?   10  :
                         (Y> = 240 && Y< 300)        ?   8   :
                         (Y> = 300 && Y< 360)        ?   6   :
                         (Y> = 360 && Y< 420)        ?   4   :
                                                         2 ;
         end
     endmodule
```

将上述代码在 EDA 软件中完成编译、综合、适配和引脚锁定后下载到开发板,能够显示 $640 \times 480@60Hz$ 棋盘格图像。

本章小结

本章应用 Verilog HDL 对常用的组合逻辑器件,74HC148、74HC138、CD4511、74HC151、74HC85、74HC244 和 74HC245、奇偶校验器和常用的时序逻辑器件,74HC573/574、74HC194、74HC160/161/162/163 以及 94HC191 进行描述,并通过设计项目突出 EDA 技术在数字系统设计中的应用。

基于 EDA 技术设计数字系统时,不再受具体器件功能与性能的限制,可以根据功能要求定制所需要的单元电路。同时,由于 FPGA 的高速性和易构性,基于 FPGA 设计数字系统与传统的基于中小规模器件的设计方法有着无可比拟的优点。

习题

11.1 分别用行为描述、数据流描述和结构描述 3 种方式描述 7 种逻辑门。

11.2 分别用行为描述、数据流描述和结构描述 3 种方式描述 74HC138。

11.3 用 Verilog 描述三态缓冲器 74HC240。

11.4 用 Verilog 描述 4 位二进制同步计数器 74HC161。

11.5 设计 4 位二进制计数器,按循环码的方式进行计数。

11.6 设计十六进制显示译码器。对于输入 4 位二进制数"0000~1111",在数码管显示数字 0~9 和 A、b、C、d、E、F 字符。

11.7　用 Verilog 描述 8 位加法器,能够实现两个 8 位二进制数相加,输出加法和与进位信号。

11.8　按表 7-3 所示真值表,用 Verilog 描述 4 位二进制乘法器。

11.9　用 Verilog 描述 8 位二进制乘法器,能够实现两个 8 位无符号数相乘,输出 16 位乘法结果。

11.10　按 7.5.2 节 LED 点阵驱动电路的设计原理,采用动态扫描方法设计 8 个数码管驱动电路,分别在 8 个数据管上显示由 4 位二进制输入 D_0,D_1,$\cdots$,D_7 定义的字符信息。

11.11　按 7.5.2 节 LED 点阵驱动电路的设计原理,采用动态扫描方法设计 16×16 点阵驱动电路,显示不少于 8 个 16×16 字符或图像。

11.12　用 Verilog 描述能够产生"1101000101"序列信号的序列信号产生器。

## 第 12 章

有限状态机设计

时序电路在外部时钟及输入信号作用下在有限个状态之间进行转换,所以时序电路又称为有限状态机,简称为状态机。

时序电路可以应用 Verilog 中的"有限状态机设计"方法进行设计,具有以下主要优点:

(1) 模式固定,描述方便;

(2) 容易构成性能良好的同步时序电路;

(3) 在高速运算和实时控制方面具有巨大的优势。

本章主要讲述有限状态机的设计模式,并给出具体设计示例。

12.1 状态机一般设计方法

有限状态机设计具有固定的模式。其基本设计步骤如下:

(1) 定义状态。

确定工作状态是状态机设计的关键。根据设计要求,确定状态机内部的状态数并且定义每个状态的具体含义。

(2) 建立状态转换图。

根据状态的含义和输入信号,画出状态转换图。通常从系统的初始状态、复位状态或者空闲状态开始,标出每个状态的转换方向、转换条件以及相应的输出信号。

(3) 确定状态机进程。

状态机可划分为时序逻辑和组合逻辑两部分。时序逻辑部分用来描述电路状态的转换关系,组合逻辑部分用于确定次态及输出。

Verilog 中用过程语句描述有限状态机。由于次态是现态及输入信号的函数,因此,需要将现态和输入信号作为过程的敏感信号或触发信号,应用 always 过程语句结合 case、if 等高级语言语句及赋值语句实现。状态化简以及优化等任务由 EDA 软件自动完成,用户不用过分关心。

有限状态机设计可采用一段式、两段式和三段式 3 种描述方式,不同风格的描述对电路性能的影响不同。

一段式状态机把组合逻辑和时序逻辑用一个 always 过程语句描述,输出为寄存器输出,无竞争-冒险现象,可靠性高。但这种描述方式会产生多余的触发器,而且代码难以修改和调试,一般避免使用。

　　两段式状态机采用两个 always 语句,一个用于描述时序逻辑,另一个用于描述组合逻辑。时序 always 语句描述状态的转换关系,组合 always 语句描述次态的转换条件及输出。两段式状态机结构清晰,但由于组合逻辑输出往往存在竞争-冒险现象,用输出信号作为其他模块的时钟时会产生致命性的影响。

　　三段式状态机采用 3 个 always 语句,两个时序 always 语句分别用来描述状态的转换关系和输出,组合 always 语句用于确定电路的次态。三段式状态机的输出为寄存器输出,无竞争-冒险现象,并且代码清晰易读,但占用的资源比两段式多。

　　随着 FPGA 的成本越来越低,三段式状态机得到了广泛的应用。

　　三段式状态机的描述模板如下:

```
//第一个 always,时序逻辑模块,描述状态的转换关系
always @ (posedge clk or negedge rst_n)
    if(!rst_n)                              //异步复位
    current_state <= IDLE;
  else
    current_state <= next_state;            //使用非阻塞赋值
//第二个 always,组合逻辑模块,描述次态的转移条件
always @ (current_state)                    //电平敏感
  begin
    case (current_state)
      S1: if ( … )   next_state = S2;       //阻塞赋值
      S2: … ;
      … : … ;
      default: … ;
    endcase
end
//第三个 always,时序逻辑模块,描述输出
always @ (posedge clk or negedge rst_n)
    …                                       //初始化
    case(current_state)
    S1: out1 <= … ;                         //非阻塞逻辑
    S2: out2 <= … ;
    default: … ;
  endcase
end
```

12.2　状态编码

　　状态编码又称为状态分配。如果状态编码方案选择得当,既能简化电路设计,又可以避免竞争-冒险,反之会导致占用资源多、速度降低、可靠性差等问题。设计时需要综合考虑电路复杂度和性能因素。状态编码通常有顺序编码、格雷码编码和一位热码编码(one-hot encoding)3 种编码方式。

　　顺序编码使用的状态寄存器最少,但状态转换过程中可能有多位同时发生变化的情况出现,因此容易产生竞争-冒险。

格雷码编码在相邻状态之间转换时只有 1 位发生变化,能避免竞争-冒险,但在非相邻状态状之间转换时仍有多位同时发生变化的情况,因此只适合于状态转换关系简单的时序电路,如二进制计数器。

一位热码是指对于任一个状态编码中只有 1 位为 1,其余位均为 0,因此对 n 个状态编码需要使用 n 个触发器。采用一位热码编码方案的状态机任意两个状态间转换时只有两位同时发生变化,因而可靠性比顺序编码方案高,但占用的触发器比顺序编码和格雷码多。

一位热码编码方式具有设计简单、修改灵活、易于综合和调试等优点。虽然使用的触发器多,但由于状态译码简单,因而简化了组合逻辑模块。对于寄存器数量很多的 FPGA 来说,采用一位热码编码可以有效地提高电路的速度和可靠性,也有利于提高器件资源的利用率。

一位热码编码方式不可避免地会出现大量剩余状态。若不对剩余状态进行合理的处理,状态机可能进入无效状态出现短暂失控或者始终无法进入正常状态而失效。因此,对剩余状态的处理即容错技术是必须要考虑的问题。

剩余状态的处理大致有如下 3 种方式:

(1) 转入空闲状态,等待下一个任务的到来;

(2) 转入指定的状态,去执行特定任务;

(3) 转入预定义的专门处理错误的状态,如预警状态。鉴于一位热码编码方式的特点,任何多于一个"1"的状态均为非法状态。因此,可编写一个检错程序,判断是否在同一时刻有多个寄存器为"1",若有则转入相应的处理程序。

12.3 状态机设计示例

A/D 转换器传统的控制方法是用微控制器(micro-controller unit,MCU)按工作时序控制 A/D 转换器完成数据采集过程。受到微控制器工作速度的限制,这种控制方式在实时性方面有一定的局限性。若用 FPGA 采用状态机控制 A/D 转换器,则具有速度快,可靠性高的优点,这是传统 MCU 控制方法无法比拟的。

ADC0809 是 8 路 8 位逐次渐近式 A/D 转换器,其内部结构框图和工作时序如图 9-21 和图 9-22 所示。根据 ADC0809 的工作时序,可将一次数据采样过程划分为 st0～st4 共 5 个状态阶段,各个状态的含义及输出如表 12-1 所示。状态图如图 12-1 所示。

表 12-1　转换控制器状态定义表

状　态	含　义	输　入	输　出			
			ALE	START	OE	LOCK
st0	A/D 初始化	×	0	0	0	0
st1	启动 A/D 转换	×	1	1	0	0
st2	A/D 转换中	EOC	0	0	0	0
st3	转换结束,输出数据	×	0	0	1	0
st4	锁存转换数据	×	0	0	1	1

图 12-1　ADC0809 控制器状态转换图

根据图 12-1 所示的转换关系,结合有限状态机三段式描述方法,设计出描述 ADC0809 转换控制器的原理框图如图 12-2 所示。

图 12-2　A/D 转换控制器原理框图

ADC0809 转换控制器的 Verilog 代码如下:

```verilog
module adc0809_controller(clk, rst_n, eoc, d, start, ale, oe, lock, addr, q);
    input clk, rst_n, eoc;
    input [7:0] d;
    output start, ale, oe, lock;
    output [2:0] addr;
    output [7:0] q;

    reg start, ale, oe, lock;
    reg [2:0] addr;
    reg [7:0] q;
    parameter st0 = 5'b00001;              //状态及编码,一位热码方式
    parameter st1 = 5'b00010;
    parameter st2 = 5'b00100;
    parameter st3 = 5'b01000;
    parameter st4 = 5'b10000;
    reg [4:0] curr_state, next_state;      //定义状变量寄存器
//同步时序逻辑过程,状态转换
    always @(posedge clk or negedge rst_n)
        if (!rst_n)
```

```
        curr_state <= st0;
     else
        curr_state <= next_state;
//组合逻辑过程,确定次态
always @ (curr_state, eoc)
   case (curr_state)
     st0: next_state = st1;
     st1: next_state = st2;
     st2: if (eoc)
           next_state = st3;
        else
           next_state = st2;
     st3: next_state = st4;
     st4: next_state = st0;
     default: next_state = st0;
   endcase
//同步时序逻辑过程,输出信号
always @ (negedge clk)
   case (curr_state)
     st0: begin start <= 1'b0; ale <= 1'b0; oe <= 1'b0; lock <= 1'b0; end
     st1: begin start <= 1'b1; ale <= 1'b1; oe <= 1'b0; lock <= 1'b0; end
     st2: begin start <= 1'b0; ale <= 1'b0; oe <= 1'b0; lock <= 1'b0; end
     st3: begin start <= 1'b0; ale <= 1'b0; oe <= 1'b1; lock <= 1'b0; end
     st4: begin start <= 1'b0; ale <= 1'b0; oe <= 1'b1; lock <= 1'b1; end
     default: begin start <= 1'b0; ale <= 1'b0; oe <= 1'b0; lock <= 1'b0; end
   endcase
//锁存和切换通道过程
always @ (posedge lock)
   begin
     q <= d;                         //锁存转换结果
     addr <= addr + 1'b1;            //切换通道,实现 8 路循环转换
   end
endmodule
```

12.4 设计项目

有限状态机设计模式规范,能够灵活地处理更为复杂的数字逻辑设计,在时序控制、行为建模、网络协议等方面有着独特的应用。

12.4.1 逐次渐近型 A/D 转换器的设计

逐次渐近型 A/D 转换器是常用的 A/D 转换器,具有电路结构简单、速度较高的优点,其内部结构如图 12-3 所示。

设计任务:采用状态机设计 8 位逐次渐近式 A/D 转换控制逻辑电路,配合外部电路(D/A 转换器和比较器)实现 8 位 A/D 转换。

设计过程:基于 FPGA 设计 A/D 逐次渐近式转换器时需要外接 8 位 D/A 转换器及比

图 12-3 逐次渐进型 A/D 转换器原理框图

较电路。将 DAC0832 设置为直通模式,并将 D/A 转换电压输出经 LM393 比较后转换为数字信号 VB 反馈到 FPGA I/O 口,外部硬件电路如图 12-4 所示。

图 12-4 外部 D/A 转换及比较电路

根据逐次渐近式 A/D 转换的原理,采用状态机描述的 Verilog 代码描述如下:

```verilog
module AD8_fsm(iAD_CLK, iVL, ivb, oAD_dat);
    input iAD_CLK;                      // A/D 转换时钟
    input iVL, ivb;                     // 转换控制信号,比较器输出信号
    output reg [7:0] oAD_dat;           // A/D 转换输出数据

    reg [0:9] current_state, next_state;
    reg [7:0] SAR_reg;
    wire CLK;
```

```verilog
// 定义 10 个状态 st0~st9,一位热码编码方式
parameter st0 = 10'b10_0000_0000;
parameter st1 = 10'b01_0000_0000;
parameter st2 = 10'b00_1000_0000;
parameter st3 = 10'b00_0100_0000;
parameter st4 = 10'b00_0010_0000;
parameter st5 = 10'b00_0001_0000;
parameter st6 = 10'b00_0000_1000;
parameter st7 = 10'b00_0000_0100;
parameter st8 = 10'b00_0000_0010;
parameter st9 = 10'b00_0000_0001;

assign CLK = iAD_CLK & iVL;

always @ (posedge CLK or negedge iVL)
 if (!iVL) current_state <= st0;
   else
     current_state <= next_state;
always @ (current_state)
   begin
     case (current_state)
         st0: begin
                 SAR_reg = 8'b0000_0000;    // 逐次渐近寄存器清零
                 next_state = st1;
               end
         st1: begin
                 SAR_reg = 8'b1000_0000;   // 最高位置1
                 next_state = st2;
               end
         st2: begin
                 if (ivb) SAR_reg = (SAR_reg & 8'b0111_1111); // 清除最高位
                 SAR_reg = (SAR_reg | 8'b0100_0000);          // 次高位置1
                 next_state = st3;
               end
         st3: begin
                 if (ivb) SAR_reg = (SAR_reg & 8'b1011_1111); // 清除次高位
                 SAR_reg = (SAR_reg | 8'b0010_0000);
                 next_state = st4;
               end
         st4: begin
                 if (ivb) SAR_reg = (SAR_reg & 8'b1101_1111);
                 SAR_reg = (SAR_reg | 8'b0001_0000);
                 next_state = st5;
               end
         st5: begin
                 if (ivb) SAR_reg = (SAR_reg & 8'b1110_1111);
                 SAR_reg = (SAR_reg | 8'b0000_1000);
                 next_state = st6;
               end
         st6: begin
```

```
                    if (ivb) SAR_reg = (SAR_reg & 8'b1111_0111);
                    SAR_reg = (SAR_reg | 8'b0000_0100);
                    next_state = st7;
                end
            st7: begin
                    if (ivb) SAR_reg = (SAR_reg & 8'b1111_1011);
                    SAR_reg = (SAR_reg | 8'b0000_0010);
                    next_state = st8;
                end
            st8: begin
                    if (ivb) SAR_reg = (SAR_reg & 8'b1111_1101);
                    SAR_reg = (SAR_reg | 8'b0000_0001);
                    next_state = st9;
                end
            st9: begin
                    if (ivb) SAR_reg = (SAR_reg & 8'b1111_1110);
                    oAD_dat = SAR_reg;
                    next_state = st0;
                end
        endcase
    end
endmodule
```

将上述代码译码、综合和适配,并完成引脚锁定后下载至 EDA 开发板,配合图 12-4 的外部 D/A 转换及比较电路即可实现逐次渐近式 A/D 转换器。

12.4.2　交通灯控制器的设计

交通灯主控制电路是时序逻辑电路,很容易采用状态机描述实现。根据 6.7.1 节设计要求,可画出如图 12-5 所示交通灯主控制器的状态转换图。

图 12-5　交通灯主控制器的状态转换图

设用 $L=1$ 表示已到 45s,$S=1$ 表示已到 25s,$P=1$ 表示已到 5s,则根据状态转换图设计交通灯主控制器的 Verilog 代码如下:

```
module main_controller(clk, rst_n, l, s, p, R, Y, G, r, y, g);
    input clk, rst_n;
    input l, s, p;
```

```verilog
    output reg R,Y,G;                            //主干道红、黄、绿灯
    output reg r,y,g;                            //支干道红、黄、绿灯

    parameter s0 = 4'b0001;                      //状态定义及编码,一位热码方式
    parameter s1 = 4'b0010;
    parameter s2 = 4'b0101;
    parameter s3 = 4'b1000;

    reg [3:0] curr_state,next_state;             //定义状变量寄存器

always @(posedge clk or negedge rst_n)           //时序逻辑,状态转换
  if (!rst_n)                                    //异步复位
    curr_state <= s0;
  else                                           //状态切换
    curr_state <= next_state;
always @(curr_state,l,s,p)                       //组合逻辑,确定次态
  case (curr_state)
    s0: if (l)
        next_state = s1;
    s1: if (p)
        next_state = s2;
    s2: if (s)
        next_state = s3;
    s3: if (p)
        next_state = s0;
    default: next_state = s0;
endcase
always @(posedge clk)                            //同步时序逻辑,状态输出
  case (curr_state)
    s0: begin
        R <= 1'b0; Y <= 1'b0; G <= 1'b1;         //主干道绿灯
        r <= 1'b1; y <= 1'b0; g <= 1'b0;         //支干道红灯
      end
    s1: begin
        R <= 1'b0; Y <= 1'b1; G <= 1'b0;         //主干道黄灯
        r <= 1'b1; y <= 1'b0; g <= 1'b0;         //支干道红灯
      end
    s2: begin
        R <= 1'b1; Y <= 1'b0; G <= 1'b0;         //主干道红灯
        r <= 1'b0; y <= 1'b0; g <= 1'b1;         //支干道绿灯
      end
    s3:begin
        R <= 1'b1; Y <= 1'b0; G <= 1'b0;         //主干道红灯
        r <= 1'b0; y <= 1'b1; g <= 1'b0;         //支干道黄灯
      end
```

```
    default:
        begin
            R <= 1'b0; Y <= 1'b0; G <= 1'b0;
            r <= 1'b0; y <= 1'b0; g <= 1'b0;
        end
    endcase
endmodule
```

用 Verilog 描述时,计数电路的设计不必拘泥于具体器件,可直接根据需要进行描述。若取计数电路的时钟周期为 1Hz,则 45s、5s、25s 和 5s 计时共需要 45+5+25+5=80 个时钟。

设计一个八十进制计数器,当状态为 0~44 时令 $L=1$,状态为 45~49 时令 $P=1$,状态为 50~74 时令 $S=1$,状态为 75~79 时令 $P=1$。故计时电路描述如下:

```
module traffic_timer(clk, rst_n, l, s, p);
    input clk, rst_n;
    output reg l, s, p;

    reg [6:0] timer;                              //定义内部计数器

    always @(posedge clk or negedge rst_n)
        if (!rst_n)
            timer <= 0;
        else if (timer < 80)
            timer <= timer + 1'b1;
        else
            timer <= 0;

    always @(timer)
        if (timer < 45)
            begin l = 1'b1; p = 1'b0; s = 1'b0; end
        else if (timer < 50)
            begin l = 1'b0; p = 1'b1; s = 1'b0; end
        else if (timer < 75)
            begin l = 1'b0; p = 1'b0; s = 1'b1; end
        else if (timer < 80)
            begin l = 1'b0; p = 1'b1; s = 1'b0; end
        else
            begin l = 1'b0; p = 1'b0; s = 1'b0; end
endmodule
```

将主控制器和计时电路两个模块通过顶层模块连接到一起即可实现交通信号控制器,将 rst_n 连接在一起控制两个子模块之间的同步。若需要显示计时状态,则将模块 traffic_timer 中的内部计数器 timer 的状态定义为输出,通过 74LS185 转换为 BCD 码输出。

12.4.3　等精度频率计的设计

直接测频法是在单位时间内测量被测信号的脉冲数。由于测频计数器存在 $\pm 1Hz$ 的计数误差,所以被测信号的频率越低,直接测频法的相对误差越大,存在着测量实时性和测量精度之间的矛盾。被测信号的频率为 10Hz 时,如果要求测频精度不大于 0.01％时,则最短闸门时间为 1000s。这样长的测量时间显然是无法接受的,因此直接测频法不适用于低频信号的测量。

等精度测频法通过触发器控制闸门信号与被测信号同步,消除了直接测频法中计数器的计数误差,因而在被测信号频率范围内测量精度是恒定的。

等精度测频原理如图 12-6 所示。用频率准确度很高的高频信号作为标准信号,在闸门时间内同时对标准信号和被测信号进行计数,并且确保闸门时间为被测信号周期的整数倍。

图 12-6　等精度测频原理图

设闸门时间为 T_d,标准信号频率为 f_s(周期为 T_s),被测信号频率为 f_x(周期为 T_x)。设在 T_d 时间内对标准时钟信号和被测信号的计数值分别为 N_s 和 N_x,则 T_d 可表示为

$$T_d \approx N_s \cdot T_s$$

或

$$T_d = N_x \cdot T_x$$

因此可得

$$N_s \cdot T_s \approx N_x \cdot T_x$$

由于 $T_s = 1/f_s$,$T_x = 1/f_x$,代入上式整理得

$$f_x \approx f_s \cdot N_x/N_s$$

下面对等精度测频法的误差进行分析。设对标准信号所产生的计时误差为

$$\Delta t = T_d - N_s \cdot T_s$$

由于 Δt 最大为一个标准信号的周期,即 $\Delta t \leqslant T_s$,因此

$$f_x \approx N_x/(N_s \cdot T_s) = N_x/(T_d - \Delta t)$$

设被测信号频率精确值 $f_{x0} = N_x/T_d$,所以频率测量的相对误差为

$$\delta = (f_x - f_{x0})/f_{x0} = \Delta t/(T_d - \Delta t)$$

当 $T_d \gg \Delta t$ 时,频率测量的最大误差约为

$$\delta_{max} = T_s/(T_d - T_s) \approx T_s/T_d$$

表 12-2　闸门与精度关系表

闸门时间 T_d/s	测量精度/％
0.01	$\leqslant 10^{-3}$
0.1	$\leqslant 10^{-4}$
1	$\leqslant 10^{-5}$

由 δ_{max} 表达式可知,等精度测频法的相对误差与被测信号频率无关,仅仅取决于标准信号周期 T_s 与闸门时间 T_d 的比值。标准信号频率越高,或者闸门时间越长,则测频的相对误差就越小。表 12-2 是采用 10MHz 标准信号时,闸门时间 T_d 与测量精度的对应关系。

设计任务：设计周期性矩形脉冲频率测量仪，测量脉冲信号幅度为 5V，频率范围为 10Hz～10MHz。要求频率测量误差的绝对值不大于 0.01%。

设计过程：

首先进行理论分析：设计任务要求 $\delta_{max}=0.01\%$，若取标准信号频率为 100MHz 时，要求闸门的最小时间为

$$T_d = T_s/\delta_{max} = 10^{-8}/0.0001(\text{s}) = 10^{-4}(\text{s})$$

即闸门时间不小于 $100\mu\text{s}$ 即可以满足测量精度要求。

等精度测频法中需要用乘法运算和除法运算计算待测信号的频率，基于 FPGA 实现时直接调用 EDA 软件中的乘法和除法 IP 核即可实现。

等精度频率计的设计方案如图 12-7 所示，其中测频控制电路、等精度测量和计算电路以及显示驱动电路均在 FPGA 中实现。

图 12-7　等精度频率计总体设计方案

等精度测量和频率计算电路的具体实现方法如图 12-8 所示。闸门控制信号 CL 跳变为高电平时，此时计数器并没有开始对标准信号和待测信号进行计数，必须等到被测信号的上升沿到来将 D 触发器置 1 时才开始对标准信号和被测信号同时进行计数。当闸门控制信号 CL 经过 T_d 时间结束时，也必须等到被测信号的上升沿到来时将 D 触发器置 0 时才同时停止对标准信号和被测信号进行计数。在主控电路的作用下锁存计数值，经计算输出测频结果。

图 12-8　等精度测量与计算电路

主控电路直接用 Verilog 描述，时钟频率 clk 取 8Hz，为提高测量精度，取闸门控制时间 CL 取为 1s。

```
module fp_ctrl (clk,
        clr_n,                //标准计数器和测频计数器清零信号
        cl,                   //测频控制信号
        le                    //锁存信号
```

```
                        );

        input clk;
        output clr_n;
        reg clr_n;
        output cl;
        reg cl;
        output le;
        reg le;

        reg [3:0] q;

        always @(posedge clk)
          begin
            if (q >= 9)                      //十进制
                q <= 4'b0000;
            else
                q <= q + 1'b1;
          end
        always @(q)
          begin
            case (q)                         //产生控制信号
                4'b0000: begin clr_n = 1'b0; cl = 0; le = 1; end
                4'b0001: begin clr_n = 1'b1; cl = 1; le = 1; end
                4'b0010: begin clr_n = 1'b1; cl = 1; le = 1; end
                4'b0011: begin clr_n = 1'b1; cl = 1; le = 1; end
                4'b0100: begin clr_n = 1'b1; cl = 1; le = 1; end
                4'b0101: begin clr_n = 1'b1; cl = 1; le = 1; end
                4'b0110: begin clr_n = 1'b1; cl = 1; le = 1; end
                4'b0111: begin clr_n = 1'b1; cl = 1; le = 1; end
                4'b1000: begin clr_n = 1'b1; cl = 1; le = 1; end
                4'b1001: begin clr_n = 1'b1; cl = 0; le = 0; end
                default: begin clr_n = 1'b1; cl = 0; le = 1; end
            endcase
          end
endmodule
```

100MHz 标准信号用开发板提供的 50MHz 晶振信号在 FPGA 中通过锁相环模块倍频产生。转换与驱动电路用于将计算得到的二进制频率值转换成 8 位 BCD 码用 8 个数码管显示测量结果。等精度频率计的顶层设计如图 12-9 所示,其中分频模块 fpdiv 用于将 100MHz 信号分频为 8Hz,为测频控制电路(fp_ctrl 模块)提供时钟。

等精度频率测量具有精度高、使用方便、测量迅速,以及便于现测量、过程自动化等优点,是频率测量的重要手段之一。

图12-9 等精度频率计顶层设计图

本章小结

Verilog HDL 的状态机描述方法具有模式固定的模式,易于构成性能良好的同步时序电路,在高速运算和实时控制方面具有巨大的优势。

有限状态机可采用一段式、两段式和三段式三种描述方式。

一段式状态机把组合逻辑和时序逻辑用一个 always 过程语句描述,输出为寄存器输出,无竞争-冒险现象,可靠性高。但一段式状态机代码难于修改和调试,一般避免使用。

两段式状态机采用两个 always 语句,一个用于描述时序逻辑,另一个用于描述组合逻辑。时序 always 语句用于描述状态的转换关系,组合 always 语句用于描述次态的转换条件和输出。两段式状态机结构清晰,但由于输出为组合逻辑电路,存在竞争-冒险现象。

三段式状态机采用三个 always 语句,两个时序 always 语句分别用来描述状态的转换关系和输出,组合 always 语句用于确定电路的次态。三段式状态机的输出为寄存器输出,无竞争-冒险现象,并且代码清晰易读,但占用的资源比两段式多。

状态编码又称为状态分配。如果状态编码方案选择得当,既能简化电路设计,又可以提高电路的性能,反之会导致占用资源多、速度降低或可靠性差等问题。设计时需要综合考虑电路复杂度和性能因素。状态编码通常有顺序编码、格雷码编码和一位热码编码等多种编码方式。

习题

12.1 用状态机设计序列检测器,能够从输入的二进制序列中检测出"1111"序列信号,输出检测结果。

12.2 设计序列检测器,能够从输入的二进制序列中检测出"110110"序列信号,输出检测结果。

*12.3 设计周期性矩形脉冲占空比测量仪。设测量脉冲信号幅度为 3.3～5V,频率范围为 10Hz～2MHz,占空比范围为 10%～90%。要求占空比测量频率误差不大于 0.1%。

*12.4 设计周期性矩形脉冲频率测量仪。设测量脉冲信号幅度为 0.1～5V,频率范围为 10Hz～2MHz。要求频率测量频率误差不大于 0.1%。

常用门电路逻辑符号对照表

名　称	曾用符号	逻辑符号	国标符号
与门			
或门			
非门			
与非门			
或非门			
与或非门			
异或门			
同或门			
传输门			
OC/OD 门			
三态门		EN	

常用元器件引脚速查

74×00	74×02	74×04
74×06	74×08	74×10
74×11	74×13	74×14
74×20	74×21	74×27
74×30	74×32	74×74

注：其中×代表 LS、HC 等不同的系列。

参 考 文 献

[1] 阎石. 数字电子技术基础[M]. 5 版. 北京：高等教育出版社，2006.

[2] 康华光. 电子技术基础——数字部分[M]. 5 版. 北京：高等教育出版社，2006.

[3] Wakerly J F. 数字设计——原理与实践[M]. 林生，等译. 北京：机械工业出版社，2011.

[4] Tocci R J，Widmer N S，Moss G L. 数字系统原理与应用[M]. 9 版. 林涛，等译. 北京：电子工业出版社，2005.

[5] Bhasker J. Verilog HDL 入门[M]. 3 版. 夏宇闻，等译. 北京：北京航空航天大学出版社，2008.

[6] 李元，张兴旺，张俊涛，等. 数字电子技术[M]. 北京：北京大学出版社，2006.

[7] 鲍家元，毛文林. 数字逻辑[M]. 2 版. 北京：高等教育出版社，2002.

[8] 杨颂华. 数字技术基础[M]. 2 版. 西安：西安电子科技大学出版社，2009.

[9] 林涛. 数字电子技术基础[M]. 北京：清华大学出版社，2006.

[10] 白中英，谢松云. 数字逻辑[M]. 6 版. 北京：科学出版社，2012.

[11] 潘松，陈龙，黄继业. EDA 技术与 Verilog HDL[M]. 2 版. 北京：清华大学出版社，2013.

[12] 何宾. EDA 原理及 Verilog 实现[M]. 北京：清华大学出版社，2010.

[13] 康磊，张燕燕. Verilog HDL 数字系统设计——原理、实例及仿真[M]. 西安：西安电子科技大学出版社，2012.

图书资源支持

感谢您一直以来对清华大学出版社图书的支持和爱护。为了配合本书的使用，本书提供配套的资源，有需求的读者请扫描下方的"书圈"微信公众号二维码，在图书专区下载，也可以拨打电话或发送电子邮件咨询。

如果您在使用本书的过程中遇到了什么问题，或者有相关图书出版计划，也请您发邮件告诉我们，以便我们更好地为您服务。

我们的联系方式：

地　　址：北京市海淀区双清路学研大厦 A 座 701

邮　　编：100084

电　　话：010-83470236　　010-83470237

资源下载：http://www.tup.com.cn

客服邮箱：tupjsj@vip.163.com

QQ：2301891038（请写明您的单位和姓名）

用微信扫一扫右边的二维码，即可关注清华大学出版社公众号。

教学资源·教学样书·新书信息

人工智能科学与技术
人工智能|电子通信|自动控制

资料下载·样书申请

书圈